建设工程监理

主　编　阿　荣　白建光
副主编　侯雨丰　刘安琪　毅力果奇
参　编　周天平

北京理工大学出版社
BEIJING INSTITUTE OF TECHNOLOGY PRESS

内 容 提 要

本书按照高等院校人才培养目标需求，依据我国建设工程监理最新标准规范、现有监理理论成果与工程监理实践，系统介绍了建设工程监理的相关知识，全面讲述了"三控两管一协调"和安全生产管理的基本内容。全书共9章，主要内容包括绪论、监理工程师和监理企业、建设工程监理实施、建设工程质量控制、建设工程进度控制、建设工程投资控制、建设工程信息管理、建设工程安全生产监理和建设工程风险管理。

本书可作为高等院校土木工程类相关专业的教材或教学参考书，也可作为建设工程监理从业人员的参考书。

图书在版编目（CIP）数据

建设工程监理 / 阿荣，白建光主编. -- 北京：北京理工大学出版社，2024.6.
ISBN 978-7-5763-4144-7

Ⅰ.TU712

中国国家版本馆CIP数据核字第20240GT499号

责任编辑：陆世立		**文案编辑：**李　硕	
责任校对：刘亚男		**责任印制：**李志强	

出版发行 / 北京理工大学出版社有限责任公司

社　　址 / 北京市丰台区四合庄路6号

邮　　编 / 100070

电　　话 / (010) 68914026（教材售后服务热线）

　　　　　　 (010) 68944437（课件资源服务热线）

网　　址 / http://www.bitpress.com.cn

版 印 次 / 2024年6月第1版第1次印刷

印　　刷 / 北京紫瑞利印刷有限公司

开　　本 / 787 mm×1092 mm　1/16

印　　张 / 17

字　　数 / 401千字

定　　价 / 85.00元

PREFACE 前　言

本书依据我国现行建设工程监理的相关法律、法规、标准、规范，以及高等院校土木工程类相关专业教学标准和人才培养方案及主干课程教学大纲编写而成，力求反映我国建设工程监理理论研究的最新成果和监理行业发展的最新动态，系统介绍了建设工程监理的基本理论、原理和方法，以及工程建设监理实施程序，全面讲述了建设工程监理的主要工作内容"三控两管一协调"和安全生产管理。

党的二十大报告中提到"坚持可持续发展，坚持节约优先、保护优先、自然恢复为主的方针"，本书从高质量发展、生态环境保护等方面出发，旨在探索监理工程师职业素养之路，坚持人才培养与工程实际、可持续发展相结合，准确把握新时代发展的特点、脉络和关键。

为了确保读者更好地理解、掌握建设工程监理的基本理论、内容和方法，本书在编写过程中注重理论与实际相结合的原则，力求内容全面、充实、新颖、实用，更做到通俗易懂、易学、易用；每章前附有本章要点，每章后附有思考题。本书适用于高等院校土木工程相关专业的教材或教学参考书，也可供工程建设技术人员、管理人员参考使用。

本书由内蒙古农业大学阿荣、白建光担任主编，由内蒙古农业大学侯雨丰、刘安琪和内蒙古建筑职业技术学院毅力果奇担任副主编，由中国铁路呼和浩特局集团有限公司集宁工务段周天平参与编写。具体编写分工为：第1章和第5章由阿荣编写，第2章和第4章由毅力果奇编写，第3章和第9章由刘安琪编写，第6章由白建光编写，第7章由侯雨丰编写，第8章由周天平编写。

本书在编写过程中参考了部分教材及其他资料，引用了部分例题和相关内容，在此深表谢意。限于编者的学识及专业水平和实践经验，教材中难免存在疏漏或不妥之处，恳请广大读者批评指正。

编　者

CONTENTS

目 录

第1章

绪 论

 本章要点

本章主要了解我国建设工程监理制度的产生及发展概况，国外建设工程监理的基本情况；了解建设工程监理的概念、范围、性质、作用，建设工程监理现阶段的特点与发展；熟悉工程建设程序、建设工程管理制度及建设工程监理法律法规；掌握建设工程监理的基本方法与步骤。

1.1 建设工程监理发展概述

1.1.1 我国建设工程监理制度产生的背景

我国工程建设已有几千年的历史，但现代意义上的建设工程监理制度的建立则是从1988年开始试点的。

从中华人民共和国成立直至20世纪80年代，我国工程建设项目的投资基本上是由国家统一安排计划，由国家统一财政拨款。施工任务由行政部门向施工企业直接下达。当时的建设单位、设计单位和施工单位都是完成国家建设任务的执行者，都对上级行政主管部门负责，相互之间缺少互相监督的职责。政府对工程建设活动采取单向的行政监督管理，在建设工程的实施过程中，对工程质量的保证主要依靠施工单位的自我管理。

当时，建设工程的管理基本上采用两种形式：第一，一般建设工程由建设单位自己组成筹建机构，自行管理；第二，重大建设工程则从与该工程相关的单位抽调人员组成工程建设指挥部，由指挥部进行管理。以上两种形式都是临时组建的管理机构，相当一部分人员不具有建设工程管理的知识和经验，因此，他们只能在工作实践中摸索。而一旦工程建成投入使用，原有的工程管理机构和人员就会解散，当有新的建设工程时再重新组建。这样，建设工程管理的经验不能传承，无法用来指导今后的工程建设，导致教训不断重复发生，使我国建设工程管理水平长期保持低水平状态，难以提高。投资"三超"（概算超估算、预算超概算、结算超预算）、工期延长的现象较为普遍。工程建设领域存在的上述问题受到政府和有关单位的关注。

20世纪70年代末，我国进入了改革开放时期，工程建设活动也逐步市场化。国务院决定在基本建设和建筑业领域采取一些重大的改革措施，例如，投资有偿使用（"拨改贷"）、投资包干责任制、投资主体多元化、工程招标投标制等。从1983年开始，我国开始实行政府对工程质量的监督制度，全国各地及国务院各部门都成立了专业质量监督部门和各级质量检测机构，代表政府对工程建设质量进行监督和检测。各级质量监督部门在不断进行自身建设的基础上，认真履行职责、积极开展工作，在促进企业质量保证体系的建立、预防工程质量事故、保证工程质量上发挥了重大的作用。从此，我国的建设工程监督由仅靠企业自检自评向第三方认证和企业内部保证相结合转变。这种转变使我国建设工程监督迈进了新征程。

20 世纪 80 年代中期，随着我国改革开放的逐步深入和不断扩大，"三资"（"侨资""外资""中外合资"的合称）工程建设项目在我国增多，加之国际金融机构向我国贷款的工程建设项目都要求实行招标投标制、承包发包合同制和建设工程监理制，使国外专业化、社会化的监理公司、咨询公司、管理公司的专家们开始出现在我国"三资"工程和国际贷款工程项目建设的管理队伍中。按照国际惯例，他们以接受建设单位委托与授权的方式，对工程建设进行管理，显示出高速度、高效率、高质量的管理优势，对我国传统的政府专业监督体制造成了冲击，引发了我国工程建设管理者的深入思考。

1988 年 7 月，原建设部（现更名为住房和城乡建设部）在征求了有关部门和专家意见的基础上，发布了《关于开展建设监理工作的通知》，接着又在一些行业部门和城市开展了建设工程监理试点工作，5 年后逐步推开，并颁发了一系列有关建设工程监理的法规，使建设工程监理制度在我国建设领域得到了迅速发展。

我国的建设工程监理制自 1988 年推行以来，大致经过了三个阶段：一是工程监理试点阶段（1988－1993 年）；二是工程监理稳步推行阶段（1993－1995 年）；三是工程监理全面推行阶段（1996 年至今）。虽然建设监理制度已经在全国范围内推行，但业主、施工单位和质量监督机构对实行工程监理的意义及其重要性还是缺乏认识，对监理人员的地位及与各方的关系也不甚了解。有些业主认为监理人员是自己的雇员，必须为自己的利益着想，按自己的要求办事。质量监督机构认为监理人员代替了自己的职能，因而忽视了对工程质量的监管。对监理人员工作的模糊认识，使工程建设各方在关系的协调上不顺畅，监理人员的决定不能实施，监理效果不够理想，工程质量监督工作出现漏洞。当工程出现质量问题时，还容易出现互相推诿扯皮的现象。针对这些情况，从 1992－2008 年期间施行了《工程建设监理单位资质管理试行办法》，中华人民共和国住房和城乡建设部、国家工商行政管理局联合发布《建设工程监理合同示范文本（征求意见稿）》，政府及相关部门也相继出台了许多与建设工程监理关系密切的法律、法规、规章、规范，如《中华人民共和国建筑法》《建设工程质量管理条例》《工程监理企业资质管理规定》《建设工程监理规范》《房屋建筑工程施工旁站监理管理办法（试行）》等。1997 年 11 月印发的《中华人民共和国建筑法》（以下简称《建筑法》）明确规定推行建筑工程监理制度。2000 年 12 月，国家第一部监理行业标准《建设工程监理规范》（GB 50319—2000）印发，并于 2013 年对其进行修订，《建设工程监理规范》（GB/T 50319—2013）是现行的工程监理行业标准。2014 年住房和城乡建设部颁布了《关于推进建筑业发展和改革的若干意见》，提出调整强制监理工程范围，研究制定有能力的建设单位自主决策选择监理或其他管理模式的政策措施。2017－2019 年国家先后印发《国务院办公厅关于促进建筑业持续健康发展的意见》《关于促进工程监理行业转型升级创新发展的意见》《国务院办公厅转发住房城乡建设部关于完善质量保障体系提升建筑工程品质指导意见的通知》等文件支持监理服务的标准化工作。在此背景下，2020 年 3 月，中国建设监理协会推出了《房屋建筑工程监理工作标准(试行)》《项目监理机构人员配置标准(试行)》《监理工器具配置标准(试行)》《工程监理资料管理标准(试行)》四个团体标准,明确了建设工程监理制度的建立和实施,推动了工程建设组织实施方式的社会化、专业化,为工程质量安全提供了重要保障,是我国工程建设领域的重要改革举措和改革成果。

党的十九大报告指出,中国特色社会主义进入了新时代,正处于决胜全面建成小康社会的攻坚期,我国经济已由高速增长阶段转向高质量发展阶段,正处在转变发展方式、优化经济结构、转换增长动力的攻关期。高质量发展对建设工程监理来说,就是克服发展瓶颈、创新发展优势、转换增长动力,依靠创新,向科技要效益、向管理要效益、向人才要效益。随着国家供给侧改革的深入推进,建设工程监理的发展需主动出击,要延伸服务领域,乘行业试点东风,走出行业创新发展之路。但无论如何创新,初心不变,一切为了工程质量安全出发,这与坚持以人民为中心的出发点完全一致。

为深入贯彻党的二十大精神,认真落实《质量强国建设纲要》,进一步完善设备监理师职业资格制度,加强设备监理人才队伍建设,提升我国重大工程设备质量水平和投资效益,根据《国家职业资格目录(2021年版)》有关要求,2023年由市场监管总局、人力资源社会保障部联合印发了《设备监理师职业资格制度规定》《设备监理师职业资格考试实施办法》,充分发挥评价"指挥棒"作用,进一步推动行业人才队伍建设,从而使我国的建设工程监理进一步迈入科学化、规范化的发展新时代。

新时代提出了新要求,监理人也要有新作为。监理人要以满足人民获得感、幸福感、安全感为目标,准确把握新时代发展的特点、脉络和关键,将思想和行动统一到党的二十大精神上来,坚持质量第一,效益优先。

1.1.2 国外建设工程监理概况

建设工程监理制度在国际上已有较长的发展历史,已形成了一套较为完善的工程监理体系和运行机制。国外建设工程监理起源可以追溯到工业革命发生以前的16世纪,它的产生与演进,是随着建设领域社会化的发展及专业化分工所产生和发展起来的,它是商品经济发展的结果。世界银行、亚洲开发银行、非洲开发银行等国际金融机构都将实行建设监理制作为提供建设贷款的条件之一。

16世纪以前的欧洲各国,建筑师就是总营造师,受雇于业主,集设计、采购工程材料、雇用工匠、组织管理、施工等工作于一身。进入16世纪以后,欧洲兴起了弧形建筑,立面也比较讲究,于是在总营造师中分离出一部分人从事设计,一部分人从事施工,形成了第一次分工,即设计和施工的分离。这种分离也逐步形成了业主对建设工程监理的需求。最初的建设工程监理思想是对施工加以监督,重点在于质量监督及替业主进行工程量计算和验方。这时,设计和施工仍属于业主,项目建设属于自营方式。

18世纪60年代,随着产业革命的兴起,大大促进了整个欧洲城市化和工业化的发展进程,大兴土木使建筑业空前繁荣。由于工程建设的高质量要求与专业化,于是引发了设计、施工与业主的分离。它们均以"独立者"的姿态出现在建筑市场上,这是建筑业中第二次分工的形成,从而诱发业主对设计和施工进行监督的新需求。

19世纪初，建设领域的商品经济关系日趋复杂。为了维护各方利益并加快工程进度，明确业主、设计、施工三者的责任界限，英国政府于1830年以法律手段推出了总承包合同制，要求每个建设项目由一个承包商进行总包，这样就引发了招标、投标方式的出现，同时，也促进了建设工程监理制度的发展。行业组织也于19世纪初开始出现。当时，咨询人员都是个体或小型的咨询公司，从业人员逐渐增多，为了协调各方和彼此之间的关系，1818年，英国建筑师约翰·斯梅顿组织成立了第一个"土木工程师协会"，1852年美国土木工程师协会成立，1904年丹麦国家咨询工程师协会成立，1907年美国怀俄明州通过了第一个许可工程师作为专门职业的注册法。这些都表明工程咨询作为一个行业已经形成并进入规范化的发展阶段。

自20世纪50年代末起，随着科学技术的飞速发展，工业和国防建设及人民生活水平不断提高，许多规模大、投资多、技术复杂、风险大的工程相继建设和开发，迫使业主更加重视工程项目建设的科学管理。监理的业务范围进一步拓宽，使其由项目实施阶段的工程监理向前延伸到决策阶段的咨询服务。监理工程师的工作就逐步贯穿到工程建设的全部过程中。

近年来，西方发达国家的建设工程监理制度逐步成为工程建设组织体系的一个重要组成部分，工程建设领域中已形成业主、承包商和监理单位三足鼎立的基本格局。进入20世纪80年代以后，一些发展中国家也开始效仿发达国家的做法，结合本国实情，设立或引进工程监理机构，对工程建设项目实施监理。目前，在国际上建设监理制度已成为工程建设必须遵循的制度。

1.2 建设工程监理

1.2.1 定义

建设工程监理（Construction Project Management）是指具有相应资质的监理单位，接受建设单位的委托，依据国家有关工程建设的法律法规，经建设主管部门批准的工程项目建设文件、工程建设委托监理合同及其他建设工程合同，对工程建设行为进行监督管理的专业化服务活动。

建设单位也称为项目法人，是委托监理的一方。建设单位在工程建设中拥有确定建设工程规模、标准、功能，以及选择勘察单位、设计单位、施工单位、监理单位等工程建设中重大问题的决定权。

工程监理单位是指取得企业法人营业执照，具有监理资质证书的依法从事建设工程监理业务活动的经济组织。工程监理单位对工程建设监理的活动是针对一个具体的工程项目展开的，是微观性质的建设工程监督管理；对工程建设参与者的行为进行监控、督导和评价，使建设行为符合国家法律法规的规定，制止建设行为的随意性和盲目性，使建设进度、造价、工程质量按计划实现，确保建设行为的合法性、科学性、合理性和经济性。

工程监理单位与业主（建设单位）应在实施工程监理之前以书面形式签订监理合同，合同条款中应明确合同履行期限、工作范围和内容、双方权利义务和责任、监理酬金及支付方式，以及合同争议的解决办法等。工程监理单位不同于建筑产品的生产经营单位，既不直接进行工程设计和施工生产，也不参与施工单位的利润分成。

1.2.2 监理概念的要点

1. 建设工程监理的行为主体

建设工程监理的行为主体是工程监理单位。

《建筑法》明确规定，实行监理的建设工程，由建设单位委托具有相应资质条件的工程监理企业实施监理。建设工程监理只能由具有相应资质的工程监理企业来开展，建设工程监理的行为主体是工程监理企业，这是我国建设工程监理制度的一项重要规定。

建设工程监理不同于政府主管部门的监督管理。建设工程监理是工程监理单位代表建设单位对施工承包单位进行的监督管理。而行政监督的行为主体是政府主管部门，具有明显的强制性。同样，建设单位的自行管理、工程总承包单位或施工总承包单位对分包单位的监督管理都不是工程监理。

2. 建设工程监理实施的前提条件

《建筑法》明确规定，建设工程监理的实施需要建设单位的委托和授权。工程监理单位只有与建设单位订立书面的建设工程监理合同，明确监理工作的范围、内容、服务期限和酬金，以及双方的义务、违约责任后，才能在规定范围内实施监理。工程监理单位在委托监理的工程中拥有一定的管理权限，是建设单位授权的结果。

承建单位根据法律、法规的规定和它与建设单位签订的有关建设工程合同的规定接受工程监理企业对其建设行为进行的监督管理，接受并配合监理单位是其履行合同的一种行为。工程监理企业对哪些单位的哪些建设行为实施监理要根据有关建设工程合同的规定来进行。

3. 建设工程监理的实施依据

建设工程监理的实施依据包括工程建设文件，有关的法律、法规、规章和标准、规范，建设工程委托监理合同与有关的建设工程合同。

(1)工程建设文件。工程建设文件主要包括国家批准的工程建设项目可行性研究报告、建设项目选址意见书、建设用地规划许可证、建设工程规划许可证、勘察设计文件、批准的施工图设计文件、施工许可证等。

(2)有关的法律、法规、规章和标准、规范。有关的法律、法规、规章和标准、规范主要包括《建筑法》《中华人民共和国民法典》《中华人民共和国招标投标法》《建筑工程质量管理条例》《建设工程安全生产管理条例》等法律法规；《工程建设标准强制性条文》《建设工程监理规范》(GB/T 50319—2013)、《工程监理企业资质管理规定》《注册监理工程师管理规定》《建设工程监理范围和规模标准规定》等部门规章以及地方性法规等。

(3)建设工程合同。建设工程合同主要包括建设工程监理合同，以及与所监理工程相关的勘察合同、设计合同、施工合同、材料设备采购合同等。工程监理单位应当根据下述两类合同进行监理，一是工程监理企业与建设单位签订的建设工程委托监理合同；二是建设单位与承建单位签订的建设工程合同。

4. 建设工程监理的实施范围

目前，建设工程监理的实施范围主要定位在工程施工阶段，工程勘察设计、质量保修等阶段提供的服务均为相关服务。工程监理单位可以扩展自身的业务范围，为建设单位提供包括工程项目策划、项目决策的咨询服务在内的实施全过程的项目管理服务，如图 1-1 所示。

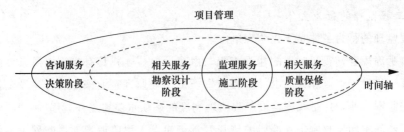

图 1-1 建设工程监理实施范围

(1)工程范围。为了有效发挥建设工程监理的作用，《建筑法》和国务院公布的《建设工程质量管理条例》对实行强制性监理的工程范围作了原则性的规定，《建设工程监理范围和规模标准规定》进一步对实行强制性监理的工程范围作了具体规定，指出下列工程建设必须实行监理：

①国家重点建设工程：依据《国家重点建设项目管理办法》所确定的对国民经济和社会发展有重大影响的骨干项目。

②大中型公用事业工程：项目总投资额在 3 000 万元以上的供水、供电、供气、供热等市政工程项目；科技、教育、文化等项目；体育、旅游、商业等项目；卫生、社会福利等项目；其他公用事业项目。

③成片开发建设的住宅小区工程：建筑面积在 5 万平方米以上的住宅建设工程。

④利用外国政府或国际组织贷款、援助资金的工程：包括使用世界银行、亚洲开发银行等国际组织贷款资金的项目；使用国外政府及其机构贷款资金的项目；使用国际组织或国外政府援助资金的项目。

⑤国家规定必须实行监理的其他工程：项目总投资额在 3 000 万元以上，关系社会公共利益、公众安全的新能源、交通运输、信息产业、水利建设、城市基础设施、生态环境保护、其他基础设施等项目；学校、影剧院、体育场馆项目。

(2)建设阶段范围。建设工程监理可以适用于工程建设投资决策阶段和实施阶段，目前主要是建设工程施工阶段。

在建设工程施工阶段，建设单位、勘察单位、设计单位、施工单位和工程监理企业等工程建设的各类行为主体均出现在建设工程中，形成了一个完整的建设工程组织体系。在这个阶段，建筑市场的发包体系、承包体系、管理服务体系的各主体在建设工程中会合，由建设单位、勘察单位、设计单位、施工单位和工程监理企业各自承担工程建设的责任与义务，最终将建设工程建成并投入使用。在施工阶段委托监理，其目的是更有效地发挥监理的规划、控制、协调作用，为在计划目标内建成工程提供最好的管理。

5. 建设工程监理的基本职责

建设工程监理的基本职责是"三控两管一协调"和安全生产管理。

工程监理单位的基本职责是在建设单位委托授权范围内，对工程建设相关方的关系进行协调，通过合同和信息管理，对建设工程质量、投资、进度三大目标进行控制，即"三控两管一协调"。此外，还需要履行建设工程安全生产管理的法定职责。

1.2.3　建设工程监理的性质

建设工程监理是一种特殊的工程建设活动，它与其他工程建设活动有明显的区别和差异。也正是由于这个原因，建设工程监理在建设领域中成为我国一种新的独立行业。其性质包括以下几个方面。

1. 服务性

服务性是建设工程监理的根本属性。建设工程监理的主要方法是规划、控制、协调，主要任务是控制建设工程的投资、进度和质量，最终目的是建设单位在计划的目标内将建设工程建成并投入使用。

建设工程监理既不同于承建商的直接生产活动，也不同于建设单位的直接投资活动。它不需要投入大量资金、材料、设备、劳动力，也不必拥有雄厚的注册资金。它只是在工程项目建设过程中，利用自己工程建设方面的知识、技能、经验、信息，以及必要的试验、检测手段，为建设单位提供管理和技术服务。工程监理企业既不向建设单位承包工程造价，也不参与承包商的赢利分成，所获得的报酬(监理酬金)是技术服务的报酬，是脑力劳动的报酬。因此，建设工程监理是工程监理企业接受项目建设单位的委托而开展的管理和技术服务活动。它的直接服务对象是委托方，也就是项目建设单位。这种高技术服务活动是按建设单位与工程监理单位签订的委托监理合同来进行的，是受法律约束和保护的。

工程监理单位不能完全取代建设单位的管理活动，它不具有工程建设重大问题的决策权，只能在授权范围内代表建设单位进行工程建设的管理。

2. 科学性

科学性是由建设工程监理的基本任务决定的。建设工程的规划、设计、建造和运营都包含丰富的科学原理和方法，这就要求从事建设工程监理活动应当遵循科学的准则。科学性主要体现在监理单位和监理人员的素质方面。科学性主要表现在以下五点。

(1)工程监理单位应由组织管理能力强和工程建设经验丰富的人员担任领导。

(2)工程监理单位应具有由足够数量的有丰富管理经验和较强应变能力的注册监理工程师组成的骨干队伍。

(3)工程监理单位应有健全的管理制度、科学的管理方法和手段。

(4)工程监理单位应积累足够的技术、经济资料和数据。

(5)工程监理人员应有科学的工作态度和严谨的工作作风，能够创造性地开展工作。

3. 独立性

独立性是工程监理单位公平地实施监理的基本前提，也是监理工程师的职业惯例。《建筑法》明确指出，工程监理单位应当根据建设单位的委托，客观、公正地执行监理任务。《建设工程监理规定》和《建设工程监理规范》要求工程监理企业按照"公正、独立、自主"的原则开展监理工作。从事建设工程监理活动的工程监理单位是直接参与工程项目建设的"三方当事人"之一。它与项目业主、承建商之间的关系是平等的、横向的。在工程项目建设中，工程监理单位是独立的一方。因此，工程监理单位应当严格地按照有关法律、法规、规章、工程建设文件、工程建设技术标准、工程建设委托监理合同和有关的工程建设合同等的规定实施监理；在委托监理的工程中，与承建单位不得有隶属关系和其他利害关系；在开展工程监理的过程中，必须建立自己的组织，按照自己的工作计划、程序、流程、方法、手段，根据自己的判断，独立地开展工作。

4. 公正性

公正性是社会公认的职业道德准则，是监理行业能够长期生存和发展的基本前提，在开展建设工程监理的过程中，工程监理企业应当排除各种干扰，客观、公正地对待监理的委托单位和承建单位。

(1)公正性是社会公认的监理工程师的职业道德准则。在开展建设工程监理的过程中，监理工程师应当排除各种干扰，客观、公正地对待监理的委托单位和承建单位。特别是当这两方发生利益冲突或矛盾时，监理工程师应以事实为依据，以法律和有关合同为准绳，在维护建设单位的合法权益时，不损害承建单位的合法权益。例如，在调解建设单位和承建单位之间的争议，处理工程索赔和工程延期，进行工程款支付控制及竣工结算时，应当客观、公正地对待建设单位和承建单位。

(2)公正性是建设工程监理正常和顺利开展的基本条件。监理工程师进行目标规划、动态控制、组织协调、合同管理、信息管理等工作都是为力争在预定目标内实现工程项目建设任务这个总目标服务的。但是，仅仅依靠工程监理单位而没有设计单位、施工单位、材料和设备供应单位的积极配合，是不能完成这个任务的。监理效果在很大程度上取决于能否与承建单位及项目业主进行良好合作，相互支持、互相配合，而这一切都需要以监理能否具有公正性作为基础。

(3)公正性是承建商的共同要求。建设监理制赋予工程监理企业在项目建设中具有监督管理的权力，被监理方必须接受监理方的监督管理。所以，它们迫切要求工程监理企业能够办事公道，公正地开展建设工程监理活动。

因此，我国建设监理制将"公正性"作为从事建设工程监理活动应当遵循的重要准则。

1.2.4 建设工程监理的任务与作用

1. 建设工程监理的任务

建设工程监理的任务是控制工程建设项目目标，即控制经过科学的规划所确定的工程建设项目的投资目标、进度目标和质量目标。这三大目标是相互关联、相互制约的目标系统。在处理三大目标的矛盾时，应注意以下几点。

(1)必须坚持"质量第一"的观点。

(2)应注意坚持合理的、必要的质量，而不是苛求质量。

(3)在掌握质量标准时，应注意具体情况具体分析。

2. 建设工程监理的作用

(1)有利于提高工程建设投资决策的科学化水平。建设单位可以委托工程监理单位在项目决策阶段进行项目管理。工程监理单位一方面可协助建设单位选择适当的工程咨询单位管理评估工作；另一方面也可直接从事工程咨询工作，为建设单位提供投资决策建议。这将有利于提高项目投资决策的科学化水平、避免项目投资决策失误，也可为实现工程建设投资综合效益最大化打下良好的基础。

(2)有利于规范工程建设参与各方的建设行为。工程建设参与各方的建设行为都应当符合法律、法规、规章和市场准则。要做到这一点，仅仅依靠自律机制是远远不够的，还需要建立有效的监督约束机制。为此，需要政府对工程建设参与各方的建设行为进行全面的监督管理，这是最基本的约束，也是政府的主要职能之一。但是，由于客观条件所限，政府的监督管理不可能深入每一项建设工程的实施过程中，因此还需要建立另外一种约束机制，能在工程建设实施过程中对工程建设参与各方的建设行为进行约束。建设监理制就是这样一种约束机制。工程监理单位通过专业化的监督管理服务可规范承建单位和建设单位的行为。工程监理单位采用事前、事中和事后控制相结合的方式，有效地规范各承建单位的建设行为，最大限度地避免不当建设行为的发生，是该约束机制的根本目的。

此外，工程监理单位也可以向建设单位提出适当的建议，从而避免发生不当的建设行为，对规范建设单位的建设行为也可起到一定的约束作用。

(3)有利于促使承建单位保证建设工程的质量和使用安全。建设工程是一种特殊的产品，不仅价值大、使用寿命长，而且还关系到人民的生命财产安全和健康的生活环境。因此，保证建设工程质量和使用安全就显得尤为重要，在这方面不允许有丝毫的懈怠和疏忽。工程监理单位以产品需求者的身份参与管理，提供专业化、社会化和科学化的项目管理，确保工程质量和使用安全。

(4)有利于实现工程建设投资效益最大化。建设工程投资效益最大化有以下三种不同表现。

①在满足建设工程预定功能和质量标准的前提下，建设投资额最少。

②在满足建设工程预定功能和质量标准的前提下，建设工程寿命周期费用(或全寿命费用)最少。

③建设工程本身的投资效益与社会效益、环境效益的综合效益最大化。

工程监理单位一般都能协助业主实现上述工程建设投资效益最大化的第一种表现，也能在一定程度上实现上述第二种和第三种表现。随着工程建设寿命周期费用观念和综合效益理念被越来越多的建设单位所接受，工程建设投资效益最大化的第二种和第三种表现的比例将越来越大，从而大大地提高了我国全社会的投资效益，促进国民经济健康、可持续发展。

1.2.5 建设工程监理的特点

我国的建设工程监理经过长足的发展，已经取得了有目共睹的成绩，并已为社会各界所认同和接受。现阶段，我国建设工程监理的主要特点包括以下几个方面。

1. 建设工程监理属于国家强制推行的制度

为了适应我国社会主义市场经济发展的需要，建设工程监理是作为对计划经济条件下所形成的建设工程管理体制改革的一项新制度提出来的，也是依靠国家行政和法律手段在全国范围强制推行的。为此，不仅在各级政府部门中设立了主管建设工程监理有关工作的专门机构，而且制定了有关的法律、行政法规、部门规章、标准规范。此外，还明确提出国家推行建设工程监理制度，并规定了必须实行建设工程监理的范围。

2. 建设工程监理的服务对象具有单一性

在国际上，建设项目管理按服务对象主要可分为为建设单位服务的项目管理和为承建单位服务的项目管理。而按照我国建设工程监理制度的有关规定，工程监理单位的服务对象一般是建设单位，并不包括施工单位，也很少服务于金融机构和其他类型的组织。

3. 建设工程监理具有监督功能

我国的工程监理单位与建设单位的关系是委托与被委托的关系，与承建单位虽无任何经济关系，但根据建设单位授权，有权对其不当建设行为进行监督，或预先防范，或指令及时改正，或向有关部门反映，请求纠正。不仅如此，在我国的建设工程监理中还强调对承建单位施工过程和施工工序的监督、检查与验收，而且在实践中又进一步提出了旁站监理、见证取样等规定，对监理工程师在质量控制方面的工作应达到的深度和细度提出了更高的要求，这对保证工程质量起到很好的作用。

4. 市场准入的双重控制

在建设项目管理方面，一些发达国家只对从业人员的执业资格提出要求，而没有对企业的资质管理作出规定。我国建设工程监理的市场准入制度采取了企业资质和人员资格的双重控制方案。规定了不同资质等级的工程监理单位应有取得监理工程师资格证书并经注册的人员数量要求；专业监理工程师以上的监理人员要取得监理工程师资格证书并经注册方可执业。这种市场准入的双重控制对于保证我国建设工程监理队伍的基本素质及规范我国建设工程监理市场起到了积极的作用。

1.3 建设工程监理的基本方法与步骤

1.3.1 建设工程监理的基本方法

任何工程项目都是在一定的投资额度内和一定的投资限制条件下实现的。任何工程项目的实现都要受到时间的限制，都有明确的项目进度和工期要求。任何工程项目都要实现它的功能要求、使用要求和其他有关的质量标准，这是投资建设一项工程最基本的需求。实现建设项目并不十分困难，而要使工程项目能够在计划的投资、进度和质量目标内实现则是困难的，这就是社会需求工程建设监理的原因。工程建设监理正是为解决这样的困难和满足这种社会需求而出现的。因此，目标控制应当成为工程建设监理的中心任务。

建设工程监理的基本方法是一个系统，它由不可分割的若干个子系统组成，它们相互联系，互相支持，共同运行，形成一个完整的方法体系，这就是目标规划、动态控制、组织协调、信息管理、合同管理，这些工作都是围绕确保项目控制目标的实现而开展进行的。

1. 目标规划

目标规划是指以实现目标控制为目的的规划和计划,它是围绕工程项目投资、进度和质量目标进行研究确定、分解综合、安排计划、风险管理、制订措施等各项工作的集合。目标规划是目标控制的基础和前提,只有做好目标规划的各项工作才能有效地实施目标控制。

目标规划工作包括正确地确定投资、进度、质量目标或对已经初步确定的目标进行论证;按照目标控制的需要将各目标进行分解,使每个目标都形成一个既能分解又能综合地满足控制要求的目标划分系统,以便实施控制;把工程项目实施的过程、目标和活动编制成计划,用动态的计划系统来协调和规范工程项目的实施,为实现预期目标构筑一座桥梁,使项目协调有序地达到预期目标;对计划目标的实现进行风险分析和管理,以便采取针对性的有效措施,实施主动控制;制订各项目标的综合控制措施,确保项目目标的实现。

2. 动态控制

动态控制是开展工程建设监理活动时采用的基本方法。动态控制工作贯穿于工程项目的整个监理过程。所谓动态控制,就是在完成工程项目的过程中,通过对过程、目标和活动的跟踪,全面、及时、准确地掌握工程建设信息,对实际目标值和工程建设状况与计划目标和状况进行对比,如果偏离了计划和标准的要求,就采取措施加以纠正,以便达到计划总目标的实现。这是一个不断循环的过程,直至项目建成交付使用。

动态控制是一个动态的过程。过程在不同的空间展开,控制就要针对不同的空间来实施。工程项目的实施分为不同的阶段,也就有不同阶段的控制。工程项目的实现总要受到外部环境和内部因素的各种干扰,因此,必须采取应变性的控制措施。计划的不变是相对的,计划总是在调整中运行,控制就要不断地适应计划的变化,从而达到有效的控制。监理工程师只有把握住工程项目运动的脉搏才能做好目标控制工作。动态控制是在目标规划的基础上针对各级分目标实施的控制。整个动态控制的过程都是按事先安排的计划来进行的。

3. 组织协调

组织协调是指监理单位在监理过程中,对相关单位的协作关系进行协调,使相互之间加强合作、减少矛盾、避免纠纷,共同完成项目目标。在监理过程中,当设计概算超过投资估算时,监理工程师要与设计单位进行协调,使设计与投资限额之间达成一致,既要满足建设单位对项目的功能和使用要求,又要力求使费用不超过限定的投资额度;当施工进度影响到项目动工时间时,监理工程师就要与施工单位进行协调,或改变投入,或修改计划,或调整目标,直到制订出一个较理想的解决问题的方案为止;当发现承包单位的管理人员不称职而对工程质量造成影响时,监理工程师要与承包单位进行协调,以便更换人员,确保工程质量。

组织协调包括项目监理组织内部人与人、机构与机构之间的协调,如项目总监理工程师与各专业监理工程师之间、各专业监理工程师相互之间的人际关系,以及纵向监理部门与横向监理部门之间的关系协调。组织协调还存在于项目监理组织与外部环境组织之间,其中主要是与项目建设单位、设计单位、施工单位、材料和设备供应单位,以及与政府有关部门、社会团体、咨询单位、科学研究及工程毗邻单位之间的协调。为了更好地开展工程建设监理工作,要求项目监理组织内的所有监理人员都能主动地在自己负责的范围内进行协调,并采用科学有效的方法。为了使组织协调工作顺利进行,需要对经常性事项的协调加以程序化,事先确定协调内容、协调方式和具体的协调流程，需要经常通过监理组织系统和项目组织系统，利用权责体系，采取指令等方式进行协调；需要设置专门机构或由专人进行协调；需要召开各种类型的会议进行协调。只有这样，项目系统内各子系统、各专业、各工种、各项资源，以及时间、空间等方面才能实现有机配合，使工程项目成为一体化运行的整体。

4. 信息管理

监理工程师在开展监理工作中要不断地预测或发现问题，要不断地进行规划、决策、执行和检查，而做好其中的每项工作都离不开相应的信息。在实施监理过程中，监理工程师要对所需要的信息进行收集、整理、处理、存储、传递、应用等一系列工作，这些工作构成了信息管理。信息管理对工程建设监理是十分重要的。规划需要规划信息，决策需要决策信息，执行需要执行信息，检查需要检查信息。监理工程师在监理过程中的主要任务是进行目标控制，而控制的基础就是信息，任何控制只有在信息的支持下才能有效地进行。项目监理组织的各部门为完成各项监理任务需要哪些信息，完全取决于这些部门实际工作的需要，因此，对信息的要求是与各部门监理任务和工作直接联系的。

5. 合同管理

监理单位在工程建设监理过程中的合同管理，主要是根据监理合同的要求对工程承包合同的签订、履行、变更和解除进行监督、检查，对合同双方的争议进行调解和处理，以保证合同的依法签订和全面履行。

合同管理对于监理企业完成监理任务是非常重要的。根据国外经验，合同管理产生的经济效益往往大于技术优化所产生的经济效益。一项工程合同，应当对参与建设项目的各方建设行为起到控制作用，同时，具体指导这项工程如何操作完成。所以，从这个意义上讲，合同管理起着控制整个项目实施的作用。

1.3.2　建设工程监理的步骤

工程监理单位从接受监理任务到圆满完成监理工作，主要有以下几个步骤。

1. 取得监理任务

工程监理单位获得监理任务主要有以下途径。

(1)业主点名委托。

(2)通过协商、议标委托。

(3)通过招标、投标，择优委托。

此时，监理单位应编写监理大纲等有关文件，参加投标。

2. 签订监理委托合同

按照国家统一文本签订监理委托合同，明确委托内容及各自的权利和义务。

3. 成立项目监理组织

工程监理单位在与业主签订监理委托合同后，根据工程项目的规模、性质及业主对监理的要求，委派称职的人员担任项目的总监理工程师，代表监理单位全面负责该项目的监理工作。

总监理工程师对内向监理企业负责，对外向业主负责。在总监理工程师的具体领导下，组建项目的监理班子，并根据签订的监理委托合同，制订监理规划和具体的实施计划（监理实施细则），开展监理工作。

一般情况下，监理企业在承接项目监理任务时，在参与项目监理的投标、拟订监理方案（大纲），以及与业主商签监理委托合同时，应选派称职的人员主持该项工作。在监理任务确定并签订监理委托合同后，该主持人即可作为项目总监理工程师。这样，项目总监理工程师在承接任务阶段即早已介入，从而更能了解业主的建设意图和对监理工作的要求，并能更好地衔接后续工作。

4．资料收集

收集有关资料，以作为开展建设监理工作的依据。

（1）反映工程项目特征的相关资料：工程项目的批文；规划部门关于规划红线范围和设计条件的通知；土地管理部门关于准予用地的批文；批准的工程项目可行性研究报告或设计任务书；工程项目地形图；工程项目勘测、设计图纸及有关说明。

（2）反映当地工程建设政策、法规的相关资料：关于工程建设报建程序的有关规定；当地关于拆迁工作的有关规定；当地关于工程建设应缴纳有关税费的规定；当地关于工程项目建设管理机构资质管理的有关规定；当地关于工程项目建设实行建设监理的有关规定；当地关于工程建设招标投标制度的有关规定；当地关于工程造价管理的有关规定等。

（3）反映工程项目所在地区技术经济状况等建设条件的资料：气象资料；工程地质及水文地质资料；与交通运输（含铁路、公路、航运）有关的可提供的能力、时间及价格等资料；供水、供热、供电、供燃气、电信、有线电视等的有关情况，如可提供的容量、价格等资料；勘察设计单位状况；土建、安装（含特殊行业安装，如电梯、消防、智能化等）施工单位情况；建筑材料、构配件及半成品的生产供应情况；进口设备及材料的有关到货口岸、运输方式的情况。

（4）类似工程项目建设情况的有关资料：类似工程项目投资方面的有关资料；类似工程项目建设工期方面的有关资料；类似工程项目采用新结构、新材料、新技术、新工艺的有关资料；类似工程项目出现质量问题的具体情况；类似工程项目的其他技术经济指标等。

5．制订监理规划、工作计划或实施细则

工程项目的监理规划是开展项目监理活动的纲领性文件，由项目总监理工程师主持，专业监理工程师参加编制，监理单位技术负责人审核批准。在监理规划的指导下，为了具体指导投资控制、进度控制、质量控制的进行，还需要结合工程项目的实际情况，制订相应的实施计划或细则（或方案）。

6．根据监理实施细则开展监理工作

作为一种科学的工程项目管理制度，监理工作的规范化体现在以下几个方面：

（1）工作的时序性。监理的各项工作都是按照一定的逻辑顺序先后展开的，以使监理工作能有效地达到目标而不致造成工作状态的无序和混乱。

（2）职责分工的严密性。工程建设监理工作是由不同专业、不同层次的专家群体共同完成的，他们之间严密的职责分工，是协调监理工作的前提和实现监理目标的重要保证。

（3）工作目标的确定性。在职责分工的基础上，每一项监理工作应达到的具体目标都应是确定的，完成的时间也应有时限规定，以便通过报表资料对监理工作及其效果进行检查和考核。

（4）工作过程系统化。施工阶段的监理工作主要包括三控制（投资控制、质量控制、进度控制）、二管理（合同管理、信息管理）、一协调（组织协调），共六个方面的工作。施工阶段的监理工作又可以分为事前控制、事中控制、事后控制三个阶段，形成矩阵式系统，因此，监理工作的开展必须实现工作过程系统化。

7. 参与项目竣工验收，签署建设监理意见

工程项目施工完成后，应由施工单位在正式验收前组织竣工预验收。监理企业应参与预验收工作，在预验收中发现的问题，应与施工单位沟通，提出要求并签署工程建设监理意见。

8. 向业主提交工程建设监理档案资料

工程项目建设监理业务完成后，向业主提交的监理档案资料应包括监理设计变更、工程变更资料；监理指令性文件；各种签证资料；其他档案资料。

9. 监理工作总结

监理工作总结应包括以下主要内容：

(1)向业主提交的监理工作总结。其内容主要包括监理委托合同履行情况概述；监理任务或监理目标完成情况的评价；由业主提供的供监理活动使用的办公用房、车辆、试验设施等的清单；表明监理工作终结的说明等。

(2)向监理单位提交的监理工作总结。其内容主要包括监理工作的经验。它可以是采用某种监理技术、方法的经验，可以是采用某种经济措施、组织措施的经验及签订监理委托合同方面的经验，也可以是如何处理好与业主、承包单位关系的经验等。

(3)监理工作中存在的问题及改进的建议也应及时加以总结，以指导今后的监理工作，并向政府有关部门提出政策建议，不断地提高我国工程建设监理的水平。

1.4　建设工程监理相关法律、法规和政策规定

建设工程法律法规体系是指根据《中华人民共和国立法法》的规定，制定和公布施行的有关建设工程的各项法律、行政法规、地方性法规、自治条例、单行条例、部门规章和地方政府规章的总称。

建设工程监理是一项法律活动，与之相关的法律、法规的内容十分丰富，建立我国建设工程监理的法规体系，目的是建立调整建设工程监理活动及其社会关系和规范建设行为的各项法律、行政法规、部门规章和有关规范。它们是一个相互联系、相互补充、相互协调、多层次的完整统一的有机整体，属于我国建设法律体系的一个部分。

我国建设工程监理的法规体系分为以下4个层次。

1. 建设工程法律

建设工程法律是由全国人民代表大会及其常务委员会通过的规范工程建设活动的法律规范，如《建筑法》《中华人民共和国民法典》《中华人民共和国招标投标法》《中华人民共和国土地管理法》《中华人民共和国城市房地产管理法》《中华人民共和国环境保护法》《中华人民共和国环境影响评价法》等。

2. 建设工程行政法规

建设工程行政法规是由国务院根据宪法和法律制定的规范工程建设活动的各项法规，如《建

设工程质量管理条例》《建设工程安全生产管理条例》《建设工程勘察设计管理条例》《中华人民共和国土地管理法实施条例》等。

3. 建设工程部门规章

建设工程部门规章是指建设部按照国务院规定的职权范围，独立或同国务院有关部门联合根据法律和国务院的行政法规、决定、命令，制定的规范工程建设活动的各项规章，如《工程监理企业资质管理规定》《注册监理工程师管理规定》《工程建设监理范围和规模标准规定》等。

4. 地方性建设法规

地方性建设法规是由各省(自治区、直辖市)在不与宪法、法律、行政法规相抵触的前提下制定的，只能在地方区域内规范工程建设活动的各项法规。

1.5　建设程序和建设工程管理制度

1.5.1　建设程序的概念

建设程序是指一项建设工程从设想、提出到决策，经过设计、施工，直至投产或交付使用的全过程中应当遵循的先后顺序。这个顺序不是任意安排的，而是由建设工程进程，即固定资产和生产能力的建造及形成过程的规律所决定的。从建设工程的客观规律、工程特点、协作关系、工作内容来看，在多层次、多交叉、多关系、多要求的时间和空间里组织好建设，必须使项目建设中各阶段和各环节的工作相互衔接。

投资建设一项工程应当经过投资决策、建设实施和交付使用三个发展时期。每个发展时期又可分为若干个阶段，各阶段及每个阶段内的各项工作之间存在着严格的先后顺序关系。科学的建设程序应当在坚持"先勘察、后设计、再施工"的原则基础上，突出优化决策、竞争择优原则。工程建设程序及造价控制如图1-2所示。

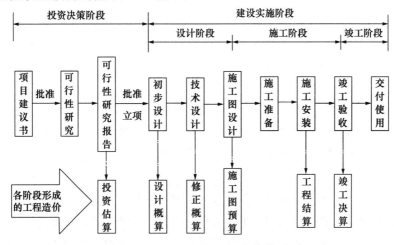

图1-2　工程建设程序及造价控制

1.5.2 建设程序各阶段工作内容

1. 项目建议书阶段

项目建议书是由投资者对准备建设的项目提出的大体轮廓性设想和建议,主要是为确定拟建项目是否有必要建设,是否具备建设的条件,是否需再作进一步的研究论证工作提供依据。项目建议书是向国家提出建设某一项目的建议性文件,是建设工程中最初阶段的工作,是投资决策前对拟建项目的轮廓设想。项目建议书根据拟建项目规模报送有关部门审批。项目建议书批准后,项目即可列入项目建设前期工作计划,并可以进行下一步的可行性研究工作。

2. 可行性研究报告阶段

可行性研究是指在项目决策之前,通过调查、研究、分析与项目有关的工程、技术、经济等方面的条件和情况,对可能的多种方案进行比较论证,同时,对项目建成后的经济效益进行预测和评价的一种投资决策分析方法与科学分析活动。其主要作用是为建设项目投资决策提供依据,同时,也为建设项目设计、银行贷款、申请开工建设、建设项目实施、项目评估、科学试验、设备制造等提供依据。可行性研究主要解决项目建设是否必要,技术方案是否可行,生产建设条件是否具备,项目建设是否经济合理等问题。批准的可行性研究报告是项目最终决策文件,经有关部门审查通过,拟建项目正式立项。

3. 设计阶段

设计是对拟建工程的实施,在技术上和经济上进行全面而详尽的安排,是基本建设计划的具体化,是整个工程的决定性环节,是组织施工的依据。它直接关系着工程质量和将来的使用效果。可行性研究报告经批准的建设项目应通过招标投标择优选择设计单位,按照批准的可行性研究报告内容和要求进行设计、编制文件。根据建设项目的不同情况,设计过程一般划分为初步设计和施工图设计两个阶段。初步设计是设计的第一阶段,它根据批准的可行性研究报告和必须准备的设计基础资料,对设计对象进行通盘研究,阐明在指定的地点、时间和投资控制数额内,拟建工程在技术上的可行性和经济上的合理性;通过对设计对象作出的基本技术规定,编制项目总概算。根据国家规定,如果初步设计提出的总概算超过可行性研究报告确定的总投资估算的10%以上或其他主要指标需要变更,要重新报批可行性研究报告。技术复杂而又缺乏设计经验的项目,在初步设计后加技术设计。

4. 建设准备阶段

在工程开工建设前,应当切实做好各项准备工作。其中包括组建项目法人;征地、拆迁和场地平整;做到通水、通电、通路;组织设备、订购材料;建设工程报建;委托工程监理;组织施工招标投标,择优选定施工单位;办理施工许可证。

5. 施工安装阶段

建设工程具备了开工条件并取得了施工许可证后才能开工,这是项目决策的实施、建成投产发挥效益的关键环节。施工安装阶段的主要任务是按设计进行施工安装,建成工程实体。在施工安装阶段,施工承包单位应当认真做好图纸会审工作,参加设计交底,了解设计意图,明确质量要求;选择合适的材料供应商;做好人员培训;合理组织施工;建立并落实技术管理、质量管理体系和质量保证体系；严格把关中间质量验收和竣工验收环节。

6. 生产准备阶段

生产准备的内容很多，不同类型的项目对生产准备的要求各不相同，但从总的方面看，生产准备的主要内容有招收和培训人员、生产组织准备、生产技术准备、生产物资准备。

7. 竣工验收阶段

建设工程按设计文件规定的内容和标准全部完成，并按规定将工程内外全部清理完毕，达到竣工验收条件后，建设单位即可组织勘察、设计、施工、监理等有关单位进行竣工验收。竣工验收是考核建设成果、检验设计和施工质量的关键步骤，是由投资成果转入生产或使用的标志。竣工验收合格后，建设工程方可交付使用。

竣工验收时要重点审查工程建设的各个环节，听取各有关单位的工作报告，审阅工程档案资料并实地查验建筑工程和设备安装情况，并对工程设计、施工和设备质量等方面作出全面的评价。不合格的工程不予验收，并对遗留问题提出具体解决意见，限期落实完成。

1.5.3 建设工程主要管理制度

1. 项目法人责任制

为了建立投资约束机制，规范建设单位的行为，建设工程应当按照政企分开的原则组建项目法人，实行项目法人责任制，即由项目法人对项目的策划、资金筹措、建设实施、生产经营、债务偿还和资产的保值、增值，实行全过程负责的制度。

新建项目在项目建议书被批准后，应及时组建项目法人筹备组，具体负责项目法人的筹建工作。筹备组主要由项目投资方派代表组成。申报项目可行性研究报告时，需同时提出项目法人组建方案。否则，其可行性研究报告不予审批。项目可行性报告经批准后，正式成立项目法人，并按有关规定确保资金按时到位。

(1)项目法人责任制是实行建设工程监理制的必要条件项目法人责任制，执行"谁投资，谁决策，谁承担风险"的市场经济基本原则，项目法人为了做好决策，尽量避免承担风险，也就为建设工程监理提供了社会需求和发展空间。

(2)建设工程监理制是实行项目法人责任制的基本保障。建设单位在工程监理企业的协助下，做好投资控制、进度控制、质量控制、合同管理、信息管理、组织协调等工作，就为在计划目标内实现建设项目提供了基本保证。

2. 建设工程招标投标制

在工程建设领域引入竞争机制，择优选定勘察单位、设计单位、施工单位及材料、设备供应单位，需要实行工程招标投标制。

《中华人民共和国招标投标法》《中华人民共和国政府采购法》《中华人民共和国招标投标法实施条例》等法律、法规相继颁布，国家通过法律手段来推行招标投标制度，以达到规范招标投标活动的目的。

3. 建设工程监理制

实行监理的建设工程，由建设单位委托具有相应资质条件的工程监理单位监理。建设单位与其委托的工程监理单位应当签订书面委托监理合同。

国家推行建筑工程监理制度，国务院对实行强制监理的建设工程的范围作了如下规定：工程建设监理应当依照法律、行政法规及有关的技术标准、设计文件和工程承包合同，对承包单位在施工质量、建设工期和建设资金使用等方面，代表建设单位实施监督。工程监理人员认为，工程施工不符合工程设计要求、施工技术标准和合同约定的，有权要求建筑施工企业改正；工程设计不符合建筑工程质量标准或合同约定的质量要求的，应当报告建设单位，要求设计单位改正。

我国实行建设工程监理目前仍然以施工阶段监理为主。随着项目法人责任制的不断完善，建设单位将对工程投资效益愈加重视，工程项目前期决策阶段的监理将日益增多。从发展趋势看，代表建设单位进行全方位、全过程的工程项目管理，将是我国工程监理行业发展的方向。

4. 合同管理制

建设工程的勘察单位、设计单位、施工单位、材料设备采购单位和工程监理单位都要依法订立合同。各类合同都要有明确的质量要求和违约处罚条款，违约方要承担相应的法律责任。合同管理制的实施对工程建设监理开展合同管理工作提供了法律上的支持。

 思考题

1. 什么是建设工程监理？

2. 建设工程监理是如何产生与发展的？

3. 建设工程监理具有哪些性质？它们的含义是什么？

4. 建设工程监理的任务和作用是什么？

5. 简述建设工程监理的步骤。

6. 何谓工程建设程序？工程建设程序包括哪些工作内容？

7. 我国建设工程监理的法规体系分为几个层次？

8. 建设工程主要管理制度有哪些？

第2章

监理工程师和监理企业

本章要点

本章主要了解监理工程师的概念、素质与职业道德要求，工程监理企业的素质和道德要求；熟悉监理工程师的法律责任、工程监理企业的组织形式；掌握监理工程师执业资格考试制度、工程监理企业的资质等级和设立条件、工程监理企业经营管理措施和监理企业的服务内容。

2.1 监理工程师的概念与执业特点

2.1.1 监理工程师的概念

监理工程师是一种岗位职务，是指经考试取得《中华人民共和国监理工程师资格证书》，并经注册，取得《中华人民共和国注册监理工程师注册执业证书》和执业印章，从事工程监理及相关业务活动的专业人员。

现行国家标准《建设工程监理规范》(GB/T 50319—2013)中的相关概念如下。

1. 注册监理工程师(Registered project management engineer)

取得国务院建设主管部门颁发的《中华人民共和国注册监理工程师注册执业证书》和执业印章，从事建设工程监理与相关服务等活动的人员。

2. 总监理工程师(Chief project management engineer)

由工程监理单位法定代表人书面任命，负责履行建设工程监理合同、主持项目监理机构工作的注册监理工程师。

3. 总监理工程师代表(Representative of chief project management engineer)

经工程监理单位法定代表人同意，由总监理工程师书面授权，代表总监理工程师行使其部分职责和权力，具有工程类注册执业资格或具有中级及以上专业技术职称、3年及以上工程实践经验并经监理业务培训的人员。

4. 专业监理工程师(Specialty project management engineer)

由总监理工程师授权，负责实施某一专业或某一岗位的监理工作，有相应监理文件签发权，具有工程类注册执业资格或具有中级及以上专业技术职称、2年及以上工程实践经验并经监理业务培训的人员。

5. 监理员(Site supervisor)

从事具体监理工作，具有中专及以上学历并经过监理业务培训的监理人员。

2.1.2 监理工程师的执业特点

我国监理工程师的执业特点主要表现在以下几个方面。

1. 执业范围广泛

建设工程监理，就其监理的工程类别来看，包括土木工程、建筑工程、线路管道与设备安装工程和装修工程等类别，而各类工程所包含的专业累计多达200余项；就其监理的过程来看，可以包括工程项目前期决策、招标投标、勘察设计、施工、项目运行等各阶段。因此，监理工程师的执业范围十分广泛。

2. 执业内容复杂

监理工程师执业内容的基础是合同管理，主要工作内容是建设工程目标控制和协调管理；执业方式包括监督管理和咨询服务。监理工程师的执业内容主要包括工程项目建设前期，为建设单位提供投资决策咨询，协助建设单位进行工程项目可行性研究，提出项目评估；在设计阶段，审查、评选设计方案，选择勘察、设计单位，协助建设单位签订勘察、设计合同，监督管理合同的实施，审核设计概算；在施工阶段，监督、管理工程承包合同的履行，协调建设单位与工程建设有关各方的工作关系，控制工程进度、投资与质量，组织工程竣工预验收，参与工程竣工验收，审核工程结算；在工程保修期内，检查工程质量状况，鉴定质量问题责任，督促责任单位维修。此外，监理工程师在执业过程中，还要受环境、气候、市场等多种因素干扰。所以，监理工程师的执业内容十分复杂。

3. 执业技能全面

工程监理业务是高智能的工程管理服务，涉及多学科、多专业，监理方法需要运用技术、经济、法律、管理等多方面的知识。因此要求监理工程师不仅应具备复合型知识结构来承担监理工作，还要有专业基础理论知识，且熟悉设计、施工、管理，要有组织协调能力，能够综合应用各种知识解决工程建设中的各种问题。

4. 执业责任重大

监理工程师在执业过程中担负着重要的经济和管理等方面涉及生命、财产安全的法律责任，统称为监理责任。监理工程师所承担的责任主要包括两个方面：一是国家法律法规赋予的行政责任。我国的法律法规对监理工程师从业有明确具体的要求，不仅赋予监理工程师一定的权力，同时，也赋予监理工程师相应的责任，如《建设工程质量管理条例》所赋予的质量管理责任、《建设工程安全生产管理条例》所赋予的安全生产管理责任等。二是委托监理合同约定的监理人义务，体现为监理工程师的合同民事责任。

2.2 监理工程师的素质与职业道德

2.2.1 监理工程师的素质

建设工程监理服务要体现服务性、科学性、独立性和公正性，要求一专多能的复合型人才承担监理工作，因此，监理工程师应具备以下素质。

1. 较高的学历和复合型的知识结构

监理工程师具备深厚的现代科技理论知识、经济管理理论知识和法律知识，才能胜任监理工作。对监理工程师有较高学历的要求，是保障监理工程师队伍素质的重要基础，也是向国际水平靠近的必然要求。工程建设涉及的学科很多，其中主要学科就有几十种。作为一名监理工程师，当然不可能掌握这么多的学科和专业理论知识，但应要求监理工程师至少学习与掌握一种专业技术知识，这是监理工程师所必须具备的全部理论知识中的主要部分。所以，要成为一名监理工程师，至少应具有工程类大专以上学历，并应了解或掌握一定的工程建设经济、法律和组织管理等方面的理论知识，不断了解新技术、新设备、新材料、新工艺，熟悉与工程建设相关的现行法律法规、政策规定，成为一专多能的复合型人才，持续保持较高的知识水准。

2. 丰富的工程建设实践经验

监理工程师的业务内容体现的是工程技术理论与工程管理理论的应用，具有很强的实践性特点。我国在监理工程师注册制度中，也对实践经验做出了相应的规定。实践经验是监理工程师的重要素质之一。

3. 良好的品德

监理工程师的良好品德主要体现在以下几个方面。

(1)热爱社会主义祖国，热爱人民，热爱本职工作。

(2)具有科学的工作态度。

(3)具有廉洁奉公、为人正直、办事公道的高尚情操。

(4)能听取不同的意见，而且有良好的包容性。

(5)具有良好的职业道德。

4. 良好的体魄和充沛的精力

尽管建设工程监理是一种高智能的管理服务，以脑力劳动为主，但也必须具有健康的体魄和充沛的精力，才能胜任繁忙、严谨的监理工作。尤其在建设工程施工阶段，现场性强、流动性大、工作条件差、任务繁忙，更需要有健康的身体；否则，难以胜任工作。我国对年满65周岁的监理工程师不再进行注册，主要是考虑监理从业人员的身体健康状况及其适应能力。

2.2.2 监理工程师的职业道德要求

为确保建设监理事业的健康发展，党的二十大提出"以城市群、都市圈为依托构建大中小城市协调发展格局，推进以县城为重要载体的城镇化建设"的发展蓝图，工程建设行业前景广阔，工程监理行业将大有可为。对于新兴的工程监理行业来说，倡导全体从业人员树立良好的作风形象显得尤为重要和迫切。工程建设领域相关单位及从业人员都应当主动响应并积极落实住房和城乡建设部《关于促进工程监理行业转型升级创新发展的意见》的部署安排。作为监理人员，应当树立"干一行、爱一行、精一行"的敬业精神、养成"活到老学到老"的学习自觉，积极学习掌握工程建设新知识、新工艺、新材料，不断提高监理服务的综合能力水平。此外，我国对监理工程师的职业道德和工作纪律都有严格的要求，在有关法规里也作了具体的规定。

1. 职业道德守则

(1)维护国家的荣誉和利益，按照"守法、诚信、公正、科学"的经营活动准则执业。

(2)执行有关工程建设的法律、法规、规范、标准和制度，履行监理合同规定的义务和职责。

(3)努力学习专业技术和工程建设监理知识，不断提高业务能力和监理水平。

(4)不以个人名义承揽监理业务。

(5)不同时在两个或两个以上监理单位注册和从事监理活动，不在政府部门和施工、材料设备的生产供应等单位兼职。

(6)不为所监理项目指定承建商、建筑构配件、设备、材料和施工方法。

(7)不收受被监理单位的任何礼金。

(8)不泄露所监理工程各方认为需要保密的事项。

(9)坚持独立自主地开展监理工作。

2. 工作纪律

(1)遵守国家的法律和政府的有关条例、规定和办法等。

(2)认真履行"工程建设监理委托合同"承诺的义务，并承担约定的责任。

(3)坚持公正的立场，公平地处理有关各方的争议。

(4)坚持科学的态度和实事求是的原则。

(5)在坚持按"工程建设监理委托合同"的规定向业主提供技术服务的同时，帮助被监理者完成其担负的建设任务。

(6)不以个人名义在报刊上刊登承揽监理业务的广告。

(7)不得损害他人名誉。

(8)不得泄露所监理工程需保密的事项。

(9)不在任何承建商或材料设备供应商中兼职。

(10)不得擅自接受业主额外的津贴，也不得接受被监理单位的任何津贴，不得接受可能导致判断不公的报酬。

监理工程师违背职业道德或违反工作纪律，由政府主管部门没收非法所得，收缴监理工程师岗位证书，并可处以罚款。工程监理单位还要根据企业内部的规章制度给予处罚。

2.2.3 监理工程师的法律责任

1. 监理工程师的法律地位

监理工程师的主要业务是受聘于工程监理企业从事监理工作，受建设单位委托，代表工程监理企业完成委托监理合同约定的委托事项。因此，监理工程师的法律地位主要表现为受托人的权利和义务。

监理工程师一般享有以下权利。

(1)使用注册监理工程师称谓。

(2)在规定范围内从事执业活动。

(3)依据本人能力从事相应的执业活动。

(4)保管和使用本人的注册证书和执业印章。

(5)对本人执业活动进行解释和辩护。

(6)接受继续教育。

(7)获得相应的劳动报酬。

(8)对侵犯本人权利的行为进行申诉。

同时，监理工程师还应当履行下列义务。

(1)遵守法律、法规和有关管理规定。

(2)履行管理职责，执行技术标准、规范和规程。

(3)保证执业活动成果的质量，并承担相应责任。

(4)接受继续教育，努力提高执业水准。

(5)在本人执业活动所形成的工程监理文件上签字、加盖执业印章。

(6)保守在执业中知悉的国家秘密和他人的商业、技术秘密。

(7)不得涂改、倒卖、出租、出借或以其他形式非法转让注册证书或执业印章。

(8)不得同时在两个或两个以上单位受聘或执业。

(9)在规定的执业范围和聘用单位业务范围内从事执业活动。

(10)协助注册管理机构完成相关工作。

2. 监理工程师的法律责任

监理工程师法律责任的表现行为主要有两个方面：一是违反法律法规的(违法)行为；二是违反合同约定的(违约)行为。

(1)违法行为。现行法律法规对监理工程师的法律责任专门作出了具体规定。如《建筑法》第三十五条规定："工程监理单位不按照委托监理合同的约定履行监理义务，对应当监督检查的项目不检查或者不按照规定检查，给建设单位造成损失的，应当承担相应的赔偿责任。工程监理单位与承包单位串通，为承包单位谋取非法利益，给建设单位造成损失的，应当与承包单位承担连带赔偿责任。"《建设工程质量管理条例》第三十六条规定："工程监理单位应当依照法律、法规以及有关技术标准、设计文件和建设工程承包合同，代表建设单位对施工质量实施监理，并对施工质量承担监理责任。"《建设工程安全生产管理条例》第十四条规定："工程监理单位和监理工程师应当按照法律、法规和工程建设强制性标准实施监理，并对建设工程安全生产承担监理责任。"《中华人民共和国刑法》第一百三十七条规定："建设单位、设计单位、施工单位、工程监理单位违反国家规定，降低工程质量标准，造成重大安全事故的，对直接责任人员，处五年以下有期徒刑或者拘役，并处罚金；后果特别严重的，处五年以上十年以下有期徒刑，并处罚金。"

这些规定能够有效地规范、指导监理工程师的执业行为，提高监理工程师的法律责任意识，引导监理工程师公正守法地开展监理业务。

(2)违约行为。监理工程师一般主要受聘于工程监理企业，从事工程监理业务。工程监理企业是订立委托监理合同的当事人，是法定意义的合同主体。但委托监理合同在具体履行时，是由监理工程师代表监理企业来实现的。因此，如果监理工程师出现工作过失，违反了合同约定，其行为将被视为监理企业违约，由监理企业承担相应的违约责任。当然，监理企业在承担违约赔偿责任后，有权在企业内部向有相应过失行为的监理工程师追偿部分损失。所以，由监理工程师个人过失引发的合同违约行为，监理工程师应当与监理企业承担一定的连带责任。其连带责任的基础是监理企业与监理工程师签订的《聘用协议》或《责任保证书》，或监理企业法定代表人对监理工程师签发的《授权委托书》。一般来说，《授权委托书》应包含职权范围和相应责任条款。

3. 监理工程师的安全生产责任

监理工程师的安全生产责任是法律责任的一部分。

导致工作安全事故或问题的原因很多，有自然灾害、不可抗力等客观原因，也有建设单位、设计单位、施工企业、材料供应单位等方面的主观原因。监理工程师虽然不管理安全生产，不直接承担安全责任，但不能排除其间接或连带承担安全责任的可能性。如果监理工程师有下列行为之一，则应当与质量、安全事故责任主体承担连带责任。

(1)违章指挥或发出错误指令，引发安全事故的。

(2)将不合格的工程建设、建筑材料、建筑构配件和设备按照合格签字，造成工程质量事故，由此引发安全事故的。

(3)与建设单位或施工企业串通，弄虚作假、降低工程质量，从而引发安全事故的。

4. 监理工程师违规行为罚则

监理工程师的违规行为及其处罚，主要有下列几种情况。

(1)对于未取得《监理工程师执业资格证书》《监理工程师注册证书》和执业印章，以监理工程师名义执行业务的人员，政府住房城乡建设主管部门将予以取缔，并处以罚款；有违法所得的，予以没收。

(2)对于以欺骗手段取得《监理工程师执业资格证书》《监理工程师注册证书》和执业印章的人员，政府住房城乡建设主管部门将吊销其证书、收回执业印章，并处以罚款；情节严重的，3年之内不允许考试及注册。

(3)如果监理工程师出借《监理工程师执业资格证书》《监理工程师注册证书》和执业印章，情节严重的将被吊销证书、收回执业印章，3年之内不允许考试和注册。

(4)监理工程师注册内容发生变更，未按照规定办理变更手续的，将被责令改正，并可能受到罚款的处理。

(5)同时受聘于两个及以上单位执业的，将被注销其《监理工程师注册证书》，收回执业印章，并将受到罚款处理；有违法所得的，将被没收。

(6)对于监理工程师在执业中出现的行为过失，产生不良后果的，《建设工程质量管理条例》有明确规定：监理工程师因过错造成质量事故的，责令停止执业1年；造成重大质量事故的，吊销执业资格证书，5年以内不予注册；情节特别恶劣的，终身不予注册。

2.3 监理工程师执业资格考试和注册

2.3.1 监理工程师执业资格考试

执业资格是政府对某些责任较大、社会通用性强、关系公共利益的专业技术工作实行的市场准入制度。我国按照有利于国家经济发展、得到社会公认、具有国际可比性、事关社会公共利益四项原则，在涉及国家、人民生命财产安全的专业技术工作领域，实行专业技术人员执业资格制度。执业资格一般要通过考试方式取得，这体现了执业资格制度公开、公平、公正的原则。根据《建筑法》《建设工程质量管理条例》和国家职业资格制度有关规定，制定了《监理工程师职业资格制度规定》。凡从事工程监理活动的单位，必须配备监理工程师。

实行监理工程师执业资格考试制度的意义在于：保障监理工程师队伍的素质和监理工作水平的需要；促进监理人员努力钻研监理业务，提高业务水平；统一监理工程师的业务能力标准；是政府行政主管部门加强对监理企业监督管理的需要，便于建设单位选择监理单位；合理建立工程监理人才库；便于同国际接轨，开拓国际工程监理市场。

国家设置监理工程师准入类职业资格，纳入国家职业资格目录。住房和城乡建设部、交通运输部、水利部、人力资源和社会保障部共同制定监理工程师职业资格制度，并按照职责分工分别负责监理工程师职业资格制度的实施与监督。

监理工程师分为一级监理工程师（Class l Consultant Engineer）和二级监理工程师（Class 2 Consultant Engineer）。

对考试合格人员，由省、自治区、直辖市人民政府人事行政主管部门颁发由国务院人事行政主管部门统一印制，国务院人事行政主管部门和住房城乡建设主管部门共同印制的《监理工程师执业资格证书》。取得执业资格证书并经注册后，即成为监理工程师。

2.3.2 监理工程师注册

监理工程师注册制度是政府对工程监理从业人员实行市场准入控制的有效手段。按照《注册监理工程师管理规定》，取得监理工程师资格证书的人员，经过注册方能以注册监理工程师的名义执业，因而具有相应工作岗位的责任和权力。仅取得《监理工程师执业资格证书》，没有取得《监理工程师注册证书》的人员，则不具备这些权力，也不承担相应的责任。注册监理工程师依据其所学专业、工作经历、工程业绩，按照《工程监理企业资质管理规定》划分的工程类别，按专业注册；每人最多可以申请两个专业注册；监理工程师只能在一家工程勘察、设计、施工、监理、招标代理、造价咨询等企业注册。

监理工程师执业时应持注册证书和执业印章。注册证书、执业印章样式及注册证书编号由住房和城乡建设部、交通运输部、水利部统一制定。执业印章由注册监理工程师按照统一规定自行制作。

住房和城乡建设部、交通运输部、水利部按照职责分工建立监理工程师注册管理平台，保持通用数据标准统一。住房和城乡建设部负责归集全国监理工程师注册信息，促进监理工程师注册、执业和信用信息互通共享。

住房和城乡建设部、交通运输部、水利部负责建立完善监理工程师的注册和退出机制，对以不正当手段取得注册证书等违法违规行为，依照注册管理规定撤销其注册证书。

2.3.3 监理工程师的继续教育

继续教育的目的是加强培养监理工程师的专业技术能力，弥补执业资格考试中不能解决的问题，不断提升监理工程师的专业水平，以适应科学技术发展、政策法规变化的需求。因此，《注册监理工程师管理规定》（建设部令 147 号）要求，注册监理工程师在每一注册有效期内应当达到国务院建设主管部门规定的继续教育要求。继续教育作为注册监理工程师逾期初始注册、延续注册和重新申请注册的条件之一。

注册监理工程师在每一注册有效期（3 年）内应接受 96 学时的继续教育。其中，必修课和选修课各为 48 学时。

必修课包括以下内容。

(1)国家近期颁布的与建设工程监理有关的法律法规、标准规范和政策。

(2)建设工程监理与工程项目管理的新理论、新方法。

(3)工程监理案例分析。

(4)注册监理工程师职业道德。

选修课包括以下内容。

(1)地方及行业近期颁布的与建设工程监理有关的法规、标准规范和政策。

(2)工程建设新技术、新材料、新设备及新工艺。

(3)专业工程监理案例分析。

(4)需要补充的其他与建设工程监理业务有关的知识。

注册监理工程师申请变更注册专业时，在提出申请前，应接受申请变更注册专业 24 学时选修课的继续教育。注册监理工程师申请跨省、自治区、直辖市变更执业单位时，在提出申请前，应接受新聘用单位所在地 8 学时选修课的继续教育。

从事以下工作所取得的学时可充抵继续教育选修课的部分学时：注册监理工程师在公开发行的期刊发表有关工程监理的学术论文（3 000 字以上），每篇限 1 人计 4 学时；从事注册监理工程师继续教育授课工作和考试命题工作，每年次每人计 8 学时。

通过继续教育使注册监理工程师及时掌握与工程监理有关的政策、法律法规和标准规范，熟悉工程监理与工程项目管理的新理论、新方法，了解工程建设新技术、新材料、新设备及新工艺，适时更新业务知识，不断提高注册监理工程师业务素质和执业水平，以适应开展工程监理业务和工程监理事业发展的需要。

2.4　工程监理企业

2.4.1　工程监理企业基本概念

工程监理企业又称工程建设监理单位，简称监理单位，一般是指依法成立并取得建设主管部门颁发的工程监理企业资质证书，从事建设工程监理与相关服务活动的服务机构。工程监理单位是受建设单位委托为其提供管理和技术服务的独立法人或经济组织。工程监理单位不同于生产经营单位，既不直接进行工程设计和施工生产，也不参与施工单位的利润分成。

工程监理单位要依据法律法规、工程建设标准、勘察设计文件、建设工程监理合同及其他合同文件，代表建设单位在施工阶段对建设工程质量、进度、造价进行控制，对合同、信息进行管理，对工程建设相关方的关系进行协调，即"三控两管一协调"，同时，还要依据《建设工程安全生产管理条例》等法规、政策，履行建设工程安全生产管理的法定职责。为全面贯彻党的二十大精神，坚持以人民为中心的发展思想，统筹发展和安全，贯彻"安全第一、预防为主、综合治理"的方针，坚持超前预控、全过程动态管理理念，进一步压实安全生产责任，健全制度体系，强化重大风险管控，夯实安全生产基础，有效防范隧道施工安全事故发生，更好保障重大项目高质量建设，助力经济高质量发展，切实保障人民群众生命财产安全。

按照我国现行法律法规的规定，我国企业的组织形式分为公司、合伙企业、个人独资企业、中外合资经营企业和中外合作经营企业五种。因此，我国的工程监理企业有可能存在的企业组织形式包括公司制监理企业、合伙监理企业、个人独资监理企业、中外合资经营监理企业和中外合作经营监理企业。

2.4.2　工程监理企业的资质及其业务范围

1. 工程监理企业的资质

工程监理企业的资质反映企业的综合实力，包括技术能力、管理水平、业务经验、经营规模、社会信誉等。工程监理企业应当按照所拥有的注册资本、专业技术人员数量和工程监理业绩等资质条件申请资质，经审查合格，取得相应等级的资质证书后，才能在其资质等级许可的范围内从事工程监理活动。

工程监理企业的资质可分为综合资质、专业资质和事务所资质。其中，综合资质只设甲级；专业资质原则上分为甲、乙、丙三个级别，并按照工程性质和技术特点划分为14个专业工程类别，除房屋建筑、水利水电、公路和市政公用四个专业工程类别设丙级资质外，其他专业工程类别不设丙级资质。事务所资质不分级别。

2. 工程监理企业资质的业务范围

工程监理企业资质相应许可的业务范围如下。

(1)综合资质企业。可承担所有专业工程类别建设工程项目的工程监理业务。

(2)专业资质企业。

①专业甲级资质：可承担相应专业工程类别建设工程项目的工程监理业务。

②专业乙级资质：可承担相应专业工程类别二级以下(含二级)建设工程项目的工程监理业务。

③专业丙级资质：可承担相应专业工程类别三级建设工程项目的工程监理业务。

(3)事务所资质企业。可承担三级建设工程项目的工程监理业务，但国家规定必须实行强制监理的工程除外。

此外，工程监理企业可以开展相应类别建设工程的项目管理、技术咨询等业务。

3. 工程监理企业的资质申请、资质审批条件及资质审批程序

(1)工程监理企业的资质申请。工程监理企业申请资质，一般要到企业注册所在地的县级以上地方人民政府住房城乡建设主管部门办理有关手续。新设立的工程监理企业申请资质，应当先到工商行政管理部门登记注册，并取得企业法人营业执照后，才能向企业工商注册所在地的人民政府住房城乡建设主管部门办理资质申请手续。

(2)工程监理企业的资质审批条件。资质审批条件监理单位实行资质审批制度。资质审批要求监理企业不得有下列行为。

①与建设单位串通投标或者与其他工程监理企业串通投标，以行贿手段谋取中标。

②与建设单位或者施工单位串通弄虚作假、降低工程质量。

③将不合格的建设工程、建筑材料、建筑构配件和设备按照合格签字。

④超越本企业资质等级或以其他企业名义承揽监理业务。

⑤允许其他单位或个人以本企业的名义承揽工程。

⑥将承揽的监理业务转包。

⑦在监理过程中实施商业贿赂。

⑧涂改、伪造、出借、转让工程监理企业资质证书。

⑨其他违反法律法规的行为。

对于工程监理企业资质条件符合相应资质等级标准，并且在申请工程监理资质之日前一年未发生以上行为的，住房城乡建设主管部门将向其颁发相应资质等级的《工程监理企业资质证书》。

(3)工程监理企业的资质审批程序。工程监理企业申请综合资质、专业甲级资质的，应当向企业工商注册所在地的省、自治区、直辖市人民政府建设主管部门提出申请。省、自治区、直辖市人民政府建设主管部门应当自受理申请之日起 20 日内初审完毕，并将初审意见和申请材料报国务院建设主管部门。国务院建设主管部门应当自省、自治区、直辖市人民政府建设主管部门受理申请材料之日起 60 日内完成审查，公示审查意见，公示时间为 10 日。其中，涉及铁路、交通、水利、通信、民航等专业工程监理资质的，由国务院建设主管部门送国务院有关部门审核。国务院有关部门应当在 20 日内审核完毕，并将审核意见报国务院建设主管部门。国务院建

设主管部门根据初审意见审批。

工程监理企业申请专业乙级、丙级资质和事务所资质由企业所在地的省、自治区、直辖市人民政府建设主管部门审批。专业乙级、丙级资质和事务所资质许可延续的实施程序由省、自治区、直辖市人民政府建设主管部门依法确定。省、自治区、直辖市人民政府建设主管部门应当自作出决定之日起10日内，将准予资质许可的决定报国务院建设主管部门备案。

工程监理企业合并的，合并后存续或新设立的工程监理企业可以承继合并前各方中较高的资质等级，但应当符合相应的资质等级条件。工程监理企业分立的，分立后企业的资质等级，应根据实际达到的资质条件，按照本规定的审批程序核定。

工程监理企业资质证书分为正本和副本，每套资质证书包括一本正本、四本副本。正、副本具有同等法律效力。工程监理企业资质证书的有效期为5年。工程监理企业资质证书由国务院建设主管部门统一印制并发放。

2.5 工程监理企业的经营管理

2.5.1 工程监理企业经营活动的基本原则

工程监理企业从事建设工程监理活动，应当遵循"守法、诚信、公正、科学"的准则。

1. 守法

守法即遵守国家的有关工程建设监理法律、法规、规范、标准。对于工程监理企业来说，守法即要依法经营，主要体现在以下五点。

(1)工程监理企业只能在核定的业务范围内开展经营活动。工程监理企业的业务范围，是指填写在资质证书中、经工程监理资质管理部门审查确认的主项资质和增项资质。核定的业务范围包括两个方面：一是监理业务的工程类别；二是承接监理工程的等级。

(2)工程监理企业不得伪造、涂改、出租、出借、转让、出卖《资质等级证书》。

(3)建设工程监理合同一经双方签订，即具有法律约束力，工程监理企业应按照合同的约定认真履行，不得无故或故意违背自己的承诺。

(4)工程监理企业在异地承接监理业务，要自觉遵守当地人民政府颁发的监理法规和有关规定，主动向监理工程所在地的省、自治区、直辖市住房城乡建设主管部门备案登记，接受其指导和监督管理。

(5)遵守国家关于企业法人的其他法律、法规的规定。

2. 诚信

诚信即诚实守信用，是企业的一种无形资产，能为企业带来巨大效益。监理企业应当树立良好的信用意识，使企业成为讲道德、讲信用的市场主体。诚信是企业经营理念、经营责任和经营文化的集中体现。工程监理企业应当建立健全企业的信用管理制度。信用管理制度主要有以下四点。

(1)建立健全合同管理制度。

(2)建立健全与建设单位的合作制度，及时进行信息沟通，增强相互之间的信任感。

(3)建立健全监理服务需求调查制度，这也是企业进行有效竞争和防范经营风险的重要手段之一。

(4)建立企业内部信用管理责任制度，及时检查和评估企业信用的实施情况，不断提高企业信用管理水平。

3. 公正

公正是指工程监理企业在监理活动中既要维护建设单位的利益，又不能损害承包单位的合法利益，并依据合同公平合理地处理建设单位与承包单位之间的合同争议。

工程监理企业要做到公正，必须做到以下几点。

(1)要具有良好的职业道德。

(2)要坚持实事求是。

(3)要熟悉建设工程有关合同条款。

(4)要提高专业技术能力。

(5)要提高综合分析判断问题的能力。

4. 科学

科学是指工程监理企业要依据科学的方案，运用科学的手段，采取科学的方法开展监理工作。工程监理工作结束后，还要进行科学的总结。实施科学化管理主要体现在以下三点。

(1)科学的方案，就是在实施监理前，尽可能地把各种问题都列出来，并拟定解决办法，使各项监理活动都纳入计划管理的轨道。要集思广益，充分运用已有的经验和智能，制订出切实可行、行之有效的监理方案，指导监理工作顺利进行。

(2)科学的手段，就是必须借助于先进的科学仪器和检测设备实施监理工作。

(3)科学的方法，主要体现在监理人员在掌握大量的、确凿的有关监理对象及其外部环境实际情况的基础上，适时、公正、高效地处理有关问题，要"用事实说话""用书面文字说话""用数据说话"，充分开发和利用计算机信息管理软件辅助工程监理。

2.5.2 工程监理企业经营服务的内容

项目管理服务是指具有工程项目管理服务能力的单位受建设单位委托，按照合同约定，对建设工程项目组织实施进行全过程或若干阶段的管理服务。项目监理企业派驻监理人员宜由一名总监理工程师、若干名专业监理工程师和监理员组成，且应专业配套、数量应满足监理工作和建设工程监理合同对监理工作深度及建设工程监理目标控制的要求。在我国，工程监理企业的项目管理主要应用于建设单位，其经营服务内容不仅包括工程施工阶段的监理服务，工程勘察、设计和保修阶段的相关服务，还包括工程决策阶段咨询服务等项目管理服务。

1. 建设工程决策阶段咨询服务

对于规模小、工艺简单的工程，在建设工程决策阶段可以委托工程监理企业进行咨询服务，也可以不委托监理企业，直接把咨询意见作为决策依据。但是对于大中型建设工程项目，应委托工程监理企业进行决策咨询审查。

建设工程决策阶段的工作主要是对投资决策、立项决策和可行性研究决策的咨询。

(1)投资决策咨询。投资决策咨询的委托方可能是建设单位(筹备机构),也可能是金融机构或政府。其内容如下。

①协助委托方选择投资决策咨询单位,并协助签订合同书。

②监督管理投资决策咨询合同的实施。

③对投资咨询意见进行评估,并提出建议。

(2)立项决策咨询。立项决策咨询主要是确定拟建工程项目的必要性和可行性(建设条件是否具备)及拟建规模,并编制项目建议书。其监理内容如下。

①协助委托方选择立项决策咨询单位,并协助签订合同书。

②监督管理立项决策咨询合同的实施。

③对立项决策咨询方案进行评估,并提出建议。

(3)可行性研究决策咨询。可行性研究决策咨询是根据确定的项目建议书,在技术上、经济上、财务上对项目进行更为详细的论证,提出优化方案。这一阶段的工作包括以下内容。

①协助委托方选择可行性研究决策咨询单位,并协助签订咨询合同。

②监督管理可行性研究决策咨询合同的实施。

③对可行性研究决策报告进行评估,并提出建议。

2. 建设工程勘察和设计阶段相关服务

建设工程勘察和设计阶段的项目管理服务是工程监理企业需要扩展的业务领域。工程监理企业既可以接受建设单位的委托,将建设工程勘察和设计阶段项目管理服务与建设工程监理一并纳入建设工程监理合同,使建设工程勘察和设计阶段项目管理服务成为建设工程监理的相关服务,也可单独与建设单位签订项目管理服务合同,为建设单位提供建设工程勘察和设计阶段项目管理服务。建设工程项目管理服务合同的性质属于委托合同。

勘察设计阶段服务内容是根据《建设工程监理合同(示范文本)》(GF—2012—0202)为依据,建设单位需要工程监理单位提供的相关服务的范围和内容应在附录 A 中约定。

(1)协助委托工程勘察设计任务。包括工程勘察设计任务书的编制;工程勘察设计单位的选择;工程勘察设计合同谈判与订立。

(2)工程勘察过程中的服务。包括工程勘察方案的审查;工程勘察现场及室内试验人员、设备及仪器的检查;工程勘察过程控制;工程勘察成果审查。

(3)工程设计过程中的服务。包括审核设计方案的技术、经济指标的合理性,审核设计方案是否满足国家规定的具体要求和设计规范;工程设计进度计划的审查;工程设计过程控制;工程设计成果审查;工程设计概算、施工图预算的审查;审核设计是否符合规划要求,能否满足业主提出的功能使用要求;分析设计的施工可行性和经济性。

(4)工程勘察设计阶段其他相关服务。包括工程索赔事件防范;协助建设单位组织工程设计成果评审;协助建设单位报审有关工程设计文件;处理工程勘察设计延期、费用索赔。

3. 建设工程施工阶段监理服务

建设工程施工阶段是建设工程最终的实施阶段。施工阶段各方面工作的好坏对建设工程优劣的影响巨大，所以，这一阶段的监理至关重要。它包括施工招标阶段的监理、施工监理和竣工后工程保修阶段的监理，主要有以下内容。

(1)组织编制工程施工招标文件。

(2)核查工程施工图设计、工程施工图预算标底(招标控制价)。当工程总包单位承担施工图设计时，监理单位应投入较大的精力做好施工图设计审查和施工图预算审查工作。另外，招标标底(招标控制价)包括在招标文件中，但有的建设单位另行委托编制标底(招标控制价)，所以，监理单位要另行核查。

(3)协助建设单位组织投标、开标、评标活动，向建设单位提出中标单位的建议。

(4)协助建设单位与中标单位签订工程施工合同书。

(5)协助建设单位与承建商编写开工申请报告。

(6)查看工程项目建设现场，向承建商办理移交手续。

(7)审查、确认承建商选择的分包单位。

(8)制订施工总体规划，审查承建商的施工组织设计和施工技术方案，提出修改意见，下达单位工程施工开工令。

(9)审查承建商提出的建筑材料、建筑构配件和设备的采购清单。

(10)检查工程使用的材料、构件、设备的规格和质量。

(11)检查施工技术措施和安全防护设施。

(12)主持协商和处理设计变更。

(13)监督管理工程施工合同的履行，主持协商合同条款的变更，调解合同双方的争议，处理索赔事项。

(14)核查完成的工程量，验收分项分部工程，签署工程付款凭证。

(15)督促施工单位整理施工文件的归档准备工作。

(16)参与工程竣工预验收，并签署监理意见。

(17)检查工程结算。

(18)向建设单位提交监理档案资料。

(19)编写竣工验收申请报告。

(20)在规定的工程质量保修期限内，定期回访，负责检查工程质量状况，组织鉴定质量问题责任，督促责任单位维修。

工程监理企业集中了大量具有工程技术和管理知识的复合型人才，是以从事工程项目管理服务为专长的企业。因此，工程监理企业的经营服务不仅包括工程监理，也包括项目管理。尽管建设工程监理与项目管理服务均是由社会化的专业单位为建设单位提供服务，但服务的性质、范围及侧重点等方面有着本质区别。

(1)服务性质不同。建设工程监理是一种强制实施的制度。属于国家规定强制实施监理的工程，建设单位必须委托建设工程监理企业。工程监理企业不仅要承担建设单位委托的工程项目管理任务，还需要承担法律法规赋予的社会责任。而工程项目管理服务属于委托性质，建设单位的人力资源有限、专业性不能满足工程建设管理需求时，才会委托工程项目管理单位协助其实施项目管理。

(2)服务范围不同。目前，建设工程监理定位于施工阶段，而工程项目管理服务可以覆盖项目策划决策，建设实施(设计、施工)的全过程。

(3)服务侧重点不同。建设工程监理企业尽管也采用规划、控制、协调等方法为建设单位提供专业化服务，但其中心任务是目标控制。工程项目管理单位能够在项目策划决策阶段为建设单位提供专业化的项目管理服务，更能体现项目策划的重要性，更有利于实现工程项目的全寿命周期和全过程的管理。

 思考题

1. 监理工程师应具备哪些素质？

2. 监理工程师的职业道德包括哪些内容？

3. 注册监理工程师的权利和义务内容是什么？

4. 注册监理工程师继续教育的方式和内容有哪些？

5. 按资质等级把监理人员划分为几类？

6. 如何理解监理企业资质等级及其业务范围？

7. 建设工程监理企业应具备的条件有哪些？

8. 工程监理企业的经营活动的基本准则是什么？

9. 简述工程监理企业资质等级。

建设工程监理实施

本章要点

  本章主要介绍建设工程目标控制的基本原理，建设工程项目投资控制、进度控制、质量控制内容及相互关系，建设工程项目监理组织协调方法与工作内容，建设工程监理规划与监理实施细则的编制等建设工程监理实施工作要点。要求学生掌握控制类型、建设工程组织管理的基本模式、建设工程监理委托模式、"三控制、两管理、一协调"的工作程序；理解建设工程三大目标控制的相互关系、监理机构组织协调内容；了解建设工程监理规划和监理实施细则编制要求、内容与施工阶段监理主要内容。在教学过程中，培养学生的系统观和辩证思维，培养学生团队协作、理论与实践相结合的能力，引导学生树立工程责任意识，践行公平、敬业、法治、诚信的社会主义核心价值观。

3.1 建设工程目标控制

  明确的投资条件、质量目标、进度目标是建设工程项目的必备条件。建设工程监理工作的中心任务是帮助业主实现投资、质量、进度三大控制目标，即在计划的投资和工期内，按规定质量完成任务。

  党的二十大报告指出，高质量发展是全面建设社会主义现代化国家的首要任务。工程建设向高质量发展，创新是动力，质量是基础，工程监理是工程建设高质量发展的有力保障，而建设工程的目标控制是监理工作的重中之重。因此，作为监理工程师应恪尽职守、履职尽责，全力以赴保障监理工作朝着既定目标按时、高质量完成。

  目标控制是指管理人员按计划标准来衡量所取得的成果，纠正所发生的偏差，以保证目标和计划得以实现的管理活动。建设工程目标控制工作的好坏将直接影响业主的利益，同时，也是监理企业监理效果的间接反映。因此，要实现良好的目标控制，监理工程师必须深入学习并掌握有关目标控制的思想、理论和方法，并将其灵活运用于工程实践中。

3.1.1 目标控制的基本原理

  建设工程目标控制是一项系统工程。所谓控制，就是按照计划目标和组织系统，对系统的各个部分进行跟踪检查，以保证各部分相协调从而实现总体目标。其基本思想源于马克思主义科学的系统观念，党的二十大报告指出，要把马克思主义基本原理同中国具体实际相结合，坚持运用辩证唯物主义和历史唯物主义，才能正确回答时代和实践提出的重大问题，这也是习近平新时代中国特色社会主义思想的主要内容之一。作为新时代的监理工程师，应以习近平新时代中国特色社会主义思想为指导，结合建设工程项目实际，把握整体与部分的辩证关系，综合运用系统思维做好各项协调工作，以保证建设工程项目的正常运作。

控制的主要任务是将计划执行情况与计划目标进行比较，检查计划实施情况并进行分析，找出偏离目标和计划的误差，确定应采取的纠正措施并加以预防，使总体目标和计划得以实现。

1. 控制流程

控制流程始于计划，建设工程按计划投入人力、材料、设备、机具、方法等资源，工程得以进展，工程实施过程中不断输出实际的工程状况和实际的投资、进度、质量等情况的信息。由于外部环境和内部系统各种因素影响，实际输出的投资、进度、质量可能偏离计划目标。控制人员收集实际状况信息及其他有关信息，进行信息的整理、分类、综合，撰写工程状况报告。控制部门则根据工程状况报告，将项目实际完成的投资、进度和质量状况与相应的计划目标进行比较，以确定是否发生了偏离。如果计划运行正常，建设工程则按计划继续进行；反之，如果已经偏离计划目标或预计将要偏离，就需要及时采取改变投入等纠正措施，从而使工程能够在修改计划的状态下顺利进行。控制流程如图3-1所示。

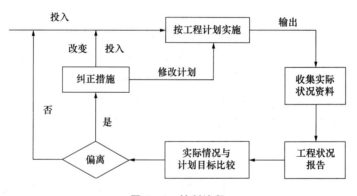

图3-1 控制流程

2. 控制流程的基本环节

从图3-1的每个循环中都可以清楚地看到控制过程的基本环节。控制流程的各项工作主要包括投入、转换、反馈、对比、纠正五个基本环节，如图3-2所示。对于每个控制循环来说，如果缺少这些基本环节中的某一个或某一环节出现问题，就会导致循环不健全，也就会降低控制的有效性，就不能发挥循环控制的整体作用。

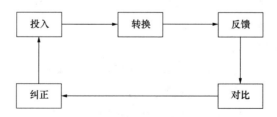

图3-2 控制流程的基本环节

(1)投入——控制流程的开端。投入即按计划投入人力、物力和财力。对"投入"的控制是整个控制工作顺利进行的基础。对于建设工程的目标控制流程来说，投入首先涉及的是传统的生产要素，包括人力(管理人员、技术人员、工人)、建筑材料、工程设备、施工机具、资金等，此外，还包括施工方法、信息等。工程实施计划本身就包含着有关投入的计划。一项计划能否顺利地实现，基本条件是能否按计划所要求的人力、物力、财力进行投入。因此，要使计划能够正常实施并达到预计目标，就应当保证能够将质量、数量符合计划要求的资源按规定时间和地点投入建设工程中。例如，监理工程师在每项工程开工之前，要认真审查承建商的人员、材料、机械设备等准备情况，保证与批准的施工组织计划一致。监理工程师如果能够把握住对"投入"的控制，也就把握住了控制的起点要素。

(2)转换——建设工程目标的实现过程。转换是指建设工程由投入到产出的过程，也是建设工程目标实现的过程。在转换过程中，计划的运行往往受到来自外部环境和内部各因素的干扰，造成实际工程与计划目标的偏离。同时，计划本身可能存在着不同程度的问题，导致期望输出和实际输出相偏离。因此，监理工程师需要做好"转换"环节的控制工作，跟踪了解工程进展情况，掌握工程转换的第一手资料，为今后分析误差原因、确定纠正措施提供可靠依据。对于"转换"环节中可以及时解决的问题，采取"即时控制"措施，即发现偏离、及时纠偏、避免后患。

(3)反馈——控制的基础工作。反馈是指各种信息返送到控制部门的过程，需要满足全面、准确、及时的要求。在计划实施过程中，实际情况会发生变化，而每个变化都会对预定目标的实现带来一定的影响，所以，控制人员、控制部门会关注每项计划的执行结果是否达到要求。反馈信息包括已完成的工程项目概况、环境变化等信息，还包括对未来工程预测的相关信息。信息反馈方式有正式和非正式两种。正式反馈信息是指书面的工程状况报告等信息，是控制流程中采用的主要反馈方式；非正式反馈信息主要是指口头报告工程状况的方式。在具体建设工程监理业务实施期间，非正式反馈信息应当及时转化为正式反馈信息。控制部门需要什么信息，取决于监理工作的需要。为使信息反馈能够有效配合控制的各项工作，使控制过程流畅运行，还需设计信息反馈系统，根据实际需要建立信息来源和供应程序，使控制部门和管理部门及时获取需要的信息。

(4)对比——确定目标是否发生偏离。对比是对实际目标值与计划目标值进行比较，以确定是否产生偏离及偏离程度的大小。此处的偏离是指实际输出的目标值超过计划目标值允许偏差的范围。"对比"可以分为两步：第一步，确定实际目标值，需要在各种信息反馈的基础上，收集工程实际成果并加以分类、归纳、分析；第二步，将实际成果与计划目标值(包括标准、规范)进行对比，判断是否发生偏离。如果发生偏离，还需进一步判断偏离程度的大小，同时，还需分析发生偏离的原因，以便下一步寻找纠正措施。

在对比工作中，需要注意以下几点。

①理解目标实际值与计划值的内涵。目标的实际值与计划值是两个相对的概念。以投资目标为例，有投资估算、设计概算、施工图预算、合同价、结算价等表现形式。其中，投资估算相对于其他的投资值都是目标值，即计划值；结算价则相对于其他的投资值均为实际值；而设计概算相对于投资估算为实际值，相对于施工图预算则为计划值。

②正确选择比较的对象。在实际工作中，最为常见的是相邻两种目标值之间的比较。如投资估算与设计概算之间的比较。结算价以外各种投资值之间的比较都是一次性的，而结算价与设计概算的比较则是经常性的，一般是定期比较。

③建立目标实际值与计划值之间的对应关系。为了能够进行目标实际值与计划值的比较，必须建立目标实际值与计划值之间的对应关系。基于以上原因，要求目标分解的原则和方法必须相同，以便能够在较粗的层次上进行目标实际值与计划值的比较。

④确定衡量目标偏离的标准。要正确判断某一目标是否发生偏差，就要预先确定衡量目标偏离的标准。这些标准可以是定量的，也可以是定性的，还可以采用定量与定性相结合的方式。例如，某建设工程项目进度计划在实施过程中，发现其中一项工作比计划要求拖延了一段时间。如果这项工作是关键工作，或者虽然不是关键工作，但它拖延的时间超过了它的总时差，那么这种拖延肯定会影响计划工期，判断为产生了偏离，需要采取纠偏措施。如果它既不是关键工作，又未超过总时差，它的拖延时间小于它的自由时差，或者虽然大于自由时差，但并未对后续工作造成大的影响，就可以认为尚未产生偏离。

(5)纠正——取得控制效果。纠正是对于偏离的情况采取措施加以处理的过程。偏离根据其程度不同可分为轻度偏离、中度偏离和重度偏离。应根据偏离大小和产生偏离的原因，因时、因势有针对性地采取措施来纠正偏离。

①对于轻度偏离，可以不改变原定目标的计划值，直接纠偏，即基本不改变原定实施计划，在下一个控制周期内使目标的实际值控制在计划值范围内即可。如某项道路工程，五月的实际进度比计划进度拖延2天，则在六月适当增加人力、施工机械和设备投入即可使实际进度恢复到计划状态。

②对于中度偏离，采取不改变总目标的计划值，调整后期实施计划的方法进行纠偏。如某项道路工程计划工期为8个月，在施工到4个月时，工期已拖延1个月，此时通过调整后期施工计划，最终还是可能按计划工期完成该工程。

③对于重度偏离，则要分析偏离原因，重新确定目标的计划值，并据此重新制订实施计划进行纠偏，使工程在新的计划状态下运行。如某项道路工程计划工期为8个月，在施工到4个月时，工期已拖延2个月，这时在后4个月内完成6个月的工作量已不大可能，工程拖延已成事实，则需要重新制订计划，最终用9个月建成该工程，后期进度控制效果能够达到理想状态。

总之，投入、转换、反馈、对比和纠正工作构成一个循环链，任何一项工作的缺失或不到位，都会影响后续工作乃至整个控制过程。

3.控制的类型

根据划分标准的不同，控制可分为多种类型。按照事物发展的过程，控制可分为事前控制、事中控制、事后控制；按照纠正措施和控制信息的来源，控制可分为前馈控制和反馈控制；按照是否形成回路，可分为开环控制和闭环控制；按照制订控制措施的出发点，控制可分为主动控制和被动控制。

(1)主动控制。主动控制也称为事前控制、前馈控制或开环控制，是面对未来的控制。主动控制最主要的特点是事前分析并预测目标值偏离的可能性，及时采取相应的预防措施。由于主动控制面对未来，具有一定的难度和不确定性，监理工程师需要注意预测结果的准确性和全面性，应当做到以下五点。

1)加强信息的收集、整理和研究工作。疏通信息流通渠道，为预测建设工程未来发展状况提供全面、及时、可靠的信息。

2)识别风险、做好风险管理工作。努力将各种影响目标实现和计划执行的潜在因素揭示出来，为风险分析和管理提供依据，并在计划实施过程中做好风险管理工作。

3)科学合理确定计划。做好计划的可行性分析，保障工程的实施能够有足够的时间、空间、人力、物力和财力，并在此基础上力求使计划优化。计划制订得越明确、完善，就越能设计出有效的控制系统，控制效果越好。同时，制订计划时应留有余地，避免那些经常发生、又不可避免的干扰对计划的影响，使管理人员处于主动地位。

4)制订必要的备用方案。预防可能出现的影响目标或计划实现的情况，一旦发生这些情况，则有应急措施作为保障，从而可以减少偏离量，或避免发生偏离。

5)合理地进行组织。建立高效的组织机构，把目标控制的任务与管理职能落实到适当的机构和人员，做到职权与职责明确，使全体成员通力协作，为共同实现目标而努力。

(2)被动控制。也称为事后控制、反馈控制或闭环控制，是面对现实和过去的控制。被动控制是根据被控系统输出情况(反馈)，将实际值与计划值进行比较，确认是否有偏离，并根据偏离程度，分析原因并采取相应措施进行纠正的控制过程。如图3-3所示，被动控制是一种循环控制。

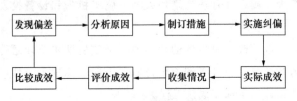

图3-3 被动控制的闭合回路

被动控制是根据系统的输出来调节系统的再输入和输入，即根据过去的操作情况来调整未来的行为，这一特点决定了被动控制的局限性。反馈信息在检测、传输和转换过程中，会存在不同程度的"时滞"，表现在系统出现了偏差，检测系统有时要等到问题严重时才能引起注意，而且对反馈信息的分析、处理和传输也需要大量的时间。要克服这些局限性，最根本的方法就是进行被动控制的同时，加强主动控制。

建设工程项目实施中的反馈信息，由于受各种因素影响，有可能出现不稳定现象，即信息振荡现象，在项目控制论中被称为负反馈现象。从目标控制角度理解，所谓负反馈也就是反馈信息失真的现象，管理者据此决策将影响工程进度、质量、费用三大目标的实现。因此，在建设工程施工过程中，监理工程师必须避免负反馈现象的发生。

(3)主动控制与被动控制的区别与联系。主动控制与被动控制的主要区别是有无信息反馈。主动控制和被动控制对建设工程监理而言缺一不可，均为实现项目目标必须采用的控制方式。对于一个建设工程项目而言，理论上讲，从工程项目的一次性特征考虑，在项目控制中均应采用主动控制形式。

主动控制的效果虽然比被动控制效果好，但仅仅采取主动控制措施是不现实的。由于建设工程项目本身的复杂性及人们预测能力局限性等因素的影响，且工程建设过程中有许多风险因素(如政治、社会、自然等因素)是不可预见甚至是无法防范的，采取主动控制措施往往要耗费一定的资金和时间，对于发生概率小且发生后损失也较小的情况，采取主动控制措施有时可能是不经济的，最有效的控制是应当把主动控制和被动控制有机融合起来，如图3-4所示，力求加大主动控制在控制过程中的比例，同时进行必要的被动控制，这对于提高建设工程目标控制的效果意义重大。

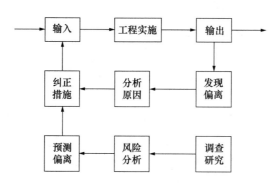

图3-4 主动控制与被动控制相结合

目标控制是控制论与工程项目管理实践相结合的产物，因此，监理工程师需要科学地将控制理论和管理方法有效运用到整个项目系统中，且工程项目具有一次性特点，更需要监理工程师掌握主动控制、被动控制等基本概念，提升主动监理意识。早在2014年，为强化工程质量终身责任落实，住房和城乡建设部就已颁发《建筑工程五方责任主体项目负责人质量终身责任追究暂行办法》，提出监理单位总监理工程师对施工质量承担监理终身责任。党的二十大报告指出，要激励干部敢于担当、积极作为，身为新时代监理工程师不但要敢作为，更要能作为、善作为，自觉树立终身责任意识，恪守监理工作"初心"，真正将党的二十大精神贯彻落实到"守土有责、守土尽责"的实际行动中。

3.1.2 建设工程监理目标控制

投资、进度、质量三大目标构成了建设工程的目标系统。建设工程监理的中心工作即对工程项目的投资目标、进度目标、质量目标实施控制。为有效进行目标控制，需要正确协调处理投资、进度、质量三大目标之间的关系，并采取有效措施控制三大目标。

1. 投资、进度、质量三大目标之间的关系

建设工程投资、进度、质量三大目标之间相互关联，共同形成一个整体。从建设单位的角度出发，往往希望建设工程的质量好、投资省、工期短(进度快)，但在工程实践中，几乎不可能同时实现上述目标。不同的工程项目，其质量、工期、投资目标均不同，对于确定的项目，各因素相对明确的情况下，三大目标存在着相互依存、相互制约的关系，如图3-5所示，需要

监理工程师学会运用动态、发展的眼光和辩证的思维[①]来看待。

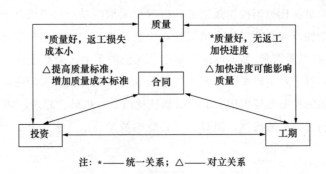

注：*——统一关系；△——对立关系

图 3-5　建设工程三大目标对立统一关系

（1）三大目标之间的对立关系。通常，如果对质量有较高的要求，就需要投入较多的资金和花费较长的建设时间；如果要抢时间、争取进度完成工程项目，要求较高的工期目标，要么增加投资，要么工程质量要求适当下降。如果要减少投资、节约费用，必会考虑降低工程项目的功能要求和质量标准。以上均表明了建设工程三大目标之间的对立和制约关系。对于一个建设工程，通常在不同时期，三大目标的重要程度可以不同，监理工程师需要把握特定条件下三大目标的关系和重要排序，从而有效地实现控制目标。

（2）三大目标之间的统一关系。通常，适当增加投资数量，可以为加快进度提供经济条件，可以加快工程建设进度，缩短工期，使工程提前动用，投资尽早收回，从而提高建设工程全寿命期经济效益。适当提高建设工程功能要求和质量标准，虽然会造成一次性投资增加和建设工期的延长，但可能节约建设工程动用后的运营费用和维修费用，从而提高投资经济效益。如果建设工程进度计划安排科学又合理，建设工程进展连续且均衡，不但可以缩短工期，还可以获得较高的工程质量，同时，也可以降低工程造价。以上均表明了建设工程三大目标之间的统一关系。

确定和控制建设工程三大目标，需要统筹兼顾三大目标之间的密切联系，合理确定投资、进度、质量三大目标的标准，防止盲目追求单一目标而冲击或干扰其他目标，也不可分割三大目标，力求三大目标的协调统一。在确定各目标值和对各目标值实施控制时，都要考虑到对其他目标的影响，要进行多方面、多方案的分析比选，做到既能节省费用，又质量好、进度快，达成费用、质量和进度三大目标的统一，确保整个目标系统可行。

2. 建设工程目标的确定与分解

确定建设工程的目标，需要先明确该工程的基本技术要求，然后在建设工程数据库中检索与其相近的建设工程，作为拟建工程目标的参照对象，同时，分析拟建工程与工程数据库中类似建设工程之间的差异并进行定量分析，最后确定拟建工程的各项目标。因此，建立建设工程数据库对于建设工程目标确定具有十分重要的作用，其内部存储数据需要有一定的综合性，又

---

① "辩证思维"是习近平新时代中国特色社会主义思想的主要内容之一，习近平总书记在二十届中央政治局第一次集体学习时的讲话中提出要全面把握新时代中国特色社会主义思想的世界观、方法论和贯穿其中的立场观点方法，其包括必须坚持系统观念、要善于通过历史看现实、透过现象看本质，不断提高战略思维、历史思维、辩证思维、系统思维、创新思维、法治思维、底线思维，为前瞻性思考、全局性谋划、整体性推进党和国家各项事业提供科学思想方法。

要能反映建设工程的基本情况和特征。由于数据库中的数据属于历史数据，还需要考虑时间因素和外部条件变化，进行适当的调整从而提升其适用性。

由于建设工程项目的实施周期较长，为了有效地控制三大目标，需要对建设工程总目标进行逐级分解。分解方式有多种，最基本的是按工程内容分解，将投资、进度、质量三个目标分解到单项工程和单位工程当中，还可以根据工程进度、资料的详细程度、设计深度等决定是否需要将目标分解到分部工程和分项工程。对于进度目标和质量目标分解方式较为单一，投资目标的分解方式较多，可按工程内容、总投资构成内容和资金使用时间等进行分解。

按工程参建单位、工程项目组成和时间进展等制定分目标、子目标及可执行目标，形成如图3-6所示的建设工程目标体系。在建设工程目标体系中，各级目标之间相互联系，上一级目标控制下一级目标，下一级目标保证上一级目标的实现，最终保证建设工程总目标的实现。

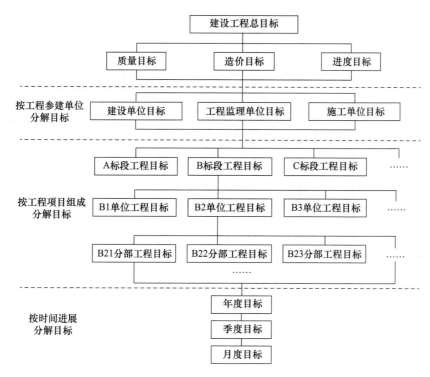

图3-6　建设工程目标体系

3.2　建设工程监理组织

3.2.1　组织、组织结构与组织设计

组织是建设工程管理中的一项重要职能，是建立精干、高效的项目监理机构并使之正常运行的保障，也是实现监理目标的前提条件。

组织理论研究主要集中在组织结构学和组织行为学两个方面。前者研究怎样建立精干、高效的组织结构(静态研究);后者研究怎样建立良好的组织关系,从而使组织发挥最佳效能(动态研究)。作为监理人员,了解组织相关理论和原理才能为监理机构的正常运行、最终实现监理目标提供有力支持。

1. 组织的概念

所谓组织,就是为了使系统达到其特定的目标,使全体参加者经分工与协作及设置不同层次的权力和责任制度而构成的一种人的组合体。从概念上看,组织包含以下3个必要条件。

(1)目标性。目标是组织存在的前提。

(2)分工与协作性。组织必须有适当的分工与协作,从而保证其组织效能。

(3)制度性。组织必须建立不同层次的权力责任制度,这是实现组织活动和组织目标的前提条件。

2. 组织的特点

组织作为生产要素之一,具有如下特点。

(1)不可替代性。组织不能替代其他要素,也不能被其他要素所替代,而其他生产要素是可以相互替代的,如机器设备可以替代劳动力。

(2)增值性。组织可以提高其他要素的使用效益,通过有效组织可以使其他要素合理配合,从而达到增值效果。

(3)提高经济效益。随着现代化社会大生产的发展,其他生产要素的复杂程度不断提高,组织在提高经济效益方面发挥的作用越来越重要。

3. 组织结构

组织内部构成和各部分之间所确立的较为稳定的相互关系和联系方式,称为组织结构。组织结构的基本内涵包括四点,即确定正式关系与职责的形式;向组织各个部门或个人分派任务和各种活动的方式;协调各个分离活动和任务的方式;组织中权力、地位和等级关系。

(1)组织结构与职权的关系。组织结构与职位及职位间关系的确立密切相关,即组织结构为职权关系提供了一定的格局。组织中的职权是指组织中成员之间的关系,而不是指某一个人的属性。职权的概念与合法地行使某一职位的权力紧密相关,以下级服从上级的命令为基础。

(2)组织结构与职责的关系。组织结构与组织中各部门、各成员的职责的分派直接相关。在组织中,只要有职位就需要有职权,只要有职权也就对应有职责。组织结构为职责的分派和确定奠定了基础,而组织的管理正是以机构和人员职责的分派和确定为基础,利用组织结构可以评价组织中各成员的功绩与过错,促使组织中的各项工作、活动有效开展。

4. 组织结构图

组织结构图是将组织结构简化了的抽象模型,能够直观有效地描述组织结构,表明组织的正式职权和联系网络,如图3-7所示。虽然在表达组织结构上不够完整、准确,但也不失为一种常用且有效的组织结构表示方法。

组织结构通常呈金字塔形式,从上至下权责递减、人数递增。组织结构由管理层次、管理跨度、管理部门、管理职责四大因素构成,各因素既相互关联又相互制约。在组织结构确定过程中，需要综合考虑各因素及相互之间的平衡与衔接。

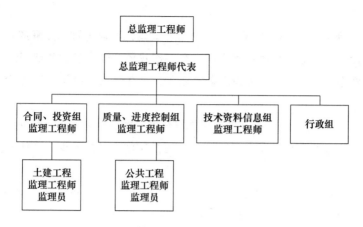

图 3-7　某建设工程监理组织结构图

5. 组织设计

组织设计是指选定一个合理的组织系统，划分各部分的权限和职责，确立各种基本的规章制度。组织设计是对组织活动和组织结构的设计过程，通过对组织结构进行规划、构造、创新或再构造，从而在结构上保证组织目标的实现。优秀的组织设计可以有效地提升组织的活动效能。

组织设计需要注意两个方面的问题：既要考虑系统的内部因素，又要考虑系统的外部因素；组织设计的最终结果是形成组织结构。只有有效的组织设计，才能建立健全的组织系统，从而提高组织活动效能，使其在管理过程中发挥重要作用。组织设计流程如图3-8所示。

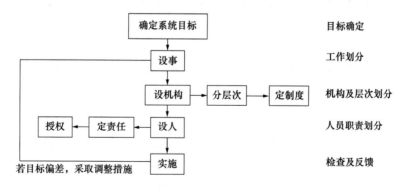

图 3-8　组织设计流程

建设工程监理组织设计的好坏与监理工作的成败直接相关，其遵循以下几项原则。

（1）目的性原则。建设工程监理组织机构设置的根本目的是发挥组织功能，实现管理总目标，因此需因目标设事、因事设岗，按编制设定岗位人员，以职责定制度并授予权力。

（2）集权与分权相统一。建设工程监理实行总监理工程师负责制，即项目监理集权于总监理工程师手中。总监理工程师根据工作需要将部分权力交予各子项目或各专业监理工程师。在实际的监理组织中，不存在绝对的集权与分权，如果建设工程规模小、建设地点较集中且工程难度大，可采取相对集权的形式；如果建设地点分散且工程规模大、下属工作经验和能力较强，则可采取分权的形式。

(3)分工协作原则。分工即明确干什么和怎么干。通过将监理目标分解成各级、各部门及各岗位的任务和目标，从而提高监理专业化程度和工作效率。协作包括各部门之间和部门内部的协调与配合，明确沟通、联系、衔接和配合的方式。只有分工与协作相互协调才能产生系统的最佳效益。

(4)管理跨度与管理层次相统一。管理跨度与管理层次呈反比关系，管理跨度增加则管理层次减少。管理跨度与管理层次相统一则可以建立规模适度、层次较少、结构简单、运作高效的监理组织结构。

(5)责、权、利相对应。在监理组织中需明确划分职责、权力和利益(待遇)，保持三者大致平衡，否则损伤组织效能，影响整个组织系统的运行，当职责大于利益时就会影响管理人员的积极性和主动性，使组织缺乏活力。

(6)才能与职务相称原则。建设工程监理工作需要一定的专业知识和技能，其涉及的每部分工作都需要具备完成该工作的知识和技能，因此，组织设计时需要充分了解人员的知识结构、能力、特长等，使其才能与职务相匹配，达到知人善用、用人所长、人尽其才、才尽其用的良好效果。

(7)效益原则。任何组织的设计都是为了获益，建设工程监理组织设计亦是如此，需在保证项目有效完成的前提下，力争精简结构、人员，充分发挥各成员积极性，提高管理和工作效率及效益，更好实现组织目标。

(8)动态弹性原则。为保证监理组织的高效、正常运行，组织应保持相对稳定，但在监理组织实施过程中，面对内、外部条件的变化，监理组织应当在保持稳定性的基础上具有一定弹性，从而使组织具有更好的适应性。

3.2.2 建设工程组织管理基本模式

建设工程项目落实的基本形式为承发包。建设工程项目的三大主体为建设单位(业主)、承建商和监理单位，为实现建设工程项目的总目标而相互联结在一起，从而形成工程项目建设的组织系统。而这种关系以承包合同及委托监理合同来确立和维系，因此，建设工程组织管理模式在很大程度上受工程项目承发包模式的影响。

建设工程组织管理模式主要有平行承发包、设计/施工总分包、项目总承包、项目总承包管理等。如何选择需要"因时制宜、因地制宜、因人制宜"综合考虑。

1. 平行承发包模式

平行承发包是指建设单位将建设工程项目的设计、施工及材料和设备采购的任务按一定方式分解，分别发包给若干个设计单位、施工单位和材料设备供应单位，并分别与各方签订合同。各设计单位之间的关系是平行的，各施工单位之间、各个材料和设备供应单位之间的关系也是平行的。平行承发包模式如图3-9所示。

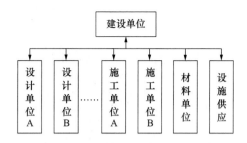

图 3 - 9　平行承发包模式

平行承发包模式的重点是如何对项目进行合理分解，从而确定每个合同的发包内容，择优选择承建单位。在进行项目任务分解及确定合同数量、内容时，应视建设项目性质、规模、结构等情况，考虑各类承建单位的市场结构情况及贷款协议要求等来进行。

(1)平行承发包模式的优点。

①有利于缩短工期。由于设计和施工任务经过分解分别发包，设计阶段与施工阶段有可能形成搭接关系，从而缩短整个建设工程工期。

②有利于工程质量控制。整个工程经过分解分别发包给各承建单位，合同约束与相互制约使工程的每一部分都能够较好地实现质量要求。如主体工程与设备安装分别由两个施工单位承包，如果主体工程不合格，设备安装施工单位不会同意在不合格的主体上安装设备，也就相当于设备安装单位在间接控制质量，比主体工程施工单位的自控有更强的约束力。

③有利于建设单位择优选择承建单位。当前建筑市场中，专业性强、规模小的承建单位已经占较大的比例。这种模式的合同内容比较单一，合同价值小、风险小，使它们有可能参与竞争。因此，无论大型承建单位还是中小型承建单位在当下市场经济环境中都有机会参与竞争。因而，建设单位可以在很大范围内选择承建单位，为提高择优性创造了条件。

(2)平行承发包模式的缺点。

①合同数量多，合同管理困难。平行承发包模式的合同承建单位多，合同关系复杂，使建设工程系统内结合部位数量增加，因而组织协调工作难度加大。因此，应重点加强合同管理的力度，加强各承建单位之间的横向协调工作，畅通沟通渠道，从而使工程有条不紊地进行。

②投资控制难度大。这主要表现在：一是总合同价短期内不易确定，影响投资控制实施；二是工程招标任务量大，需控制多项合同价格，增加了投资控制工作量及难度；三是这种模式在项目施工过程中设计变更和修改较多，投资相应增加。

2. 设计/施工总分包模式

设计/施工总分包是指建设单位将全部设计或施工任务发包给一个设计单位或一个施工单位作为总承包单位；总承包单位还可以将其部分任务再分包给其他承包单位，形成一个设计总合同或一个施工总合同及若干个分包合同的结构模式。设计/施工总分包模式如图 3 - 10 所示。

(1)设计/施工总分包模式的优点。

①有利于建设工程的组织管理。由于建设单位只与一个设计总承包单位或一个施工总承包单位签订合同，工程合同数量比平行承发包模式要少很多，有利于建设单位的合同管理。同时，

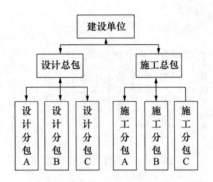

图 3－10　设计/施工总分包模式

这种模式下合同数量大量减少，也使建设单位协调工作量减少，可以充分调动监理工程师与总承包单位多层次协调的积极性。

②有利于投资控制。总包合同价格可以较早确定，有利于监理单位掌握、控制项目总投资。

③有利于质量控制。质量方面，既有分包单位的自控，又有总包单位的监督，还有工程监理单位的检查认可，形成多方控制，对质量控制有利。但需要注意严格控制总承包单位"以包代管"，以免对建设工程质量造成不利影响。

④有利于工期控制。总承包单位具有控制的积极性，分包单位之间也有相互制约的作用，有利于总体施工进度的协调控制，也有利于监理人员控制进度。

(2)设计/施工总分包模式的缺点。

①建设周期相对长。在设计和施工均采用总分包模式时，因为设计图纸全部完成后才能进行施工总承包的招标，而施工总承包的招标需要一定时间，所以不能保证将设计阶段与施工阶段快速搭接。

②总承包报价可能较高。规模较大的建设工程，通常只有大型承建单位才具有总承包的资格和能力，不利于形成有效的招标竞争；对于分包出去的工程内容，总包单位都要在分包报价的基础上加收管理费向建设单位报价，造成总包价格一般较高。

3. 项目总承包模式

项目总承包模式是指建设单位将工程设计、施工、材料和设备采购等工作全部发包给一家承包公司，由其负责设计、施工和采购等全部工作，最后向建设单位交付一个已达到动用条件的建设工程。按这种模式发包的工程也称"交钥匙工程"，如图 3－11 所示。

(1)项目总承包模式的优点。

①合同关系简单，组织协调工作量小。建设单位只与项目总承包单位签订一个主合同，合同关系大大简化。监理工程师主要与项目总承包单位进行协调。一部分协调工作量转移到项目总承包单位内部及其与分包单位之间，使建设工程监理单位的协调量大为减少，但并不意味着管理难度的减小。

②缩短建设周期。由于设计与施工由一个单位统筹安排，使两个阶段能够有机融合，一般都能做到设计阶段与施工阶段进度上的相互搭接，因此对进度目标控制有利。

③有利于投资控制。统筹考虑设计与施工可以提高项目的经济性，从价值工程或全寿命费

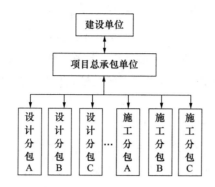

图 3-11 项目总承包模式

用的角度可以取得明显的经济效果，但这并不意味着项目总承包的价格低。

(2)项目总承包模式的缺点。

①招标发包工作难度大。合同条款难以具体化确定，容易造成较多的合同争议，导致合同虽少但管理难度加大。

②建设单位择优选择承包方范围小。承包工作量大、介入项目时间早、工程信息未知数多，因此承包方要承担较大的风险，而有此能力的承包单位数量相对较少，这往往导致竞争性降低，合同价格较高。

③质量控制难度大。一是质量标准和功能要求不易做到全面、具体、准确，质量控制标准制约性受到一定影响；二是"他人控制"机制薄弱。

项目总承包模式适用于简单、明确的常规性工程，如一般性商业用房、标准化建筑等。这种模式对于专业性较强的钢铁、水利等工程也较为常见，国际上实力雄厚的科研-设计-施工一体化公司便是从"一条龙服务"中直接获得项目承包资格的。

4. 项目总承包管理模式

项目总承包管理是建设单位将工程建设任务发包给专门从事项目组织管理的单位，再由其分包给若干个设计、施工和材料、设备供应单位，并在实施中对分包的各个单位进行项目管理，如图 3-12 所示。

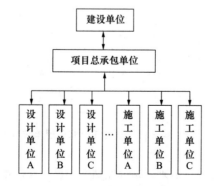

图 3-12 项目总承包管理模式

项目总承包管理与项目总承包的不同之处在于：前者不直接进行设计与施工，没有自己的设计和施工力量，而是将承接的设计与施工任务全部分包，只负责建设工程管理；而后者有自己的设计、施工力量，承包设计、施工、材料和设备采购等的全部工作。

(1)项目总承包管理模式的优点。与项目总承包模式相似，合同关系简单、组织协调比较有利，对投资和进度控制也有利。

(2)项目总承包管理模式的缺点。

①由于项目总承包管理单位与设计、施工单位是总包与分包关系，后者才是项目实施的基本力量，所以监理工程师对分包单位资质条件的确认工作就成了十分关键的问题，必须认真、细致，确保万无一失。

②项目总承包管理单位自身经济实力一般比较弱，而承担的风险相对较大，因此，建设工程采用这种承发包模式应持慎重态度，需加以分析论证再决策。

3.2.3 建设工程监理委托模式

为有效地开展监理组织工作，实现建设工程项目预期目标，一般需要根据不同的承发包模式来确定不同的监理委托模式。建设工程监理委托模式的选择与建设工程组织管理模式密切相关，监理委托模式对建设工程的规划、控制、协调起着重要作用。不同的委托模式又有不同的合同体系及管理特点。

1. 平行承发包模式条件下的监理委托模式

与建设工程平行承发包模式相适应的监理委托模式有以下两种主要形式。

(1)建设单位只委托一家监理单位监理。这种监理委托模式是指建设单位只委托一家监理单位为其提供监理服务，如图3-13所示。这种委托模式要求被委托的监理单位具有较强的合同管理与组织协调能力，并能做好全面规划工作。监理单位的项目监理机构可以组建多个监理分支机构对各承建单位分别实施监理。在具体的监理过程中，建设项目总监理工程师应重点做好总体协调工作，加强横向联系，保证建设工程监理工作的一体化运行。

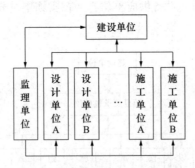

图3-13　建设单位只委托一家监理单位模式

(2)建设单位委托多家监理单位监理。这种监理委托模式是指建设单位委托多家监理单位为其提供监理服务，如图3-14所示。采用这种委托模式，建设单位分别委托几家监理单位针对不同的承建单位实施监理。因为建设单位分别与多个监理单位签订委托监理合同，所以建设单位必须做好各监理单位之间的相互协作与配合工作。在这种监理委托模式下，监理单位的监理对象相对单一，便于管理。但整个工程的监理工作被肢解，各监理单位各负其责，不利于对建设工程进行总体规划与协调控制。

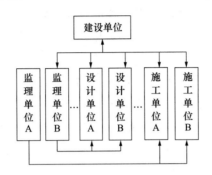

图 3-14　建设单位委托多家监理单位模式

为了克服上述不足，在某些大、中型项目的监理实践中，建设单位会首先委托一个"总监理工程师单位"总体负责建设工程的总规划和协调控制工作，再由建设单位和"总监理工程师单位"共同选择几家监理单位分别承担不同合同段的监理任务。在监理工作中，由"总监理工程师单位"负责协调、管理各监理单位的工作，由此大大减轻了建设单位的管理压力。

2. 设计/施工总分包模式条件下的监理委托模式

针对设计/施工总分包模式，建设单位可以委托一家监理单位进行实施阶段全过程的监理，如图 3-15 所示；也可以分别按照设计阶段和施工阶段分别委托不同的监理单位，如图 3-16 所示。委托一家监理单位的优点是监理单位可以对设计阶段和施工阶段的工程投资、进度、质量控制统筹考虑，合理进行总体规划协调，更可使监理工程师掌握设计思路与设计意图，有利于施工阶段的监理工作。在该监理委托模式下，虽然总承包单位对承包合同承担乙方的最终责任，但分包单位的资质、能力直接影响着工程质量、进度等目标的实现，所以，监理工程师必须做好对分包单位资质的审查、确认工作。

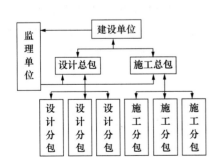

图 3-15　设计/施工总分包委托一家监理模式

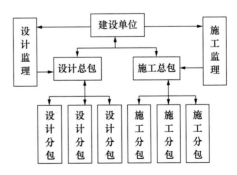

图 3-16　设计/施工总分包按阶段委托监理模式

3. 项目总承包模式条件下的监理委托模式

在项目总承包模式下，建设单位和总承包单位只签订一份总承包合同，一般建设单位应委托一家监理单位提供监理服务。在这种模式条件下，监理工作时间跨度大，要求监理工程师应具备较全面的知识，重点做好合同管理工作。

4. 项目总承包管理模式条件下的监理委托模式

在项目总承包管理模式下，总承包单位一般应为管理型的"智力密集型"单位，其主要职责在于管理。建设单位应委托一家监理单位提供监理服务，这样可明确管理责任，便于监理工程师对项目总承包管理合同和项目总承包管理单位进行分包等活动的监理。虽然总承包单位和监理单位均进行工程项目管理，但两者性质、立场、内容均有区别，不能互相取代。

2017 年，住房和城乡建设部出台《关于促进工程监理行业转型升级创新发展的意见》（以下简称《意见》），提出形成以主要从事施工现场监理服务的企业为主体，以提供全过程工程咨询服务的综合性企业为骨干，各类工程监理企业分工合理、竞争有序、协调发展的行业布局，指导今后建设工程监理工作的组织和实施。《意见》同时提出"创新工程监理服务模式"的主要任务，鼓励监理企业在立足施工阶段监理的基础上，向"上下游"拓展服务领域，提供多元化"菜单式"咨询服务。对于选择具有相应工程监理资质的企业开展全过程工程咨询服务的工程，可不再另行委托监理。结合有条件的建设项目试行建筑师团队对施工质量进行指导和监督的新型管理模式，试点由建筑师委托工程监理实施驻场质量技术监督。《意见》的出台有力推动了我国建设工程监理工作更加规范、有序、健康发展，为提高工程建设管理水平、促进监理行业高质量转型发展提供了一定的思路和方向。

3.2.4 建设工程监理工作的实施程序

委托监理合同一旦签订，监理单位可以按以下程序实施建设工程项目的监理工作。

1. 确定项目总监理工程师，组建项目监理机构

总监理工程师是一个建设工程监理工作的总负责人。监理单位应依据建设工程项目的规模、性质及建设单位对监理工作的要求，委派称职的人员担任建设项目总监理工程师，代表监理单位全面负责该项目的监理工作。一般监理单位在参与项目监理的投标、拟订监理方案及与建设单位商讨、签订委托监理合同期间，就应根据工程实际情况需要选择合适的项目总监理工程师，有利于总监理工程师更好地了解建设单位的建设意图，了解其对监理工作的要求，从而更好地衔接、开展后续工作。总监理工程师应根据监理大纲内容和签订的委托监理合同内容组建项目监理机构，并在监理规划和具体实施执行中及时调整。

2. 编制建设工程项目监理规划

建设工程项目的监理规划，是开展建设工程监理活动的纲领性指导文件。有关详细内容参阅"3.3 建设工程监理规划和监理实施细则"的内容。

3. 制定各专业监理实施细则

为使投资、质量、进度控制顺利进行，除以监理规划为具体指导外，还应结合建设工程项目的实际情况，制定相应的实施细则。

4. 规范化地开展建设监理工作

根据制定的监理实施细则进行监理工作的部署，规范化地开展监理工作。建设工程监理作

为一种科学的项目管理制度，其规范化主要体现在以下几点。

(1)监理工作的时序性。建设工程项目监理的各项工作是按计划、先后顺序展开的，从而使监理工作能有效地达到目标，避免造成工作的无序和混乱状态。

(2)职责分工的严密性。建设工程项目监理工作由不同专业、不同层次的专家集体共同完成，他们之间的职责分工严密，需要紧密协调配合，从而保证各项监理工作顺利开展和监理控制目标的如期实现。

(3)工作目标的确定性。每一项监理工作都需要职责分工划分明确，还需要确定应达到的具体目标和完成时限，从而能通过报表资料对监理工作及其效果进行检查、督促与考核。

5. 参与竣工验收，签署监理意见

建设工程项目施工结束时，施工单位提出验收申请后，总监理工程师应组织专业监理工程师依据有关法律、法规、工程建设强制性标准、设计文件及施工合同，对承包单位报送的竣工资料进行审查，并对工程质量进行竣工预验收。工程质量符合要求的，由总监理工程师会同参加验收的各方签署竣工验收报告。对存在的问题，监理工程师应及时要求施工单位整改，整改完毕后由总监理工程师签署工程竣工报验单，并应在此基础上提出工程质量评估报告。工程质量评估报告应经总监理工程师和监理单位技术负责人签字。

6. 向建设单位提交建设工程监理档案资料

监理单位应在建设工程监理工作完成后，整理、归纳并向建设单位提交监理档案资料。监理档案资料必须做到真实完整、分类有序。监理档案资料一般应包括以下内容。

(1)设计变更、工程变更资料。

(2)监理指令性文件。

(3)各种签证资料。

(4)隐蔽工程验收资料和质量评定资料。

(5)监理工作总结。

(6)设备采购与设备建造监理资料。

(7)其他预约提交的档案资料。

7. 做好监理工作总结

《建设工程监理规范》(GB/T 50319－2013)中规定，施工阶段监理工作结束时，应向建设单位提交监理工作总结。另外，项目监理机构在结束项目监理工作时，一般还需向所属的监理单位提交一份监理工作总结。这两份总结在内容侧重上有所不同：前者侧重于监理委托合同履行情况、监理任务、监理目标完成情况，由建设单位提供的供监理活动使用的办公用房、车辆、试验设施等清单和表明监理工作终结的说明等；后者主要侧重于阐述监理工作在目标控制方面、委托监理合同执行方面、协调各方关系方面的经验及存在的问题和改进的意见。

3.2.5　建设工程监理的组织协调

建设工程监理目标的实现，需要监理工程师具备扎实的专业知识和较强的组织协调能力，从而使监理机构各方主体协调配合，保证监理工作的顺利实施和运行。在实际工程项目中，组织协调工作也考量监理工程师的个人综合能力，通常需要融合使用几种协调方法，最终顺利完成相应的工作内容。

项目监理机构组织协调的工作内容包括：项目监理机构内部的组织协调，与建设单位、施工单位、设计单位的组织协调，以及与政府及其他单位的组织协调等。

项目监理机构组织协调的方法如下。

1. 会议协调法

会议协调法是建设工程监理中最常用的一种协调方法。第一次工地会议、监理例会和专业性监理会议等常采用会议协调法。

2. 交谈协调法

在实践中，并不是所有问题都需要开会来解决，有时可采用"交谈"方法。

3. 书面协调法

当会议或交谈不方便或不需要，或者需要精确表达某方意见时，可以使用书面协调的方法。书面协调具有合同效力。

4. 访问协调法

访问协调法主要用于对外协调，可以采取走访和邀请访问两种形式。

5. 情况介绍法

情况介绍法通常与其他协调方法结合使用。

3.3 建设工程监理规划和监理实施细则

建设工程监理文件包括监理大纲、监理规划、监理细则、监理月报、监理总结等。本部分重点介绍监理大纲、监理规划、监理细则三个主要文件。

3.3.1 监理大纲、监理规划、监理细则三个监理文件的概念及相互联系

1. 监理大纲

监理大纲又称监理方案，是监理单位在建设单位开始委托监理的过程中，特别是在建设单位进行招标投标过程中，为承揽到监理业务而编制的监理方案性文件。

2. 监理规划

监理规划是对工程建设项目实施监理的工作计划，是监理单位接受建设单位委托合同后，在建设工程项目总监理工程师的主持下，根据委托监理合同，在监理大纲的基础上，结合工程实际情况，广泛收集工程信息和资料的情况下制订，经监理单位技术负责人批准，用来指导项目监理机构全面开展监理工作的指导性文件。

3. 监理实施细则

监理实施细则简称监理细则，是在项目监理机构已建立、各专业监理工程师已经就位、监理规划已经制订的基础上，由项目监理机构的专业监理工程师针对建设工程中的某一专业或某

一方面的监理工作而编写，并经总监理工程师批准实施的实操性业务文件。

4. 三个监理文件的区别

监理大纲、监理规划和监理细则分别是监理单位在监理工作的不同阶段编制的工作文件。

(1)从目的和性质上来看，监理大纲是监理单位在招标投标过程中为承揽到监理业务而编写的监理方案性文件；监理规划是监理单位为了更好地履行监理合同，完成建设单位委托的监理工作，结合工程项目具体情况而编写的指导项目监理机构全面开展监理工作的纲领性文件；监理细则是项目监理机构落实监理规划，针对中型以上或专业性较强的工程，结合专业特点而编写的指导本专业具体业务实施的操作性文件。

(2)从时间上来看，三个文件编写的时间不同。监理大纲是在监理招标投标阶段编写；监理规划是在签订监理委托合同及收到设计文件后编写；监理细则是在监理规划编制后编写。

(3)从内容上来看，三个文件的内容粗细程度和侧重点不同。监理大纲编写内容较粗，相当于监理工作的框架，侧重点放在满足招标文件要求，拟采用的监理方案；监理规划编写内容比监理大纲翔实、全面，侧重点放在整个建设项目监理机构所开展的监理工作；监理细则编写内容更具体，更有针对性，侧重点放在监理工作流程及监理控制要点等方面。

(4)从编写主持人员来看，监理大纲一般由监理企业经营部门或技术管理部门人员负责编写；监理规划是由项目监理机构总监理工程师主持编写；监理细则是由项目监理机构专业监理工程师编写。

5. 三个监理文件的相互联系

三个监理文件之间存在着明显的依据关系。在编写监理规划时，务必要严格根据监理大纲的有关内容来编写。在制定监理细则时，务必要在监理规划的指导下进行。

一般来说，监理单位开展监理活动应当编制以上监理工作文件。对于简单的监理活动可以只编写监理细则，而有些建设项目也可以制订比较详细的监理规划，无须编写监理细则。

3.3.2 建设工程监理规划

监理规划是在总监理工程师的组织下编制，经监理单位技术负责人批准，用来指导项目监理机构全面开展监理工作的指导性文件。监理规划是针对一个具体的建设工程项目编制的，主要说明建设项目监理工作做什么、谁来做、何时做、怎样做，即提出具体的监理工作制度、程序、方法和措施，使监理工作更加规范化、标准化。

建设工程监理规划编制水平的高低，直接影响该工程项目监理的深度和广度，甚至影响到该工程项目的总体质量，彰显着一个监理单位的综合能力，对开展监理业务有举足轻重的作用，编制好监理规划是建设工程项目的一项重要工作。

1. 监理规划的编制依据

监理规划涉及全局，其编制既要考虑工程的实际特点，考虑国家的法律、法规、规范，又要体现监理合同对监理的要求、施工承包合同对承包商的要求。编制监理规划应依据建设工程的相关法律、法规及项目审批文件；与工程建设项目有关的标准、设计文件、技术资料；监理大纲、委托监理合同文件，以及与工程建设项目相关的合同文件。具体分解后，主要有以下几个方面。

(1)工程项目外部环境资料。如自然条件(工程地质、工程水文、历年气象、地域地形、自然灾害等),不但关系到工程的复杂程度,而且也会影响施工的质量、进度和投资;社会和经济条件(建筑市场状况、材料和设备厂家的供货能力、勘察设计单位、施工单位、交通、通信、公用设施、能源和后勤供应等)。

(2)工程建设方面的法律、法规。工程建设方面的法律、法规是指中央、地方和部门及工程所在地的政策、法律、法规和规定,工程建设的各种规范和标准。监理规划必须依法编制。监理单位跨地区、跨部门进行监理时,监理规划尤其要充分反映建设工程所在地区或部门的政策、法律、法规和规定的要求。

(3)政府批准的工程建设文件。建设工程项目可行性研究报告、立项批文,规划部门确定的规划条件、土地使用条件、环境保护要求、市政管理规定等。

(4)工程项目相邻建筑、公用设施的情况。如在临近铁路的地方开挖基坑,对于维护结构的位移控制有严格要求,则监理工作中位移监测的工作量会增大,对监测设备的精度要求较高。

(5)工程项目监理合同。监理单位与建设单位签订的工程项目监理合同明确了监理单位和监理工程师的权利和义务、监理工作的范围和内容、有关监理规划方面的要求等。

(6)与工程有关的设计合同、施工承包合同、设备采购合同等文件。监理工作应该在合同规定的范围内,要求有关单位按照工程项目的目标开展工作。监理同时应该按照有关合同的规定,协调建设单位和设计、承包等单位的关系,维护各方的权益。

(7)工程设计文件、图纸等有关工程资料。主要有工程建设方案、初步设计、施工图设计等文件,工程实施状况、工程招标投标情况、重大工程变更、外部环境变化等资料。

(8)工程项目监理大纲。监理大纲是监理单位在建设单位委托监理的过程中为承揽监理业务而编制的监理方案性文件。监理大纲是编写项目监理规划的直接依据。监理规划要在监理大纲的基础上进一步深化和细化。

2. 监理规划的编制原则

监理规划是指导项目监理机构全面开展监理工作的指导性文件。监理规划的编制要坚持一切从实际出发,根据建设工程具体情况和合同具体要求,按照各种规范要求编制。其编制原则如下。

(1)可操作性原则。监理规划要实事求是地反映监理单位的监理能力,体现监理合同对监理工作的要求,充分考虑监理工程的特点,其具体内容要适用于被监理的工程,绝不能照抄照搬,要具有针对性和可操作性。

(2)全局性原则。监理规划应综合考虑监理过程中的各种因素、各项工作。监理规划要对监理工作的基本制度、程序、方法和措施等作出具体明确的规定。但并不是指面面俱到,而是需要抓住重点,突出关键问题。

(3)预见性原则。由于工程项目的"一次性""单件性"等特点,施工过程中存在不确定因素,这些因素既可能对项目管理产生积极影响,也可能产生消极影响,使工程项目在建设过程中存在很多风险。编制监理规划时,监理机构要详细研究工程项目的特点,承包单位的施工技术、管理能力,以及社会经济条件等因素,对工程项目质量控制、进度控制和投资控制中可能发生的失控问题要有预见性和超前的考虑，从而在目标控制的方法和措施中采取相应的对策加以防范。

（4）动态性原则。监理规划并不是一成不变，建设工程具有很强的动态性，决定了监理规划应当具有可变性。因此，需要把握好工程项目运行规律，随着工程建设进展对监理规划内容进行不断地补充、修改和完善，使工程项目能够在规划下有效地运行及控制，最终实现项目目标。在监理工作实施过程中，如实际情况或条件发生重大变化，应由总监理工程师组织专业监理工程师评估其对监理工作的影响程度，判断是否需要调整监理规划。若需要调整监理规划，要充分反映变化后的情况和条件要求。新的监理规划编制好后，要按照原报审的程序经过批准后报告给建设单位。

（5）针对性原则。监理规划基本构成内容应当统一，但其具体内容应具有针对性。实际工程项目并不完全相同，而是各具特色、特性，具有不同的目标要求。而且每个监理单位和每名总监理工程师对某个具体项目的理解不同，其监理的思想、方法、手段上都有所差别。因此，在编制项目监理规划时，要结合实际工程项目的具体情况及建设单位的要求，有针对性地编写，从而有效地指导监理工作。

（6）格式化与标准化。监理规划要充分反映规范要求，在总体内容构成上力求与规范要求保持一致，这既是监理规范统一要求，也是监理制度化要求。在监理规划的内容表达上，尽可能采用表格、图表等形式，做到简洁、直观，一目了然。

（7）分阶段编写。由于建设工程项目有阶段性，不同阶段监理工作内容不同，因此监理规划需要分阶段编写，前一阶段输出的工程信息应称为下一阶段的规划信息，做到遵循管理规律，有的放矢。

3. 监理规划的内容

《建设工程监理规范》(GB/T 50319—2013)中明确规定，监理规划包括以下内容。

（1）工程概况。包括工程项目简况、项目结构图、项目组成目录表、预计工程投资总额、工程项目计划工期、工程项目计划单位和施工承包单位、分包单位情况等。

（2）监理工作的范围、内容、目标。工程项目监理有其阶段性，应根据监理合同中给定的监理阶段、所承担的监理任务，确定监理范围和目标。一般工程项目可分为立项、设计、招标、施工、保修五个阶段。一般来说，在项目实施五个阶段中，对不同的监理项目、在项目的不同阶段，监理工作的内容也完全不同。监理工作目标包括总投资额、总进度目标、工程质量要求等。

1）投资目标：以年预算为基价，静态投资为万元(合同承包价为万元)。

2）工期目标：××个月或自××××年××月××日至××××年××月××日。

3）质量目标：工程项目质量等级要求(优良或合格)，主要单项工程质量等级要求(优良或合格)，重要单位工程质量等级要求(优良或合格)。

（3）监理工作依据。监理工作依据的各类文件，如工程建设监理合同，建筑工程施工监理合同，相关法律、法规、规范、设计文件以及政府批准的工程建设文件等。

（4）监理组织形式、人员配备及进退场计划、监理人员岗位职责。明确项目监理机构的组织形式为直线式、职能式或是矩阵式组织结构。项目监理机构的人员配备计划应在项目监理机构的组织结构图中一并表示，对于其中的关键人员，应说明其工作经历、从事监理工作的情况等。

应根据监理合同的要求，结合规范要求确定总监理工程师、专业监理工程师的岗位职责。

(5)监理工作制度。项目监理机构应根据合同要求、监理机构组织状况以及工程的实际情况，依据建设工程进展的不同阶段制定相应的工作制度。

(6)工程质量控制。依据工程项目建设质量的总目标，制定工程建设分阶段和按项目、单位工程及关键工程的质量目标规划，并监督实施。

(7)工程造价控制。在建设工程投资决策阶段、建设项目设计阶段、建设项目招标投标阶段、建设项目施工阶段及竣工阶段，将建设项目造价控制在批准的投资限额之内，随时纠正发生的偏差，以保证建设项目投资目标的实现，以求在各个建设项目中能合理使用人力、物力、财力，取得较好的投资效益和社会效益。

(8)工程进度控制。依据工程项目的进度总目标，详细地制订总进度目标分解计划和控制工作流程并监督实施。

(9)安全生产管理的监理工作。项目监理机构应根据法律法规、工程建设强制性标准，履行建设工程安全生产管理的监理职责。项目监理机构应审查施工单位现场安全生产规章制度的建立和实施情况，并应重点审查施工单位安全生产许可证及施工单位项目负责人资格证、专职安全生产管理人员上岗证和特种作业人员操作证年检合格与否，同时应核查施工机械和设施的安全许可验收手续。

(10)合同与信息管理。合同管理具体内容：制定合同管理制度，加强合同保管；加强合同执行情况的分析和跟踪管理；协助业主处理与项目有关的索赔事宜及合同纠纷事宜。信息管理具体内容：制订信息流程图和信息流通系统，辅助计算机管理；统一信息管理格式，各层次设立信息管理人员，及时收集信息资料，供各级领导决策之用。

(11)组织协调。项目监理机构内部的组织协调，与建设单位、施工单位、设计单位的组织协调以及与政府及其他单位的组织协调等。

(12)监理工作设施。包括计算机、工程测量仪器和设备、检测仪器设备、交通和通信设备、照相、录像设备等。

4. 监理规划的报审

根据要求，监理规划应在签订工程建设监理合同及收到工程设计文件后编制，在召开第一次工地会议前报送建设单位。监理规划报审程序见表3-1。

表 3-1　监理规划报审程序

序号	时间节点安排	工作内容	负责人
1	签订监理合同及收到工程设计文件后	编制监理规划	总监理工程师组织专业监理工程师参与
2	编制完成、总监签字后	监理规划审批	监理单位技术负责人审批
3	第一次工地会议前	报送建设单位	总监理工程师报送
4	设计文件、施工组织计划和施工方案等发生重大变化时	调整监理规划	总监理工程师组织专业监理工程师参与监理单位技术负责人审批
		重新审批监理规划	监理单位技术负责人重新审批

3.3.3 建设工程监理实施细则

监理实施细则是在监理规划指导下，在落实了监理机构各部门监理职责分工后，由专业监理工程师针对项目的具体情况编制的更具有实施性和可操作性的业务文件。它起着具体指导监理工作实施的作用，应体现项目监理机构对于建设工程的专业技术、目标控制方面的工作要点、方法和措施，应做到详细、具体、明确。

项目监理机构应结合工程特点、施工环境、施工工艺等编制监理实施细则，明确监理工作要点、监理工作流程和监理工作方法及措施，达到规范和指导监理工作的目的。监理实施细则应在相应工程开始施工前完成，并经总监理工程师审批后实施。

1. 监理实施细则的编制原则

(1)分阶段编制原则。建设工程监理实施细则应根据监理规划的要求，按工程进展情况，尤其是当施工图未出齐就开工时，分阶段进行编写，并在相应工程(如分部工程、单位工程或按专业划分构成一个整体的局部工程)施工开始前编制完成，用于指导专业监理的操作，确定专业监理的监理标准。

(2)总监理工程师审批原则。监理实施细则是专门针对工程中某个具体的专业而制定。如基础工程、主体结构工程、电气工程、给水排水工程、装修工程等。因而，其编制要求专业性强、要求高，应由专业监理工程师组织项目监理机构中从事该专业的监理人员编制，必须经总监理工程师审批。

(3)动态性原则。建设工程监理实施细则并不是一成不变的，因为工程的动态性很强，当发生工程变更、计划变更或原监理实施细则所确定的方法、措施、流程不能有效地发挥作用，不适用于当前工程状况时，要在把握工程项目变化规律基础上，及时对工程建设监理实施细则进行补充、修改和完善，调整工程建设监理实施细则内容。

2. 监理实施细则的编制依据

监理实施细则的编制应依据监理规划、工程建设标准、工程设计文件、施工组织设计、(专项)施工方案等，除此之外，监理实施细则在编制过程中，还可以融入工程监理单位的规章制度和经认证发布的质量体系，以达到监理内容的全面、完整，有效提高监理工作质量。监理实施细则的编制依据具体如下。

(1)监理合同、监理规划及与所监理项目相关的合同文件。

(2)设计文件包括设计图纸、技术资料及设计变更。

(3)工程建设相关的规范、规程、标准。

(4)承包人提交并经监理机构批准的施工组织设计和技术措施设计。

(5)由生产厂家提供的工程建设有关原材料、半成品、构配件的使用技术说明，工程设备的安装、调试、检验等技术资料。

3. 监理实施细则的编写要求

(1)要结合本专业自身的特点并兼顾其他专业的施工。监理实施细则是具体指导各专业开展监理工作的技术性文件，但一个项目的目标实现，必须依靠各专业之间相互配合协调，才能实现项目的有序进行。

（2）严格执行国家的规范、规程并考虑项目自身特点。国家的标准、规范、规程及施工技术文件等是开展监理工作的主要依据。对于国家非强制性的规范、规程，可以结合项目当地专业施工的自身特点和监理目标有选择地采纳适合项目自身特点的部分，不能照抄、照搬，否则容易出现偏差，影响最终目标的实现。

（3）专业方面的技术指标尽量做到细化、量化，具有可操作性。监理实施细则的目的是指导项目实施过程中的各项活动，并对各专业的实施进行监督，最终对结果进行评价。因此，专业监理工程师必须尽可能依靠技术指标来进行检验评定。因此，监理实施细则的编写需要具有较强的针对性和可操作性。

4. 监理实施细则的主要内容

监理实施细则包含专业工程特点、监理工作流程、监理工作要点，以及监理工作方法及措施等内容。

（1）专业工程特点。专业工程特点是指需要编制监理实施细则的工程专业特点，并不是简单的工程概述。专业工程特点应对专业工程施工的重难点、施工范围和施工顺序、施工工艺、施工工序等内容进行有针对性的阐述，体现为建设工程施工的特殊性、技术的复杂性，与其他专业的交叉和衔接，以及各种环境的约束条件等。除专业工程外，新材料、新工艺、新技术，以及对工程质量、造价、进度应加以重点控制等特殊要求也需要在监理实施细则中体现。

（2）监理工作流程。监理工作流程是结合工程相应专业制定的具有可操作性、可实施性的流程图，不仅涉及工程最终产品的检查验收，也涉及施工中各个环节及中间产品的监督检查与验收。监理工作涉及的流程包括开工审核工作流程、施工质量控制流程、进度控制流程、造价（工程量计量）控制流程、安全生产和文明施工监理流程、测量监理流程、施工组织设计审核工作流程、分包单位资格审核流程、建筑材料审核流程、技术审核流程、工程质量问题处理审核流程、旁站检查工作流程、隐蔽工程验收流程、工程变更处理流程、信息资料管理流程等。

（3）监理工作要点。监理工作要点及目标值是对监理工作流程中工作内容的增加和补充，其内容应对监理工作流程图设置的相关监理控制点、判断点进行详细而全面的描述，明确、详尽阐释监理工作目标和检查点的控制指标、数据与频率等。

（4）监理工作方法及措施。监理工程师通过旁站、巡视、见证取样、平行检测等监理方法，对专业工程进行全面监控。对每个专业工程的监理实施细则而言，其工作方法必须详细、明确。除上述常规方法外，监理工程师还可采用指令文件、监理通知、支付控制手段等方法实施监理。各专业工程的控制目标要有相应的监理措施以保证控制目标的实现。第一，根据措施实施内容不同，可将监理工作措施分为技术措施、经济措施、组织措施和合同措施；第二，根据措施实施时间不同，可将监理工作措施分为事前控制措施、事中控制措施和事后控制措施。事前控制措施是指为预防发生差错或问题而提前采取的措施；事中控制措施是指监理工作过程中，及时获取工程实际状况信息，以供及时发现问题、解决问题而采取的措施；事后控制措施是指发现工程相关指标与控制目标或标准之间出现差异后所采取的纠偏措施。

5. 监理实施细则的报审

监理实施细则可以随工程进展编制，但必须在相应建设工程施工前完成，并经总监理工程师审批后实施。监理实施细则报审程序见表3-2。

表3-2 监理实施细则报审程序

序号	时间节点安排	工作内容	负责人
1	相应工程施工前	编制监理实施细则	专业监理工程师编制
		监理实施细则审批、批准	专业监理工程师送审总监理工程师批准
2	工程施工过程中	发生变化时，监理实施细则中工作流程与方法措施的调整	专业监理工程师调整总监理工程师批准

3.3.4 施工阶段工程监理的主要内容

建设工程监理的主要内容是进行建设工程的合同管理，按照合同控制工程建设的投资、工期和质量，并协调建设各方的工作关系。采取组织、经济、技术、合同和信息管理措施，对建设过程及参与各方的行为进行监督、协调和控制，以保证项目建设目标最优地实现。建设监理的中心任务是实现三大控制，即进行投资控制、进度控制、质量控制。

1．投资控制

监理单位受项目法人委托投资控制，其主要任务有以下五项。

(1)在建设前期协助项目法人正确地进行投资决策，控制好投资估算总额。

(2)在设计阶段对设计方案、设计标准、总概算进行审核。

(3)在施工准备阶段协助项目法人组织招标投标工作。

(4)在施工阶段，严格计量与支付管理和审核工程变更，控制索赔。

(5)在工程完工阶段审核工程结算，在工程保修责任终止时，审核工程最终结算。

2．进度控制

在项目建设前期，协助项目法人分析研究确定合理的工期目标，并将其规定在承包合同文件中。在合同实施阶段，根据合同规定的部分工程完工目标、单位工程完工目标和全部工程完工目标审核施工组织设计和进度计划，并在计划实施中跟踪监督并做好协调工作，排除干扰，按照合同合理处理工期索赔、进度延误和施工暂停，控制工程进度。

3．质量控制

质量控制贯穿于项目建设可行性研究、设计、建设准备、施工、完工及运行维修的全过程。监理单位质量控制工作主要包括设计方案选择及图纸审核和概算审核；在施工前通过审查承包人资质，检查人员和所用材料、构配件、设备质量，审查施工技术方案和组织设计，实施质量预控；在施工过程中，通过重要技术复核，工序作业检查，监督合同文件规定的质量要求、标准、规范、规程的贯彻，严格进行隐蔽工程质量检验和工程验收等。

4．合同管理

合同管理是监理工作的主要内容。广义地讲，监理工作可以概括为监理单位受项目法人的委托，协助项目法人组织工程项目建设合同的订立、签订，并在合同实施过程中管理合同。在合同管理中，狭义的合同管理主要是指合同文件管理、会议管理、支付、合同变更、违约、索赔及风险分担、合同争议协调等。

5. 信息管理

信息是反映客观事物规律的一种数据，是人们决策的重要依据。信息管理是项目建设监理的重要手段。只有及时、准确地掌握项目建设中的信息，严格、有序地管理各种文件、图纸、记录、指令、报告和有关技术资料，完善信息资料的接收、签发、归档和查询等制度，才能使信息及时、完整、准确、可靠地为建设监理提供工作依据，以便及时采取有效的措施，有效地完成监理任务。

6. 组织协调

在工程项目实施过程中，存在着大量组织协调工作，项目法人和承包商之间由于各自的经济利益和对问题的不同理解，就会产生各种矛盾和冲突；在项目建设过程中，多部门、多单位以不同的方式为项目建设服务，他们难以避免地会发生各种冲突。因此，监理工程师要及时、公正、合理地做好协调工作，保证项目顺利进行。

 思考题

1. 简述目标控制的基本原理。

2. 投资、进度、质量三大目标之间有什么关系？

3. 建设工程组织管理的基本模式有哪些？各自具有什么特点？

4. 建设工程监理机构组织协调的方法有哪些？协调的工作内容有哪些？

5. 简述建设工程监理大纲、监理规划、监理实施细则三者之间的区别与关系。

6. 建设工程监理规划有何作用？编写建设工程监理规划应注意哪些问题？

7. 建设工程监理规划一般包括哪些内容？

8. 监理规划中应明确"三控两管、一协调"工作的程序指的是什么？

9. 建设工程监理实施细则的编制要求有哪些？

第4章 建设工程质量控制

本章要点

本章主要了解建设工程质量控制的概念及特性，影响工程质量的因素，工程质量控制的概念、原则、目的及方法；熟悉施工阶段质量控制的依据、程序，工程质量事故的分析与处理；掌握施工阶段质量控制的方法、手段以及工程施工质量验收的规定。

4.1 建设工程质量控制概述

4.1.1 建设工程质量的概念

建设工程质量是指通过工程建设过程所形成的工程项目，应满足建设单位的需要，符合国家法律、法规、技术规范标准、设计文件及合同规定的特性综合。其主要表现在以下六个方面。

(1)适用性，即功能，是指工程满足使用目的的各种性能。

(2)耐久性，即寿命，是指工程在规定的条件下，满足规定功能要求使用的年限，也就是工程竣工后的合理使用寿命周期。

(3)安全性，是指工程建成后在使用过程中保证结构安全、保证人身和环境免受危害的程度。

(4)可靠性，是指工程在规定的时间和规定的条件下完成规定功能的能力。

(5)经济性，是指工程从规划、勘察、设计、施工到整个产品使用寿命周期内的成本和消耗的费用。具体表现为设计成本、施工成本和使用成本三者之和。

(6)与环境的协调性，是指工程与其周围生态环境相协调、与所在地区经济环境相协调，以及与周围已建工程相协调，以适应可持续发展的要求。

建设工程质量控制是指致力于满足工程质量要求，即为了保证工程质量满足工程合同、规范标准所采取的一系列措施、方法和手段。工程质量要求主要表现为工程合同、设计文件、技术规范标准规定的质量标准。对工程项目的质量控制包括政府、建设单位、勘察设计单位和施工单位对工程质量的控制；在实行建设监理制的管理中，质量监督机构和项目监理机构属于监控主体，他们分别代表政府和建设单位对工程项目的质量实施控制。

建设工程质量控制是建设工程监理活动中最重要的工作，是建设工程项目控制三个目标(质量、造价、进度)的中心目标，它不仅关系到工程的成败、进度的快慢、投资的多少，而且直接关系到国家财产和人民生命安全。为深入贯彻落实党的二十大精神和习近平总书记关于质量强国建设的重要指示精神，不断推进质量强国建设，牢固树立"质量第一"的发展理念，积极弘扬"敢于担当、主动作为、严格监督、务实清廉"的精神，发挥技术优势，加强行业指导，持续抓好工程质量监督工作，不断推进工程建设高质量发展，增进人民福祉、提高人民生活品质。《中共中央国务院关于进一步加强城市规划建设管理工作的若干意见》中提出，强化政府对工程建设全过程的质量监管，特别是强化对工程监理的监管，工程质量关系公共安全和公众利益，国家正处在快速建设时期，要保障工程质量安全，上百万人的监理队伍是一支不可或缺的专业技术力量。因此，实现质量控制目标是监理企业和每个监理工程师的中心任务。

4.1.2 建设工程质量的特点

建设工程及其生产的特点：一为产品的固定性，生产的流动性；二为产品的多样性，生产的单件性；三为产品形体庞大、高投入、生产周期长、高风险性；四为产品的社会性，生产的外部约束性。由于上述建设工程及其生产的特点而形成了工程质量本身的以下五个特点。

（1）影响因素多：建设工程受多种因素的影响，如决策、设计、材料、机械、环境、施工工艺、施工方案、操作方法、技术措施、管理制度、施工人员素质等均直接或间接地影响工程项目的质量。

（2）质量波动性大：建设工程因其具有复杂性、单一性，不像一般制造业产品的生产，有固定的生产流水线、规范化的生产工艺和完善的检测技术、成套的生产设备和稳定的生产环境、相同系列规格和相同功能的产品，所以其质量波动性大。同时，由于影响工程质量的因素较多，任意因素发生质量问题，都可能会引起工程建设系统的质量变异，造成工程质量事故。

（3）质量隐蔽性：建设工程在施工过程中，工序交接多、中间产品多、隐蔽工程多，因此质量存在隐蔽性。若不及时检查并发现其存在的质量问题，事后看表面质量可能很好，容易产生第二判断错误，即将不合格的产品认为是合格的产品。

（4）终检局限大：工程项目建成后，不可能像一般工业产品那样，可以拆卸或解体来检查内在的质量，所以，工程项目终检时难以发现工程内在的、隐蔽的质量缺陷。因此，对于工程质量应更重视事前控制、事中控制，严格监督、防患于未然，将质量事故消灭在萌芽之中。

（5）评价方法的特殊性：建设工程质量的影响因素多，终检难度大，因此，建设工程质量的施工质量评定始于开工准备，终于竣工验收，贯穿于工程建设的全过程。工程质量的检查评定及验收是按检验批、分项工程、分部工程、单位工程进行的。检验批合格质量又取决于主控项目和一般项目经抽样检验的试验结果。隐蔽工程在隐蔽前要检查合格后方可实施隐蔽验收，涉及结构安全的试块、试件及有关材料，应按施工规定进行见证取样检测，涉及结构安全和使用功能的重要分部工程要进行抽样检测。工程质量是在施工单位按合格质量标准自行检验评定的基础上，由监理工程师（或建设单位项目负责人）组织有关单位、人员进行检验确认验收。这种评价方法体现了"验评分离、强化验收、完善手段、过程控制"的指导思想。

4.1.3 建设工程质量的形成过程与影响因素

1. 建设工程质量的形成过程

工程质量的形成贯穿于建设的全过程，包括可行性研究阶段、项目决策阶段、勘察设计阶段、施工阶段和竣工验收阶段。

（1）可行性研究阶段。可行性研究是指对一个建设项目在技术上、经济上和生产布局方面的可行性进行论证，并做多方案比较，从而推荐最佳方案作为决策和设计的依据。一个好的可行性研究，能使项目的质量要求和标准符合建设单位的意图，并与投资目标相协调。因此，这一阶段的工作将直接影响到项目的决策质量和设计质量。

（2）项目决策阶段。项目决策阶段是通过项目可行性研究和项目评估，对项目的建设方案作出决策，使项目的建设充分反映建设单位的意愿，并与地区环境相适应，做到投资、质量、进度三者的协调统一。所以，项目决策阶段对工程质量的影响主要是确定工程项目应达到的质量目标和水平。

（3）勘察设计阶段。工程的地质勘察是为建设场地的选择和工程的设计与施工提供地质资料的依据。工程设计质量是决定工程质量的关键环节。勘察设计的好坏直接影响建设工程适用、耐久、安全、可靠、经济、与环境相协调的特性。

（4）施工阶段。项目施工是根据设计图纸及其有关文件的要求，通过施工形成工程实体。它是将设计意图、质量目标和质量计划付诸实施的过程。工程施工通常是露天作业，工期长，受自然条件影响大，且作业内容复杂，影响质量的因素众多。因此，监理工程师应将施工阶段作为质量控制的重点，以确保施工质量符合合同规定的质量要求。

（5）竣工验收阶段。竣工验收阶段就是对项目施工质量进行试运转、检验评定，考核是否达到工程项目的质量目标，是否符合设计要求和合同规定的质量标准。竣工验收对质量的影响是保证最终产品的质量。

2. 建设工程质量的影响因素

建设工程质量的影响因素有很多，但归纳起来主要有五个方面，即人（Man）、材料（Material）、机械（Machine）、方法（Method）和环境（Environment），简称4M1E因素，对这五个方面因素严格控制，是保证工程质量的关键。

（1）人。人是生产经营活动的主体。在建设工程中，项目建设的决策、管理、操作均是通过人来完成的。人员的素质是影响工程质量的第一因素。人员的影响包括人的文化水平、技术水平、决策能力、管理能力、组织能力、作业能力、控制能力、身体素质、职业道德等。这些因素都将直接或间接地对工程项目的规划、决策、勘察、设计和施工的质量产生影响。因此，建设工程质量控制中人的因素是质量控制的重点。建筑行业实行经营资质管理和各类专业从业人员持证上岗制度就是保证人员素质的重要管理措施。

（2）材料。材料包括工程实体所用的原材料、成品、半成品、构配件，是工程质量的物质基础。材料不符合要求，就不可能有符合要求的工程质量。工程材料选用是否合理、产品是否合格、材质是否符合规范要求、运输与保管是否得当等，都将直接影响建设工程结构的刚度和强度、影响工程外表及观感、影响工程的使用功能、影响工程的使用安全、影响工程的耐久性。

（3）机械。机械包括组成工程实体及配套的工艺设备和施工机械设备两大类。工艺设备与建筑设备构成了工业生产的系统和完整的使用功能，是生产与使用的物质基础。施工机具设备包括大型垂直与横向运输设备、各类操作工具、各种施工安全设施、各类测量仪器和计量器具等，是施工生产的重要手段。工艺设备的性能是否先进、质量是否合格直接影响工程使用功能和质量。施工机具的类型是否符合工程施工特点，性能是否先进稳定，操作是否方便、安全等，都将影响在建工程项目的质量。

（4）方法。方法是指工艺方法、操作方法和施工方案。在施工过程中，施工方案是否合理，施工工艺是否先进，施工操作是否正确，都将对工程质量产生重大的影响。完善施工组织设计、大力采用新技术是保证工程质量稳定提高的重要因素。

（5）环境。对工程质量特性起重要作用的环境因素，包括管理环境，如工程实施的合同结构与管理关系的确定，组织体制及质量管理制度等；技术环境，如工程地质、水文、气象等；作业环境，如作业面大小、防护设施、通风照明和通信条件等；周边环境，如工程邻近的地下管线、建（构）筑物等；社会环境，如社会秩序的安定与否。环境条件往往对工程质量产生特定的影响。加强环境管理、改进作业条件、把握好技术环境、辅以必要的措施是控制环境对质量影响的重要保证。

4.1.4 建设工程质量控制的原则

监理工程师在工程质量控制过程中，应遵循以下原则。

（1）坚持质量第一的原则。建设工程质量不仅关系到工程的适应性和项目投资效果，而且关系到人民群众生命财产安全。因此，监理工程师在进行投资、进度、质量三大目标控制时，在处理三者关系时，应坚持"百年大计，质量第一"，在工程建设中自始至终把"质量第一"作为对工程质量控制的基本原则。

（2）坚持以人为核心的原则。人是建设工程的决策者、组织者、管理者和操作者。工程建设中各单位、各部门、各岗位人员的工作质量水平和完善程度，都直接或间接地影响工程质量。所以，在工程质量控制中，要以人为核心，重点控制人的素质和人的行为，充分发挥人的积极性和创造性，以人的工作质量保证工程质量。

（3）坚持以预防为主的原则。工程质量控制应该是积极主动的，应事先对影响质量的各种因素加以控制，而不能等出现质量问题后再进行处理。重点做好质量的事先控制和事中控制，以预防为主，加强过程和中间产品的质量检查和控制。

（4）坚持质量标准的原则。质量标准是评价产品质量的尺度，工程质量是否符合合同规定的质量标准要求，应通过质量检验并和质量标准对照，符合质量标准要求的才是合格，不符合质量标准要求的就是不合格，必须返工处理。

（5）坚持科学、公正、守法的职业道德规范。在工程质量控制中，监理人员必须坚持科学、公正、守法的职业道德规范，要尊重科学，尊重事实，以数据资料为依据，客观、公正地进行处理质量问题。要坚持原则，遵纪守法，秉公监理。

4.1.5 质量控制中监理工程师的责任和任务

产品的质量是在生产中创造的，因此，产品生产者应对产品的质量负直接责任。但是，监理人员对质量应间接承担控制的责任，这是因为监理人员具有事前介入权、事中检查权、事后验收权、质量认证和否决权，具备了承担质量控制责任的条件。监理人员对质量控制，就是要对形成质量的因素进行检测、试验；对质量差异提出调整、纠正措施；对质量过程进行监督、检查、认证，这是建设单位赋予的质量控制的职能。所以，监理人员对质量失控负有一定的责任。因此，在项目质量控制工作中，保证和提高工程项目的工程质量是监理人员的责任。

在质量控制工作中，监理工程师的任务主要有以下五点。

（1）认真贯彻国家和地方有关质量管理工作的方针、政策，贯彻和执行国家或地方颁发的规范、标准和规程，并结合本工程项目的具体情况，拟订监理规划和监理实施细则。

（2）运用全面质量管理的思想和方法，实行目标管理，确定工程项目的质量管理目标。依据工程项目的情况和要求，以及施工单位的管理和操作水平，确定工程项目所计划的质量目标；然后将目标分解、落实。

（3）协助施工单位制定工程质量控制设计；明确检验批、分项工程、分部（子分部）工程和单位（子单位）工程的质量保证措施，确定质量管理重点，组成质量管理小组，不断地克服质量的薄弱环节，以推动工程质量的提高。

（4）认真进行工程质量的检查和验收工作，应督促施工单位的施工班组做好操作质量的自检工作和专职质量检查员的质量检查工作，同时做好数据的积累和分析。在此基础上，监理人员应及时做好质量预检查、隐蔽工程验收，对检验批、分项工程、分部（子分部）工程和单位（子单位）工程进行质量的验收工作。

（5）做好工程质量的回访工作，在工程交付后，特别是在保修期间，监理人员应进行回访，听取用户意见，协助建设单位检查工程质量变化情况。对于施工造成的质量问题，应督促施工单位进行返修或处理。

4.2 施工阶段质量控制

4.2.1 质量控制的依据

施工阶段监理工程师进行质量控制的依据，大体上有以下四类。

1. 工程合同文件

工程施工合同文件和委托监理合同文件中分别规定了参与建设各方在质量控制方面的权利和义务，有关各方必须履行在合同中的承诺。

2. 设计文件

经过批准的设计图纸和技术说明书等设计文件是质量控制的重要依据。但从严格质量管理和质量控制的角度出发，监理单位在施工前还应参加由建设单位组织的设计单位及施工单位参加的设计交底及图纸会审工作，以达到了解设计意图和质量要求，发现图纸差错和减少质量隐患的目的。

3. 国家及政府有关部门颁布的有关质量管理方面的法律、法规性文件

文件主要包括《中华人民共和国建筑法》《建设工程质量管理条例》，以及各行业、各地区的相关法规性文件。

4. 有关质量检验与控制的专门技术法规性文件

有关质量检验与控制的专门技术法规性文件主要包括以下四种。

(1)工程项目施工质量验收标准。这类标准主要是由国家或行业主管部门统一制定的，用以作为检验和验收工程项目质量水平所依据的技术法规性文件。如《建筑工程施工质量验收统一标准》(GB 50300—2013)、《混凝土结构工程施工质量验收规范》(GB 50204—2015)等。

(2)有关工程材料、半成品和构配件质量控制方面的专门技术法规性依据。

①有关材料及其制品质量的技术标准。如水泥、木材及其制品、钢材、砖瓦、砌块、石材、石灰、砂、玻璃、陶瓷及其制品；涂料、保温及吸声材料、塑料制品；建筑五金、电缆电线、绝缘材料，以及其他材料或制品的质量标准。

②有关材料或半成品等的取样、试验等方面的技术标准或规程。如钢材的机械及工艺试验取样法、水泥安定性检验方法等。

③有关材料验收、包装、标志方面的技术标准和规定。如型钢的验收、包装、标志及质量证明书的一般规定；钢管验收、包装、标志及质量证明书的一般规定等。

(3)控制施工作业活动质量的技术规程。这是为了保证施工作业活动质量在施工作业过程中应遵照执行的技术规程。如电焊操作规程、砌砖操作规程、混凝土施工操作过程等。

(4)凡采用新工艺、新技术、新材料的工程，事先应进行试验，并应有权威性技术部门的技术鉴定书及有关的质量数据、指标，在此基础上制定有关的质量标准和施工工艺规程，以此作为判断与控制质量的依据。

4.2.2 质量控制的内容

1. 施工准备的质量控制

施工准备的质量控制即在施工前进行的质量控制，具体有以下工作内容。

(1)审查施工单位资质。施工单位应在其资质等级许可的范围内承包工程。

(2)审核分包单位的资格。监理工程师审查总包单位提交的《分包单位资质报审表》，主要是审查施工承包合同是否允许分包，分包的范围和工程部位是否可进行分包，分包单位是否具有按工程承包合同规定的条件完成分包工程任务的能力。如果满足上述条件，总监理工程师应以书面形式批准该分包单位承包分包任务。

(3)审查施工单位提交的施工方案和施工组织设计。工程项目开工前约定的时间内，施工单位必须完成施工组织设计的编制及内部自审批准工作，填写《施工组织设计(方案)报审表》报送项目监理机构。监理工程师对施工组织设计的审查包括对质量内容的审查，主要审查：施工方法和施工顺序是否科学合理，有无工程质量、安全方面的潜在危害，以及保证工程质量和安全的技术措施是否得当，突出"质量第一，安全第一"的原则；审查该施工组织设计是否符合国家的技术政策，充分考虑承包合同规定的条件、施工现场条件及法规条件的要求；施工单位是否了解并掌握本工程的特点和难点；是否有能力执行并保证质量目标的实现；质量管理、技术管理体系和质量保证措施是否健全且切实可行等。施工组织设计审查的注意事项如下。

①重要的分部、分项工程的施工方案，施工单位在开工前，向监理工程师提交详细说明为

完成该项工程的施工方法、施工机械设备及人员配备与组织、质量管理措施、进度安排等，报请监理工程师审查认可后方能实施。

②正确合理的施工顺序，应符合先场外后场内、先地下后地上、先深后浅、先主体后附属、先土建后设备、先屋面后内装的基本规律。

③施工方案与施工进度计划的一致性。施工进度计划的编制应以确定的施工方案为依据，正确体现施工的总体部署、流向顺序、工艺关系等。

④施工方案与施工平面图布置的协调一致。施工组织设计审查通过后，项目监理机构还应要求施工单位必须严格按照批准的(或经过修改后重新批准的)施工组织设计(方案)组织施工。

在施工过程中，当施工单位对已批准的施工组织设计进行调整、补充或变动时，应经专业监理工程师审查，并应由总监理工程师签认。

(4)审查现场测量方面的内容。检查、复核施工现场的测量标志、建筑物的定位轴线、高程水准点等。

(5)对工程所需的原材料、半成品和各种加工预制品的质量进行检查与控制。材料产品质量的优劣是保证工程质量的基础，在订货时，应依据质量标准签订合同。必要时，先鉴定样品，经鉴定合格的样品应予以封存，作为材料验收的依据。凡进场材料，均应有产品合格证或技术说明书，同时，还应按有关规定进行抽检。没有产品合格证或抽检不合格的材料，不得在工程中使用。专业监理工程师应对施工单位报送的拟进场工程材料、构配件和设备的《工程材料、构配件、设备报审表》及其质量证明资料进行审核，并对进场的实物按照委托监理合同约定或有关工程质量管理文件规定的比例采用平行检验或见证取样方式进行抽检。对未经监理人员验收或验收不合格的工程材料、构配件、设备，监理人员应拒绝签认，并应签发监理工程师通知单，书面通知施工单位限期将不合格的工程材料、构配件、设备撤出现场。对进口材料、构配件和设备，施工单位还应报送进口商检证明文件，并按照事先约定，由建设单位、施工单位、供货单位、监理单位及其他有关单位进行联合检查。

(6)永久性设备和装置的控制。对永久性设备或装置，应按审批同意的设计图纸采购和订货；设备进场后，应进行抽查和验收；主要设备还应按交货合同规定的期限进行开箱查验。

(7)新材料、新工艺、新技术、新设备运用的控制。当施工单位采用新材料、新工艺、新技术、新设备时，专业监理工程师应要求施工单位报送相应的施工工艺措施和证明材料组织专题论证，经审定后予以签认。凡未经试验或无技术鉴定证书的新工艺、新结构、新技术、新材料不得在工程中应用。

(8)施工机械配置的控制。施工机械的选择要能满足施工的需要，保证施工质量，除要审查施工单位报送的施工机械需用量表中所列机械的技术性能、工作效率、工作质量、可靠性及维修难易、能源消耗，以及安全、灵活等方面对施工质量的影响与保证外，还应考虑其数量配置对施工质量的影响与保证条件。监理工程师除审查施工单位机械配置计划外，还要审查施工机械设备是否按已经批准的计划准备好，所准备的机械设备是否与监理工程师审查认可的计划一致，是否都处于完好的可用状态。对于与批准的计划中所列施工机械不一致，或机械设备的类型、规格、性能不能保证施工质量者，以及维护修理不良，不能保证良好的可用状态者，都不准使用。

(9)组织设计交底和图纸会审,并做好会议纪要。在施工阶段,设计文件是监理工作的依据。监理工程师应认真参加由建设单位主持的设计交底和图纸会审工作,透彻了解设计原则及质量要求。在组织设计交底和图纸会审过程中发现的问题,应做好会议记录由参会各方会签后抄送至有关单位。图纸未经会审不得施工。

(10)施工单位质量保证体系的控制。协助施工单位建立和完善质量保证体系,确定工程项目的质量目标,并进行质量控制设计,建立质量责任制,实现管理标准化,开展群众性的质量管理活动和PDCA循环,及时进行质量反馈等。

根据质量管理的基本原理,质量计划包含为达到质量目标、质量要求的计划、实施、检查及处理这四个环节的相关内容,即PDCA(即Plan、Do、Check、Act)循环。PDCA循环是不断进行的,每循环一次,就实现一定的质量目标,解决一定的问题,使质量水平有所提高。如此不断循环,周而复始,使质量水平也不断提高。

(11)严把开工关。监理工程师要对现场各项施工准备工作进行检查,符合要求以后,才能发布开工令。

(12)监理组织内部的监控准备工作。建立并完善项目监理机构的质量监控体系,做好监控准备工作,特别是编好监理规划和监理工作实施细则,包括检查验收程序、质量要求和标准等。监理组织内部的监控准备工作是监理工程师做好质量控制的基础工作之一。

2. 施工过程的质量控制

在施工过程中进行质量控制的具体工作内容如下。

(1)协助施工单位工作。协助施工单位完善工序控制,把影响工序质量的因素都纳入管理状态。建立质量控制点,及时检查和审核施工单位提交的质量统计分析资料与质量控制图表。

质量控制点是指为了保证作业过程质量而确定的重点控制对象、关键部位或薄弱环节。一般应当选择那些保证质量难度大的、对质量影响大的或发生质量问题时危害大的对象作为质量控制点,具体如下。

①施工过程中的关键工序或环节及隐蔽工程,如钢筋混凝土结构中的钢筋绑扎工序。

②施工过程中的薄弱环节,或质量不稳定的工序、部位或对象,如地下防水层施工。

③对后续工程施工或对后续工序质量或安全有重大影响的工序、部位或对象,如模板的支撑与固定等。

④采用新技术、新工艺、新材料的部位或环节。

⑤施工上无足够把握的、施工条件困难的或技术难度大的工序或环节,如复杂曲线模板的放样等。

(2)作业技术交底的控制。作业技术交底的控制关键部位或技术难度大,施工复杂的检验批,分项工程施工前,施工单位的技术交底书要报监理工程师审查。经监理工程师审查后认为,技术交底书不能保证作业活动的质量要求,施工单位要进行修改补充。没有做好技术交底的工序或分项工程,不得进入正式施工。

(3)环境状态的控制。环境状态的控制包括施工作业环境的控制,施工质量管理环境的控制和现场自然环境条件的控制。

施工作业环境主要是指水、电或动力供应、施工照明、安全防护设备、施工场地空间条件和通道,以及交通运输和道路条件等。对施工作业环境的控制工作,监理工程师应先检查施工单位对施工作业环境条件方面的有关准备工作是否已做好安排和准备妥当,当确认其准备可靠有效后,方准许其进行施工。

施工质量管理环境主要是指施工单位的质量管理体系和质量控制自检系统是否处于良好状态;系统的组织机构、管理制度、检测制度、检测标准、人员配备等方面是否完善和明确;质量责任制是否落实。监理工程师应做好施工单位施工质量管理环境的检查,并督促其落实,是保证作业效果的重要前提。

监理工程师应检查施工单位对于未来的施工期间,自然环境条件可能出现对施工作业质量的影响时,是否事先已经有充分的认识并已做好充足的准备和采取了有效措施与对策以保证工程质量。

(4)进场施工机械设备性能及工作状态的控制。监理工程师主要应做好施工机械的进场检查,机械设备工作状态的检查,特殊设备安全运行的审核,以及大型临时设备的检查等控制工作。

(5)施工测量及计量器具性能、精度的控制。工程作业开始前,施工单位应向项目监理机构报送工地实验室或外委实验室的资质证明文件,列出本实验室所开展的试验、检测项目、主要仪器设备、法定计量部门对计量器具的标定证明文件、试验检测人员上岗资质证明、实验室管理制度等。

监理工程师应检查工地实验室资质证明文件、试验设备、检测仪器是否满足工程质量检查要求,是否处于良好的可用状态,精度是否符合需要,法定计量部门标定资料、合格证等是否在标定的有效期内;实验室管理制度是否齐全,符合实际;试验、检测人员是否有相应工作岗位的上岗资质等。经检查,确认能满足工程质量检验要求,则予以批准同意使用,否则施工单位应进一步完善、补充,在没有得到监理工程师同意之前,工地实验室不得使用。

(6)施工现场劳动组织及作业人员上岗资格的控制。从事作业活动的操作者必须满足作业活动的需要,工种配置合理,管理人员到位,相关制度健全。从事特殊作业的人员必须持证上岗。

(7)严格工序间的交接检查及班组的自检、交接制度。按照规定,生产者必须负责质量,必须对本班组的操作质量负责。在完成或部分完成施工任务时,应及时进行自检,自检达到合格标准,并经专业质量检查员和下一道工序的班组进行检查、验收、签证后,方可进行下一道工序的施工。

主要工序作业(包括隐蔽工程)需按规定经监理人员检查、验收后方可进行下一工序(或隐蔽)。监理工程师的质量检查与验收是对施工单位作业活动质量的复核与确认,监理工程师的检查决不能代替施工单位的自检,而且监理工程师的检查必须是在施工单位自检并确认合格的基础上进行的,施工单位专职质检员没有检查或检查不合格不能报监理工程师检查。

(8)复检和确认。项目监理机构应对施工单位在施工过程中报送的施工测量放线成果进行复验和确认。

(9)隐蔽工程的控制。隐蔽工程验收是指将被其他分项工程所隐蔽的分项工程或分部工程,在隐蔽前所进行的检查或验收。它们是防止质量隐患、保证工程项目质量的重要措施;隐蔽工程验收的主要项目有地基与基础工程、主体结构各部位的钢筋工程、结构焊接和防水工程等。

隐蔽工程验收后，要办理验收手续和签证，列入工程档案；对验收中提出的不符合要求的问题，要认真处理；处理后应再经复核，并注明处理情况。未经验收或验收不合格，不得进行下一道工序施工。

（10）复核和复试。重要的工程部位、专业工程、材料或半成品等，在施工单位检验、测试的前提下，监理人员还要进行技术复核或复试。

（11）见证取样送检工作的监控。见证取样和送检是指在建设单位或工程监理单位人员的见证下，由施工单位的现场试验人员对工程中涉及结构安全的试块、试件和材料在现场取样，并送至经过省级以上住房城乡建设主管部门对其资质认可和质量技术监督部门对其计量认证的质量检测单位（以下简称"检测单位"）进行检测。实施见证取样的要求如下。

①涉及结构安全的试块、试件、材料见证取样和送检的比例不得低于有关技术标准中的规定，应取样数量的30%。

②下列试块、试件和材料必须实施见证取样和送检：用于承重结构的混凝土试块；用于承重墙体的砌筑砂浆试块；用于承重结构的钢筋及连接接头试件；用于承重墙的砖和混凝土小型砌块；用于拌制混凝土和砌筑砂浆的水泥；用于承重结构的混凝土中使用的外加剂；地下、屋面、厕浴间使用的防水材料；国家规定必须实行见证取样和送检的其他试块、试件和材料。

③见证人员应由建设单位或该工程的监理单位具备建筑施工试验知识的专业技术人员担任，并应由建设单位或该工程的监理单位书面通知施工单位、检测单位和负责该项工程的质量监督机构。

④在施工过程中，见证人员应按照见证取样和送检计划，对施工现场的取样和送检进行见证，取样人员应在试样或其包装上做出标识、封志。标识和封志应标明工程名称、取样部位、取样日期、样品名称和样品数量，并由见证人员和取样人员签字。见证人员应制作见证记录，并将见证记录归入施工技术档案。见证人员和取样人员应对试样的代表性和真实性负责。

⑤见证取样的试块、试件和材料送检时，应由送检单位填写委托单，委托单应有见证人员和送检人员签字。检测单位应检查委托单及试样上的标识和封志，确认无误后方可进行检测。

⑥检测单位应严格按照有关管理规定和技术标准进行检测，出具公正、真实、准确的检测报告。见证取样和送检的检测报告必须加盖见证取样检测的专用章。

（12）对设计变更和图纸修改的监控。在施工过程中，无论是建设单位、施工单位或设计单位提出的工程变更或图样修改，都应通过监理工程师审查并经有关方面研究，确认其必要性后，由总监理工程师发布变更指令方能生效。

（13）见证点的实施控制。见证点是重要性或质量后果影响程度相对更重要的质量控制点。凡是列为见证点的质量控制对象，在规定的关键工序施工前，施工单位应提前通知监理人员在约定的时间内到现场进行见证和对其施工实施监督。如果监理人员未能在约定的时间内到现场见证和监督，则施工单位有权进行该见证点的相应的工序操作和施工。

在实际工程实施质量控制时，通常是由施工单位在分项工程施工前制订施工计划时就选定设置质量控制点，并在质量计划中再进一步明确哪些是见证点。施工单位应将该施工计划及质量计划提交监理工程师审批。如果监理工程师对上述计划及见证点的设置有不同的意见，应书面通知施工单位，要求予以修改，修改后再上报监理工程师审批后执行。

(14)配合比管理质量监控。根据设计要求，施工单位首先进行理论配合比设计，进行试配试验后，确认2~3个能满足要求的理论配合比提交监理工程师审查。监理工程师审查后确认其符合设计要求及相关规范的要求后予以批准。在随后的拌合料拌制过程中注意对原材料和现场作业的质量控制。

(15)计量工作质量监控。监理工程师对计量工作的质量监控，包括对施工过程中使用的计量仪器检测、称重衡器的质量控制；对从事计量作业人员的技术水平资质的审核，以及现场计量操作的质量控制。

(16)质量记录资料的监控。质量资料是施工单位进行工程施工或安装期间，实施质量控制活动的记录，还包括监理工程师对这些质量控制活动的意见及施工单位对这些意见的答复，它详细地记录了工程施工阶段质量控制活动的全过程。

质量记录资料包括施工现场质量管理检查记录资料、工程材料质量记录资料、施工过程作业活动质量记录资料。质量记录资料应在工程施工或安装开始前，由监理工程师和施工单位一起，根据建设单位的要求及工程竣工验收资料组卷归档的有关规定，研究列出适合施工对象的质量资料清单。在对作业活动效果的验收中，如缺少资料或资料不全，监理工程师应拒绝验收。

(17)工地例会的管理。通过工地例会，监理工程师检查分析施工过程的质量状况，指出存在的问题，施工单位提出整改的措施，并作出相应保证。针对某些专门质量问题，监理工程师还应组织专题会议，集中解决较重大或普遍存在的问题。

(18)停、复工令。停、复工令的实施是监理工程师按合同规定行使质量监督权，并在以下情况下，有权下达停工令。

①施工作业活动存在重大隐患，可能造成质量事故或已经造成质量事故。

②施工单位未经许可擅自施工或拒绝项目监理机构管理。

③施工中出现质量异常情况，经提出后，施工单位未采取有效措施，或措施不力未能扭转异常情况。

④隐蔽工程未经检查、验收、签证而自行封闭、掩盖。

⑤已经发现质量问题迟迟未按监理工程师的要求进行处理，或者已经发生质量缺陷或问题，如不停工则质量缺陷或问题将继续发展。

⑥未经监理工程师审查同意，擅自变更设计或修改图样进行施工。

⑦未经技术资质审查的人员或不合格人员进入现场施工。

⑧使用的原材料、构配件不合格或未经检查确认，或擅自采用代用材料。

⑨擅自使用未经项目监理机构审查认可的分包单位进场施工。

施工单位经过整改具备恢复施工条件，应向项目监理机构报送复工申请及有关材料，证明造成停工的原因已经消失。经监理工程师现场复查，认为已经符合继续施工条件，造成停工的原因确已经消失，总监理工程师应及时签署工程复工报审表，指令施工单位继续施工。总监理工程师下达停工令及复工指令，宜事先向建设单位报告。

3. 施工结果的质量控制

施工结果的质量控制是指对施工已经完成的检验批、分项工程、分部(子分部)工程、并已形成产品的质量控制，具体包括以下内容。

(1)按规定的质量评定标准和评定办法，对已完成的检验批、分项工程、分部(子分部)工程和单位(子单位)工程进行检查验收，并要求施工单位采取防护、包裹、覆盖、封闭、合理安排施工顺序等方法对成品进行有效保护。

(2)对承包商报送的验评资料进行审核和签认，并报工程质量监督机构对有关分项工程、分部(子分部)工程和单位(子单位)工程的质量验收进行监督。

(3)组织单机(或分系统)或联动调试。

(4)审核施工单位提供的工程质量检验报告及有关技术文件。

(5)审核施工单位提交的竣工图。

(6)整理本工程项目质量的文件(包括工程质量评定资料、验收资料和有关报表等)，并编目，建立档案。

4.3　施工质量控制手段

4.3.1　审核有关的技术文件、报告和报表

审核有关的技术文件、报告和报表是对工程质量进行全面监督、检查与控制的重要手段。具体包括以下内容。

(1)审核各有关分包单位的技术资质证明文件。

(2)审核施工单位的开工报告，并经核实后，下达开工令。

(3)审核施工单位提交的施工方案或施工组织设计，以确保工程质量有可靠的技术措施。

(4)审核施工单位提交的有关原材料、半成品和构配件的质量检验报告。

(5)审核承包单位提交的反映工序施工质量的动态统计资料或管理图表。

(6)审核承包单位提交的有关工序产品质量的证明文件、工序交接检查、隐蔽工程检查、分部分项工程质量检查报告等文件、资料，以确保和控制施工过程的质量。

(7)审批有关设计变更、修改图纸和技术核定单等。

(8)审核有关应用新工艺、新技术、新材料、新结构的技术鉴定文件。

(9)审批有关工程质量事故或质量问题的处理报告。

(10)审核并签署有关质量签证、文件等。

4.3.2　严格执行监理程序

在质量监理的过程中，严格执行监理程序，也是强化施工单位的质量管理意识，保证工程质量的有效手段。如规定施工单位没有对工程项目的质量进行自检时，监理人员可以拒绝对工程进行检查和验收，以便强化施工单位自身质量控制的机能。

4.3.3 旁站、巡视、见证

旁站是指在关键部位或关键工序施工过程中，由监理人员在现场进行的监督活动；巡视是指监理人员对正在施工的部位或工序现场进行的定期或不定期的监督活动；见证是由监理人员现场监督某工序施工全过程完成情况的活动。总监理工程师应安排监理人员对施工过程进行巡视和检查。对隐蔽工程的隐蔽过程、下道工序施工完成后难以检查的重点部位，专业监理工程师应安排监理员进行旁站。监理人员应经常地、有目的地对承包单位的施工过程进行巡视检查、检测。主要检查内容如下。

（1）是否按照设计文件、施工规范和批准的施工方案施工。

（2）是否使用合格的材料、构配件和设备。

（3）施工现场管理人员，尤其是质检人员是否到岗到位。

（4）施工操作人员的技术水平、操作条件是否满足工艺操作要求、特种操作人员是否持证上岗。

（5）施工环境是否对工程质量产生不利影响。

（6）已施工部位是否存在质量缺陷。

对在巡视检查过程中出现的较大质量问题或质量隐患，监理工程师应采用照相、录影等手段予以记录。

4.3.4 试验与平行检验

工程中所用的各种原材料、半成品和构配件等，是否合格都应通过取样试验或测试的数据来决定。监理人员可采取见证取样和送检监视试验或测试的全过程的方法，也可采取平行检验的方法。平行检验是项目监理机构利用一定的检查或检测手段，在承包单位自检的基础上按照一定的比例独立进行检查或检测的活动。现场检验的方法有目测法、量测法和试验法。

1. 目测法

目测法，即凭借感官进行检查，一般采用看、摸、敲、照等手法对检查对象进行检查。"看"就是根据质量标准要求进行外观检查，如钢筋有无锈蚀、批号是否正确；水泥的出厂日期、批号、品种是否正确；构配件有无裂缝；清水墙表面是否洁净，油漆或涂料的颜色是否良好、均匀；工人的施工操作是否规范；混凝土振捣是否符合要求等。"摸"就是通过触摸手感进行检查、鉴别，如油漆的光滑度；浆活是否牢固、不掉粉；模板支设是否牢固；钢筋绑扎是否正确等。"敲"就是运用敲击方法进行声感检查，例如，对墙面瓷砖、大理石镶贴、地砖铺砌等的质量均可通过敲击检查，根据声音虚实、脆闷判断有无空鼓等质量问题。"照"就是通过人工光源或反射光照射，仔细检查难以看清楚的部位，如构件的裂缝、孔隙等。

2. 量测法

量测法就是利用量测工具或计量仪表，通过实际量测结果与规定的质量标准或规范的要求相对照，从而判断质量是否符合要求。量测的手法可归纳为靠、吊、量、套。"靠"是用直尺、塞尺检查诸如地面、墙面的平整度等。一般选用 2 m 靠尺，在缝隙较大处插入塞尺，测出误差的大小。"吊"是用铅线检查垂直度，如检测墙、柱的垂直度等。"量"是用量测工具或计量仪表等检测轴线尺寸、断面尺寸、标高、温度、湿度等数值并确定其偏差，如室内墙角的垂直度、门窗的对角线、摊铺沥青拌合料的温度等。"套"是以方尺套方辅以塞尺，检查诸如踢脚线的垂直度、预制构件的方正，门窗口及构件的对角线等。

3. 试验法

通过现场取样，送实验室进行试验，取得有关数据，分析判断质量是否合格。力学性能试验，如测定抗拉强度、抗压强度、抗弯强度、抗折强度、冲击韧性、硬度、承载力等。物理性能试验，如测定比重、密度、含水量、凝结时间、安定性、抗渗性、耐磨性、耐热性、隔声等。化学性能试验，如材料的化学成分(钢筋的磷、硫含量等)、耐酸性、耐碱性、抗腐蚀等。无损测试，如超声波探伤检测、磁粉探伤检测、X 射线探伤检测、γ 射线探伤检测、渗透液探伤检测、低应变检测桩身完整性等。

4.3.5 发布指令性文件

指令性文件是表达监理工程师对施工承包单位提出指示或命令的书面文件，属于要求强制执行的文件。监理人员的指示一般采用书面形式，施工单位要严格履行监理人员对工程质量进行管理的指示。如监理人员发现施工单位的质保体系不健全，或质量管理制度不完善，或工程的施工质量有缺陷等，就可以发出"监理工作联系单""监理工程师通知单"等指令性文件，通知施工单位整改或返工，甚至停工整顿。

4.4　工程质量事故处理

工程质量事故是指由于建设、勘察、设计、施工、监理等单位违反工程质量有关法律法规和工程建设标准，使工程产生结构安全、重要使用功能等方面的质量缺陷，造成人身伤亡或重大经济损失的事故。

由于建设工程产品固定，生产流动，施工期较长，所用材料品种繁多，露天施工，受自然条件方面异常因素的影响较大等各方面原因的影响，一般在工程建设中很难完全避免质量缺陷和事故的发生。导致工程质量问题或事故发生的最基本的因素主要有违背建设程序；违反法规行为；地质勘察失真；设计差错；施工与管理不到位；使用不合格的原材料、制品和设备；不利的自然环境因素；不当使用建筑物。通过监理工程师的质量控制系统和施工单位的质量保证活动，通常可对事故的发生起到防范作用或控制事故后果的进一步恶化，把危害程度降到最低限度。

4.4.1 工程质量事故的特点

工程质量事故具有复杂性、严重性、可变性和多发性的特点。

(1)复杂性：建筑工程的生产过程是人和生产随产品流动，产品千变万化，并且是露天作业多，受自然条件影响多，受原材料、构配件质量的影响多，手工操作多，受人为因素的影响大。因此，造成质量事故的原因也极其复杂和多变，增加了质量事故的原因和危害分析的难度，也增加了工程质量事故的判断和处理的难度。

(2)严重性：建筑工程是一项特殊的产品，不像一般的生活用品可以报废、降低使用等级或使用档次。如果发生工程质量事故，不仅影响了工程顺利进行，增加了工程费用，拖延了工期，甚至还会给工程留下隐患，危及社会和人民生命财产的安全。

(3)可变性：一般情况下，工程质量问题不是一成不变的，而是随着时间的变化而变化着。如材料特性的变化，荷载和应力的变化，外界自然条件和环境的变化等，都会引起原工程质量问题不断发生变化。

(4)多发性：由于建筑工程产品中，受手工操作和原材料多变等影响，造成某些工程质量事故经常发生，降低了建筑标准，影响了使用功能，甚至危及使用安全，而成为质量通病，对此应总结经验，吸取教训，采取有效的预防措施。

4.4.2 工程质量事故处理的依据

进行工程质量事故处理的依据主要包括质量事故的实况资料、有关合同及合同文件、有关的技术文件和档案、相关的建设法规四个方面。

1. 质量事故的实况资料

有关质量事故的实况资料主要来自以下几个方面。

(1)施工单位的质量事故调查报告。质量事故发生后，施工单位有责任就所发生的质量事故进行周密的调查，研究掌握情况，并在此基础上写出调查报告，提交监理工程师和建设单位。在调查报告中首先就与质量事故有关的实际情况做详尽的说明，其内容应包括以下七项。

①事故发生的时间、地点和工程项目、有关单位名称。

②事故的简要经过。

③事故已经造成或可能造成的伤亡人数(包括下落不明的人数)和初步估计的直接经济损失。

④事故的初步原因。

⑤事故发生后采取的措施及事故控制情况。

⑥事故报告单位或报告人员。

⑦其他应当报告的情况。

(2)监理单位调查研究所获得的第一手资料，其内容大致与施工单位调查报告中有关内容相似，可用来与施工单位所提供的情况进行对照、核实。

2. 有关合同及合同文件

质量事故处理时需要涉及的有关合同及合同文件主要有工程承包合同、设计委托合同、设备与器材购销合同、监理合同等。其作用是确定在施工过程中有关各方是否按照合同有关条款实施其活动，借以探寻产生事故的可能原因。另外，这些合同文件还是界定质量责任的重点依据。

3. 有关的技术文件和档案

(1)有关的设计文件，如施工图纸和技术说明等。其作用一方面是可以对照设计文件，核查施工质量是否完全符合设计的规定和要求；另一方面是可以根据所发生的质量事故情况，核查设计中是否存在问题或缺陷成为导致质量事故的原因。

(2)与施工有关的技术文件、档案和资料。各类技术资料对于分析质量事故原因，判断其发展变化趋势，推断事故影响严重程度，考虑处理措施等都是不可缺少的。主要包括以下内容。

①施工组织设计或施工方案、施工计划。

②施工记录、施工日志等，根据它们可以查对发生质量事故的工程施工时的情况，借助这些资料追溯和探寻事故的可能原因。

③有关建筑材料的质量证明资料，如材料批次、出厂日期、出厂合格证或检验报告、施工单位抽检或试验报告等。

④现场制备材料的质量证明资料，如混凝土拌合料的级配、水胶比、坍落度记录；混凝土试块强度试验报告，沥青拌合料配合比、出机温度和摊铺温度记录等。

⑤质量事故发生后，对事故状况的观测记录、试验记录或试验报告等。

⑥其他有关资料。

4. 相关的建设法规

(1)勘察、设计、施工、监理等单位资质管理方面的法规。这方面的法规有《建筑业企业资质管理规定》《工程监理企业资质管理规定》等。

(2)从业者资格管理方面的法规。这方面的法规有《中华人民共和国注册建筑师条例》《注册结构师执业资格制度暂行规定》《监理工程师资格考试和注册试行办法》等。

(3)建筑市场方面的法规。这方面的法规主要涉及工程发包、承包活动，以及国家对建筑市场的管理活动。包括《中华人民共和国民法典》《中华人民共和国招标投标法》《工程建设项目自行招标试行办法》《建筑工程设计招标投标管理办法》《评标委员会和评标方法暂行规定》《建筑工程施工发包与承包计价管理办法》《建设工程勘察合同》《建筑工程设计合同》《建筑工程施工合同》《建设工程监理合同》等示范文本。

(4)建筑施工方面的法规。这方面的法规以《中华人民共和国建筑法》为基础，包括《建设工程勘察设计管理条例》《建设工程质量管理条例》《生产安全事故报告和调查处理条例》《房屋建筑工程质量保修办法》《建设工程质量监督机构监督工作指南》《建设工程监理规范》(GB/T 50319—2013)等法规和文件。

(5)关于标准化管理方面的法规。这方面的法规主要涉及技术标准(如勘察、设计、施工、安装、验收等)、经济标准和管理标准(如建设程序、设计文件深度、企业生产组织和生产能力标准、质量管理与质量保证标准等)。建设部发布的《工程建设标准强制性条文》和《实施工程建设强制性标准监督规定》是典型的标准化管理类法规。

在以上工程质量事故处理的四个方面依据中，前三种是与特定的工程项目密切相关的具有特定性质的依据；第四种法规性依据是具有很高权威性、约束性、通用性和普遍性，因而它在工程质量事故的处理中，也具有极其重要的、不容置疑的作用。

4.4.3 工程质量事故处理的程序

监理工程师应熟悉各级政府住房城乡建设主管部门处理工程质量事故的基本程序，特别是应把握在质量事故处理过程中如何履行自己的职责。归纳起来，工程质量事故分析处理可分为下达《工程停工令》、进行事故调查、分析事故原因、事故处理和检查验收、下达《工程复工令》、恢复正常施工等基本步骤。

1. 下达《工程停工令》

监理工程师在发现质量事故后，应当根据事故的实际情况，首先向施工单位下达《工程暂停令》。通知施工单位立即停止有质量事故的工程建设项目的施工，与质量事故有关的工程部位也要停工，以免事故扩大。在《工程暂停令》中，应当明确指出暂停施工的建设工程项目名称及停工原因，并说明停工的具体起止时间。同时，要求质量事故发生单位迅速按类别和等级向相应的主管部门上报，并于 24 h 内写出书面报告。

各级主管部门处理权限及组成调查组权限如下：特别重大事故由国务院或国务院授权有关部门组织事故调查组进行调查。重大事故、较大事故、一般事故分别由事故发生地省级人民政府、设区的市级人民政府、县级人民政府负责调查。省级人民政府、设区的市级人民政府、县级人民政府可以直接组织事故调查组进行调查，也可以授权或委托有关部门组织事故调查组进行调查。未造成人员伤亡的一般事故，县级人民政府也可以委托事故发生单位组织事故调查组进行调查。

2. 进行事故调查

工程质量事故发生后，按相应级别主管部门处理权限组成事故调查组。在事故调查组展开工作后，监理工程师应协助，客观地提供相应证据，如果监理方对工程质量事故没有责任，监理工程师可应邀参加调查组，参与事故调查；如果监理方有责任，则应回避，但应配合调查组工作。质量事故调查组的职责如下。

(1)查明事故发生的经过、原因、人员伤亡情况及直接经济损失。

(2)认定事故的性质和事故责任。

(3)提出对事故责任者的处理建议。

(4)总结事故教训，提出防范和整改措施。

(5)提交事故调查报告。

3. 分析事故原因

施工单位在提交的质量事故报告中，对质量事故的发生原因作了分析，监理工程师对该分析有异议或是质量事故较重大时，监理工程师应组织有关人员重新进行分析，进一步弄清楚质量事故的原因、类型、性质及危害程度，为事故处理和明确事故的责任提供依据。

4. 事故处理和检查验收

通过对质量事故调查分析，确定质量事故的原因、类型、性质及危害程度，即可确定质量事故是否需要处理和如何处理，如需进行处理，通常由原设计单位作出处理设计，提交监理工程师审查批准后实施。质量事故处理后，监理工程师要对处理结果检查验收，评定处理是否符合设计要求。最后要求事故单位整理编写质量事故处理报告，并审核签认，组织将有关技术资料归档。工程质量事故处理报告主要包括以下内容。

(1)工程质量事故情况、调查情况、原因分析(选自质量事故调查报告)。

(2)质量事故处理的依据。

(3)质量事故技术处理方案。

(4)实施技术处理施工中有关问题和资料。

(5)对处理结果的检查鉴定与验收。

(6)质量事故处理结论。

5. 下达《工程复工令》，恢复正常施工

监理工程师对质量事故处理结果进行检查验收后，若符合处理设计中的标准要求，监理工程师即可下达《工程复工令》，工程可重新复工。

4.4.4 质量事故处理的方案和鉴定验收

1. 质量事故处理的方案

质量事故报告和调查处理，既要及时、准确地查明事故原因，明确事故责任，责任到人；又要总结经验教训，落实整改和防范措施，防止类似事故再次发生。为此，事故处理要实行"四不放过"原则。"四不放过"即事故原因未查明不放过，责任人未处理不放过，整改措施未落实不放过，有关人员未受到教育不放过。这是事故调查处理工作的根本要求。

工程质量事故处理方案是指采用一定的技术处理方案，达到建筑物的安全可靠和正常使用各项功能及寿命要求，保证施工正常进行的目的。工程质量事故处理方案，应当在正确分析和判断质量事故原因的基础上进行。质量事故的技术处理方案多种多样，但根据质量事故的情况可归纳为三种类型的处理方案，监理工程师应掌握从中选择最适用处理方案的方法，方能对相关单位上报的事故技术处理方案作出正确审核结论。

(1)修补处理。修补处理是最常用的一类处理方案。通常，当工程的某个检验批、分项工程、分部工程的质量虽未达到规定的规范、标准或设计要求，存在一定缺陷，但通过修补或更换器具、设备后还可达到要求的标准，又不影响使用功能和外观要求的情况下，可以进行修补处理。属于修补处理的具体方案有很多，如复位纠偏、结构补强、表面处理等都属于修补处理。一般的剔凿、抹灰等表面处理，不会影响其使用和外观。但对较严重的可能影响结构的安全性和使用功能的质量问题，必须按一定的技术方案进行加固补强处理，这样往往会造成一些永久性缺陷，如改变结构外形尺寸会影响一些次要的使用功能等。

(2)返工处理。在工程质量未达到规定的标准和要求，存在严重的质量问题对结构使用和安全构成重大影响，且又无法通过修补处理的情况下，可对检验批、分项工程、分部工程甚至整个工程进行返工处理。

(3)不做处理。某些工程质量问题虽然不符合规定的要求和标准构成质量事故，但视其严重情况，经过分析、论证、法定检测单位鉴定和设计等有关单位认可，对工程或结构使用及安全影响不大，也可不做专门处理。通常，不做专门处理的情况有以下几种。

①不影响结构的安全或使用要求及生产工艺的质量问题。例如，有的建筑物在施工中发生错位事故，若进行彻底纠正，不仅困难很大，还会造成重大经济损失，经过分析论证后，只要不影响生产工艺和使用要求，可不做处理。

②轻微的质量缺陷，通过后续工程可以弥补的，可以不做处理。例如，混凝土构件出现了

轻微的蜂窝、麻面等质量问题，该缺陷可通过后续工序抹灰、喷涂进行弥补，则不需对该构件缺陷做专门的处理。

③经法定检测单位鉴定合格。例如，某检验批混凝土试块强度值不满足规范要求，强度不足，在法定检测单位，对混凝土实体采用非破损检验等方法测定其实际强度已达到规范允许和设计要求值时，可不做处理。对经检测未达到要求值，但相差不多，经分析论证只要使用前经再次检测达到设计强度，也可不做处理，但应严格控制施工荷载。

④对出现的某些质量事故，经复核验算后，仍能满足设计要求者，可不做处理。例如，结构断面尺寸比设计图样稍小，经认真验算后，仍能满足设计承载能力者。但必须特别注意，这种方法是挖掘设计潜力，对此需要格外慎重。

2. 质量事故处理的鉴定验收

监理工程师应通过组织检查和必要的鉴定，判断质量事故的技术处理是否达到了预期目的，消除了工程质量不合格和工程质量问题，是否仍留有隐患。如果达到预期目的，监理工程师应进行验收并予以最终确认。

(1)检查验收。工程质量事故处理完成后，监理工程师在施工单位自检合格报验的基础上，应严格按施工验收标准及有关规范的规定，结合监理人员的旁站、巡视和平行检验结果，依据质量事故技术处理方案设计要求，通过实际量测，检查各种资料数据进行验收，并应办理交工验收文件，组织各有关单位会签。

(2)必要的鉴定。为确保工程质量事故的处理效果，凡涉及结构承载力等使用安全和使用重要性能的处理工作，常需做必要的试验和检验鉴定工作。如果质量事故处理施工过程中建筑材料及构配件质量保证资料严重缺乏，或对检查验收结果各参与单位有争议时，可以进行必要的鉴定工作。常见的鉴定工作有混凝土钻芯取样，用于检查密实性和裂缝修补效果，或检测实际强度；结构荷载试验，确定其实际承载力；超声波检测焊接或结构内部质量；池、罐、箱柜工程的渗漏检验等。检测鉴定必须委托政府批准的有资质的法定检测单位进行。

(3)验收结论。对所有质量事故无论是经过技术处理，通过鉴定验收还是不需要专门处理的，都应有明确的验收结论。若对后续工程施工有特定要求，或对建筑物使用有一定的限制条件，应在结论中提出。通常有以下几种验收结论。

①事故已排除，可以继续施工。

②隐患已消除，结构安全有保证。

③经修补处理后，完全能够满足使用要求。

④基本上满足使用要求，但使用时应有附加限制条件，如限制荷载等。

⑤对耐久性的结论。

⑥对建筑物外观影响的结论。

⑦对短期内难以作出结论的，可提出进一步观测检验意见。

对于处理后符合《建筑工程施工质量验收统一标准》(GB 50300—2013)规定的，监理工程师应予以验收确认，并应注明责任方主要承担的经济责任。对经加固补强或处理仍不能满足安全使用要求的分部工程、单位(子单位)工程，应拒绝验收。

4.5 工程施工质量验收

工程施工质量验收是工程建设质量控制的一个重要环节，包括工程施工质量的中间验收和工程的竣工验收。正确地进行建筑工程施工质量的验收与确认是工程项目质量控制工作中的重要内容，开展这一工作的目的是对建筑工程作为最终产品进行全面正确的评价。同时，在施工的过程中进行检验批、分项工程、分部(子分部)工程的施工质量验收和确认，发现问题，及时处理，把好工程质量关。

建筑工程的验收是在施工单位自行质量检查评定的基础上，参与建设活动的有关单位共同对检验批、分项工程、分部工程、单位工程的质量进行抽样复验，根据相关标准以书面形式对工程质量达到合格与否作出确认。

4.5.1 建筑工程施工质量验收的统一标准及基本规定

1. 建筑工程施工质量验收的统一标准

建筑工程施工质量验收统一标准、规范体系有《建筑工程施工质量验收统一标准》(GB 50300—2013)和各专业验收规范共同组成，它们必须配套使用。

2. 建筑工程施工质量验收的基本规定

(1)施工现场质量管理应有相应的施工技术标准、健全的质量管理体系、施工质量检验制度和综合施工质量水平评定考核制度，并做好施工现场质量管理检查记录。施工现场质量管理检查记录应由施工单位填写，总监理工程师进行检查，并作出检查结论。

(2)建筑工程施工质量应按照下列要求进行验收。

①建筑工程施工质量应符合《建筑工程施工质量验收统一标准》(GB 50300—2013)和相关专业验收规范的规定。

②建筑工程施工应符合工程勘察、设计文件的要求。

③参加工程施工质量验收的各方人员应具备规定的资格。

④工程质量的验收均应在施工单位自行检查评定的基础上进行。

⑤隐蔽工程在隐蔽前应由施工单位通知有关单位进行验收，并应形成验收文件。

⑥涉及结构安全的试块、试件及有关材料，应按规定进行见证取样检测。

⑦检验批的质量应按主控项目和一般项目验收。

检验批是按同一生产条件或按规定的方式汇总起来供检验使用的，由一定数量样本组成的检验体。检验批是工程验收的最小单位，是分项工程乃至整个建筑工程质量验收的基础。检验批是施工过程中条件相同并有一定数量的材料、构配件或安装项目，其质量基本均匀一致，因此可以作为检验的基础单位，并按批验收。检验是对检验项目中的性能进行量测、检查、试验等，并将结果与标准规定要求进行比较，是确定每项性能是否合格所进行的活动。主控项目是建筑工程中对安全、卫生、环境保护和公众利益起决定性作用的检验项目。一般项目是除主控项目外的检验项目。

⑧对涉及结构安全和使用功能的重要分部工程应进行抽样检测。抽样检验是按照规定的抽样方案，随机地从进场的材料、构配件、设备或建筑工程检验项目中，按检验批抽取一定数量的样本所进行的检验。

⑨承担见证取样检测及有关结构安全检测的单位应具有相应资质。

⑩工程的观感质量应由验收人员通过现场检查，并应共同确认。观感质量是指通过观察和必要的量测所反映的工程外在质量。

4.5.2 建筑工程施工质量验收的划分

建筑工程施工质量验收涉及建筑工程施工过程控制和竣工验收控制，是工程施工质量控制的重要环节，合理划分建筑工程施工质量验收层次是非常必要的。特别是不同专业工程的验收批如何确定，将直接影响到质量验收工作的科学性、经济性、实用性和可操作性。因此，有必要建立统一的工程施工质量验收的层次划分。通过验收批和中间验收层次及最终验收单位的确定，实施对工程施工质量的过程控制和终端把关，确保工程施工质量达到工程项目决策阶段所确定的质量目标和水平。

工程可划分为若干个子单位工程进行验收；在分部工程中，可按相近的工作内容和系统划分为若干个子分部工程；每个子分部工程中包括若干个分项工程；每个分项工程中包含若干个检验批，检验批是工程施工质量验收的最小单位。

1. 单位工程的划分

单位工程的划分应按下列原则确定。

(1)具备独立施工条件并能形成独立使用功能的建筑物及构筑物为一个单位工程。如学校中的一栋办公楼，工程中的一个生产车间。

(2)建筑规模较大的单位工程，可将其能形成独立使用功能的部分为一个子单位工程。

(3)室外工程可根据专业类别和工程规模划分单位(子单位)工程。

2. 分部工程的划分

分部工程的划分应按下列原则确定。

(1)分部工程的划分应按专业性质、建筑部位确定。如建筑工程划分为地基与基础、主体结构、建筑装饰装修、建筑屋面、建筑给水排水及采暖、建筑电气、通风与空调、电梯和智能建筑九个分部工程。

(2)当分部工程较大或较复杂时，可按材料种类、施工特点、施工程序、专业系统及类别等划分若干子分部工程。如智能建筑分部工程中就包含了火灾及报警消防联动系统、安全防范系统、综合布线系统、智能化集成系统、电源与接地、环境、住宅(小区)智能化系统等子分部工程。

3. 分项工程的划分

分项工程应按主要工程、材料、施工工艺、设备类别等进行划分。如混凝土结构工程中按主要工种分为模板工程、钢筋工程、混凝土工程等分项工程；按施工工艺又分为预应力、现浇结构、装配式结构等分项工程。建筑工程的分部(子分部)工程、分项工程的具体划分见《建筑工程施工质量验收统一标准》(GB 50300—2013)。

4. 检验批的划分

分项工程可由一个或若干个检验批组成，检验批可根据施工及质量控制和专业验收需要按楼层、施工段、变形缝等进行划分。建筑工程的地基基础分部工程中的分项工程一般划分为一个检验批；有地下层的基础工程可按不同地下层划分检验批；屋面分部工程中的分项工程可按不同楼层屋面划分为不同的检验批；单层建筑工程中的分项工程可按变形缝等划分检验批，多层及高层建筑工程中主体分部的分项工程可按楼层或施工段来划分检验批；其他分部工程中的分项工程，一般按楼层划分检验批；对于工程量较少的分项工程可统一划分为一个检验批。安装工程一般按一个设计系统或组别划分为一个检验批。室外工程统一划分为一个检验批。散水、台阶、明沟等包含在地面检验批中。

4.5.3 建筑工程质量验收

1. 检验批合格质量规定及验收

检验批合格质量应符合规定，包括主控项目和一般项目的质量经抽样检验合格；具有完整的施工操作依据、质量检查记录。

检验批按规定验收内容包括以下四项。

(1)资料检查。质量控制资料反映了检验批从原材料到最终验收的各施工工序的操作依据、检查情况及保证质量所必需的管理制度等。对其完整性的检查，实际是对过程控制的确认，这是检验批合格的前提。所要检查的资料主要包括以下内容。

①图纸会审、设计变更、洽商记录。

②建筑材料、成品、半成品、建筑构配件、器具和设备的质量证明书及进场检(试)验报告。

③工程测量、放线记录。

④按专业质量验收规范规定的抽样检验报告。

⑤隐蔽工程检查记录。

⑥施工过程记录和施工过程检查记录。

⑦新材料、新工艺的施工记录。

⑧质量管理资料和施工单位操作依据等。

(2)主控项目和一般项目的检验。为了使检验批的质量符合安全和功能的基本要求，达到保证建筑工程质量的目的，各专业工程质量验收规范对各检验批的主控项目、一般项目的子项合格质量给予明确的规定。检验批的合格质量主要取决于对主控项目和一般项目的检验结果。主控项目是对检验批的基本质量起决定性影响的检验项目，因此必须全部符合有关专业工程验收规范的规定。这意味着主控项目不允许有不符合要求的检验结果，即这种项目的检查具有否决权。鉴于主控项目对基本质量的决定性影响，从严要求是必需的。一般项目是除主控项目外对不影响工程安全和使用功能的少数条文可以适当放宽一些，这些条文虽不像主控项目那样重要，但对工程安全、使用功能，重点的美观都是有较大影响的。这些项目在验收时，绝大多数抽查的处(件),其质量指标都必须达到要求,允许有一定偏差的项目,在一般用数据规定的标准中,可以有个别偏差范围。

(3)检验批的抽样检验方案。合理抽样方案的制订对检验批的质量验收有十分重要的影响。在制订检验批的抽样方案时,应考虑合理分配生产方风险(或错判概率 α)和使用方风险(或漏判概率 β),主控项目:对应于合格质量水平的 α 和 β 均不宜超过 5%;对于一般项目,对应于合格质量水平的 α 不宜超过 5%,β 不宜超过 10%。检验批的抽样方案包括以下五种。

①计量、计数或计量计数等抽样方案。

②一次、二次或多次抽样方案。

③根据生产的连续性和生产控制的稳定性等情况,尚可采用调整型抽样方案。

④对重要的检验项目当可以采用简易快速的检验方法时可选用全数检验方案。

⑤经实践检验有效的抽样方案。如砂石料、构配件的分层抽样。

(4)检验批的质量验收记录。检验批的质量验收记录由施工项目专业质量检查员填写,监理工程师(建设单位项目专业技术负责人)组织项目专业质量检查员等进行验收,并按规定填表记录。

2. 分项工程质量验收

分项工程的验收在检验批的基础上进行。一般情况下,两者具有相同或相近的性质,只是批量的大小不同而已。因此,将有关的检验批汇集构成分项工程。分项工程合格质量的条件比较简单,只要构成分项工程的各检验批的验收资料文件完整,并且均已验收合格,则分项工程验收合格。

(1)分项工程质量验收。分项工程质量验收合格应符合如下规定。

①分项工程所含的检验批均应符合合格质量的规定。

②分项工程所含的检验批的质量验收记录应完整。

(2)分项工程质量验收记录。分项工程质量应由监理工程师(建设单位项目专业技术负责人)组织项目专业技术负责人等进行验收,并按规定表格记录。

3. 分部(子分部)工程质量验收

(1)分部(子分部)工程质量验收。分部(子分部)工程质量验收合格应符合下列规定。

①分部(子分部)工程所含分项工程的质量均应验收合格。

②质量控制资料应完整。

③地基与基础、主体结构和设备安装等分部工程有关安全及功能的检验和抽样检测结果应符合有关规定。

④观感质量验收应符合要求。分部工程的验收在其所含各分项工程验收的基础上进行。分部工程的各分项工程必须已验收合格且相应的质量控制资料文件必须完整,这是验收的基本条件。此外,由于各分项工程的性质不尽相同,因此作为分部工程不能简单地组合而加以验收,还需增加以下两类检查。一是涉及安全和使用功能的地基基础、主体结构、有关安全及重要使用功能的安装分部工程应进行有关见证取样送样试验或抽样检测。二是关于观感质量验收,这类检查往往难以定量,只能以观察、触摸或简单量测的方式进行,并由各个人的主观印象判断,检查结果并不给出"合格"或"不合格"的结论,而是综合给出质量评价。评价的结论为"好""一

般""差"。对于"差"的检查点应通过返修处理等进行补救。

（2）分部（子分部）工程质量验收记录。分部（子分部）工程质量应由总监理工程师（建设单位项目专业负责人）组织施工项目经理和有关勘察、设计单位项目负责人进行验收，并按规定表格记录。

4. 单位（子单位）工程质量验收

单位工程质量验收也称质量竣工验收，是建筑工程投入使用前的最后一次验收，也是最重要的一次验收。

（1）单位（子单位）工程质量验收合格。单位（子单位）工程质量验收合格应符合下列规定。

①单位（子单位）工程所含分部（子分部）工程的质量均应验收合格。

②质量控制资料应完整。

③单位（子单位）工程所含分部工程有关安全和功能的检测资料应完整。

④主要功能项目的抽查结果应符合相关专业质量验收规范的规定。

⑤观感质量验收应符合要求。

以上规定表明，验收合格的条件除构成单位工程的各分部工程应该合格并且有关的资料文件应完整外，还须进行以下3个方面的检查。

首先，涉及安全和使用功能的分部工程应进行检验资料的复查。不仅要全面检查其完整性（不得有漏检缺项），而且对分部工程验收时补充进行的见证抽样检验报告也要复核。这种强化验收的手段体现了对安全和主要使用功能的重视。

其次，对主要使用功能还须进行抽查。使用功能的检查是对建筑工程和设备安装工程最终质量的综合检验，也是用户最为关心的内容。因此，在分项、分部工程验收合格的基础上，竣工验收时再做全面检查。抽查项目是在检查资料文件的基础上由参加验收的各方人员商定，并用计量、计数的抽样方法确定检查部位。检查要求按有关专业工程施工质量验收标准的要求进行。

最后，还须由参加验收的各方人员共同进行观感质量检查。检查的方法、内容、结论等在分部工程的相应部分中阐述，最后共同确定是否通过验收。

（2）单位（子单位）工程质量验收记录。单位（子单位）工程质量验收，质量控制资料核查，安全和功能检验资料核查及主要功能抽查记录，观感质量检查应分别按规定表格填写记录。

5. 建筑工程不符合质量要求时的处理

一般情况下，不合格现象在检验批的验收时就应发现并及时处理，所有质量隐患必须尽快消灭在萌芽状态，否则将影响后续检验批和相关的分项工程、分部工程的验收。但非正常情况可按下列规定进行处理。

（1）经返工重做或更换器具、设备的检验批，应重新进行验收。这种情况是指在检验批验收时，其主控项目不能满足验收规范规定或一般项目超过偏差限值的子项不符合检验规定的要求时，应及时进行处理的检验批。其中，严重的缺陷应推倒重来；一般的缺陷通过翻修或更换器具、设备予以解决，应允许施工单位在采取相应的措施后重新验收。如能够符合相应的专业工程质量验收规范，则应认为该检验批合格。

（2）经有资质的检测单位检测鉴定能够达到设计要求的检验批，应予以验收。这种情况是指个别检验批发现试块强度等不满足要求等问题，难以确定是否验收时，应请具有资质的法定检测单位检测，当鉴定结果能够达到设计要求时，该检验批仍应认为通过验收。

（3）经有资质的检测单位检测鉴定达不到设计要求，但经原设计单位核算认可能够满足结构安全和使用功能的检验批，可予以验收。这种情况是指一般规范标准给出了满足安全和功能的最低限度要求，而设计往往在此基础上留有一些余量。不满足设计要求和符合相应规范标准的要求，两者并不矛盾。

（4）经返修或加固处理的分项、分部工程，虽然改变外形尺寸但仍能满足安全使用要求，可按技术处理方案和协商文件进行验收。这种情况是指更为严重的缺陷或超过检验批的更大范围内的缺陷，可能影响结构的安全性和使用功能。若经法定检测单位检测鉴定以后认为达不到规范标准的相应要求，即不能满足最低限度的安全储备和使用功能，则必须按一定的技术方案进行加固处理，使之能保证其满足安全使用的基本要求。这样会造成一些永久性的缺陷，如改变结构的外形尺寸，影响一些次要的使用功能等。为了避免社会财富更大的损失，在不影响安全和主要使用功能条件下可按处理技术方案与协商文件进行验收，但不能作为轻视质量而回避责任的一种出路，这是应该特别注意的。

（5）通过返修或加固处理仍不能满足安全使用要求的分部工程、单位（子单位）工程，严禁验收。

4.5.4　建筑工程质量验收程序和组织

1. 检验批及分项工程的验收程序和组织

检验批及分项工程应由监理工程师（建设单位项目技术负责人）组织施工单位项目专业质量（技术）负责人等进行验收。检验批和分项工程是建筑工程质量基础，因此所有检验批和分项工程均应由监理工程师或建设单位项目技术负责人组织验收。验收前，施工单位先填好"检验批和分项工程的质量验收记录"（有关监理记录和结论不填），并由项目专业质量检验员和项目专业技术负责人分别在检验批与分项工程质量检验记录中相关栏目签字，然后由监理工程师组织，严格按规定程序进行验收。

2. 分部工程的验收程序和组织

分部（子分部）工程应由总监理工程师（建设单位项目负责人）组织施工单位项目负责人和技术、质量负责人等进行验收；地基与基础、主体结构分部工程的勘察、设计单位工程项目负责人和施工单位技术、质量部门负责人也应参加相关分部工程的验收。

3. 单位（子单位）工程的验收程序和组织

（1）竣工初验收的程序。当单位工程达到竣工验收条件后，施工单位应该在自查、自评工作完成后，填写工程竣工报验单，并将全部竣工资料报送项目监理机构，申请竣工验收。总监理工程师应组织各专业监理工程师对竣工资料及各专业工程的质量情况进行全面检查，对检查出的问题，应督促施工单位及时整改。对需要进行功能试验的项目（包括单机试车和无负荷试车），监理工程师应督促施工单位及时进行试验，并对重要项目进行监督、检查，必要时请建设单位和设计单位参加；监理工程师应认真审查试验报告单，并督促施工单位做好成品保护和现场清理。

经项目监理机构对竣工资料及实物全面检查、验收合格后，由总监理工程师签署工程竣工报验单，并向建设单位提出质量评估报告。

（2）正式验收。建设单位收到工程验收报告后，应由建设单位（项目）负责人组织施工（含分包单位）、设计监理等单位（项目）负责人进行单位（子单位）工程验收。单位工程由分包单位施工时，分包单位对所承包的工程项目应按规定的程序检查评定，总包单位应派人参加。分包工程完成后，应将工程有关资料交总包单位。建设工程验收合格的，方可交付使用。

建设工程竣工验收应当具备下列条件。

①完成建设工程设计和合同约定的各项内容。

②有完整的技术档案和施工管理资料。

③有工程使用的主要建筑材料、建筑构配件和设备的进场试验报告。

④有勘察、设计、施工、工程监理等单位分别签署的质量合格文件。

⑤有施工单位签署的工程保修书。

在一个单位工程中，对满足生产要求或具备使用条件、施工单位已预检、监理工程师已初验通过的子单位工程，建设单位可组织进行验收。由几个施工单位负责施工的单位工程，当其中的施工单位所负责的子单位工程已按设计完成并经自行检验，也可组织正式验收，办理交工手续。在整个单位工程进行全部验收时，已验收的子单位工程验收资料应作为单位工程验收的附件。

在竣工验收时，对某些剩余工程和缺陷工程，在不影响交付的前提下，经建设单位、设计单位、施工单位和监理单位协商，施工单位应在竣工验收后的限定时间内完成。

参加验收各方对工程质量验收意见不一致时，可请当地住房城乡建设主管部门或工程质量监督机构协调处理。

4．单位工程竣工验收备案

单位工程质量验收合格后，建设单位应在规定时间内将工程竣工验收报告和有关文件，报住房城乡建设主管部门备案。在规定时限内不向住房城乡建设主管部门备案，或资料不全及边备案边开始使用，更严重的是不备案就使用的，都是违法行为，应判定为不符合要求。

 思考题

1．什么是建设工程质量？建设工程质量的特性有哪些？其内涵如何？

2．试述影响工程质量的因素。

3．什么是质量控制？工程质量控制的内容有哪些？

4．简述监理工程师进行工程质量控制应遵循的原则。

5．施工准备、施工过程、竣工验收各阶段的质量控制包括哪些主要内容？

6．施工质量控制的依据主要有哪些方面？

7．简要说明施工阶段监理工程师质量控制的工作程序。

8．什么是质量控制点？选择质量控制点的原则是什么？

9．什么是见证取样？其工作程序和要求有哪些？

10. 什么是见证点？见证点的监理实施程序是什么？

11. 如何区分工程质量不合格、工程质量问题与质量事故？

12. 试述工程质量问题处理的程序。

13. 简述工程质量事故处理的程序，监理工程师在事故处理过程中应如何去做？

14. 监理工程师如何对工程质量事故处理进行鉴定与验收？

第 5 章

建设工程进度控制

本章要点

本章主要掌握建设工程进度控制的任务和措施，建设工程进度计划的编制，建设工程进度计划实施中的检查与调整；熟悉施工阶段进度控制的内容与方法；了解建设工程进度控制的概念、影响进度的因素；掌握建设工程进度计划的表示方法和编制程序、实际进度与计划进度的比较方法。

5.1　建设工程进度控制概述

5.1.1　建设工程进度控制的概念

建设工程进度控制是指对建设工程项目建设各阶段的工作内容、工作程序、持续时间和衔接关系，根据进度总目标及资源优化配置的原则编制计划并付诸实施，然后在进度计划的实施过程中，经常检查实际进度是否按计划进度要求进行，对出现的偏差情况进行分析，采取补救措施或调整、修改原计划后再付诸实施，如此循环，直到建设工程竣工验收交付使用。建设工程进度控制的最终目的是使建设项目按预定的时间动用或提前交付使用，建设工程进度控制是贯穿于工程建设的全过程、全方位的系统控制。

进度控制是工程项目建设中与质量控制、投资控制并列的三大控制之一。它们之间有着相互影响、相互依赖、相互制约的关系。监理工程师应根据工程项目的规模、工程项目的工程量、建设单位对工期的要求、建设单位的资金状况、主要设备进场计划及国家关于建设工期的定额要求、工程地质、地区气候等因素作出综合判断，合理确定最佳工期。从经济角度看，并非所有工程项目的工期越短越好。如果盲目地缩短工期，会造成工程项目财政上的极大浪费。工程项目的工期确定后，监理工程师就要根据具体的工程项目及其影响因素对工程项目的施工进度进行控制，以保证工程项目在预定工期内完成工程项目的建设任务。为贯彻落实中央城市工作会议精神和《国务院办公厅印发〈关于促进建筑业持续健康发展的意见〉》（国办发〔2017〕19 号），完善工程监理制度，更好地发挥监理作用，《国务院办公厅转发住房城乡建设部〈关于完善质量保障体系提升建筑工程品质指导意见〉的通知》（国办函〔2019〕92 号）提出"创新工程监理制度""探索工程监理企业参与监管模式"，《住房城乡建设部关于〈促进工程监理行业转型升级创新发展的意见〉》（建市〔2017〕145 号）更是对"推动监理企业依法履行职责""优化工程监理市场环境"和"强化对工程监理的监管"等方面提出了一揽子系统明确的措施，要求各省级住房城乡建设主管部门要因地制宜地制订本地区改革实施方案，细化政策措施，推进工程监理行业转型升级和创新发展。为深入贯彻党的二十大精神，落实中共中央、国务院关于工程监理行业改革工作决策部署，应促进工程监理依法履职，充分发挥工程监理在质量和安全生产中的管控作用，推动监理行业高质量发展，为保持经济社会大局稳定做出积极贡献。

5.1.2　建设工程进度控制的影响因素

工程项目的建设进度受许多因素的影响，建设单位及监理工程师应事先对影响进度的各种因素进行调查研究，预测它们对工程项目建设进度的影响，并编制可行的进度计划，指导工程项目建设工作按计划进行。工程项目按进度计划执行过程中，不可避免地会出现其他影响进度计划的因素，使工程项目难以按预定计划执行。这就要求监理工程师去协调和控制这些影响因素，掌握动态控制原理，不断进行检查，将实际情况与计划安排进行对比，找出偏离计划的主要原因，然后采取相应的措施，使工程项目按原进度计划进行或按调整后的进度计划进行。

建设工程项目具有规模大、复杂、周期长、协作单位多等特点，因而，影响工程项目的因素有很多，常见因素主要如下。

(1)建设单位因素。如建设单位使用要求改变而进行设计变更；应提供的施工场地条件不能及时提供或所提供的场地不能满足工程正常需要；不能及时向施工承包单位或材料供应商付款等。

(2)勘察设计因素。如勘察资料不准确，特别是地质资料错误或遗漏；设计内容不完善，规范应用不恰当，设计存在缺陷或错误；设计对施工的可能性未考虑或考虑不周；施工图纸供应不及时、不配套或出现重大差错；设计单位管理机构调整、人员调整，不能按要求及时解决在施工过程中出现的设计问题等。

(3)施工技术因素。如施工工艺错误；施工方案不合理；施工安全措施不当；施工单位自有资金安排不合理；不可靠技术的应用等。

(4)自然环境因素。如复杂的工程地质条件；不明的水文气象条件；地下埋藏文物的保护、处理；洪水、地震、台风等不可抗力等。

(5)组织管理因素。如向有关部门提出各种申请审批手续的延误；合同签订时遗漏条款、表达失当；计划安排不周密，组织协调不力，导致停工待料、相关作业脱节；领导不力，指挥失当，使参加工程建设的各单位、各专业、各施工过程之间交接、配合上发生矛盾等。

(6)社会环境因素。如外单位临近工程施工干扰；节假日交通、市容整顿的限制；临时停水、停电、断路；在国外常见的法律和制度变化，以及经济制裁、战争、骚乱、罢工、企业倒闭等。

(7)材料、设备因素。如材料、构配件、机具、设备供应环节的差错，品种、规格、质量、数量、时间不能满足工程的需要；特殊材料及新材料的不合理使用；施工设备不配套，选型失当，安装失误，有故障等。

(8)资金因素和政策因素等。如有关方拖欠资金，资金不到位，资金短缺；汇率浮动或通货膨胀；相关费率的政策性调整等。

建设项目的组织和管理者要有效地进行进度控制，就必须对影响进度的各种因素进行全面的分析和评估。通过影响因素的分析，一方面可促进对有利因素的充分利用和对不利因素的妥善预防及克服，使进度目标制订得更科学合理、更符合实际、更具有操作性，既积极进取又稳妥可靠；另一方面也便于事先制订预防措施，事中采取有效控制，事后进行妥善补救，达到缩小实际进度与计划进度的偏差的目的，实现对进度的主动控制和动态控制。

5.1.3 建设工程进度控制的主要任务

工程项目实施阶段控制的主要任务有设计前期的准备阶段进度控制、设计阶段进度控制和施工阶段进度控制。监理工程师在建设工程实施各阶段进度控制的主要任务包括以下三项。

1. 设计前期的准备阶段进度控制的主要任务

(1)收集有关工期信息，进行工期目标和进度控制决策。

(2)编制建设工程总进度计划。

(3)编制设计前期准备阶段的详细工作计划，并控制其执行。

(4)进行环境及施工现场条件的调查分析等。

2. 设计阶段进度控制的主要任务

(1)编制设计阶段的工作计划，并控制其执行。

(2)编制详细的出图计划，并控制其执行。

3. 施工阶段进度控制的主要任务

(1)编制施工总进度计划，并控制其执行。

(2)编制单位工程施工进度计划，并控制其执行。

(3)编制施工年、季、月实施计划，并控制其执行。

5.1.4 建设工程进度控制的内容

参与建设的各主体单位，其进度控制的内容各不相同，因为它们各自的进度控制目标不同。

1. 设计单位的进度控制内容

(1)编制设计准备工作计划、设计总进度计划和各专业设计的出图计划，确定计划工作进度目标及其实施步骤。

(2)执行各类计划，在执行中加强检查，采取相应措施排除各种障碍，包括必要时对计划进行调整或修改，保证计划的实现。

(3)为施工单位的进度控制提供设计保证，并协助施工单位实现进度控制目标。

(4)接受监理单位的设计进度监理。

2. 施工单位的进度控制内容

(1)根据合同工期目标，编制施工准备工作计划、施工方案、项目施工总进度计划和单位工程施工进度计划，以确定工作内容、工作顺序、起止时间和衔接关系，为实施进度控制提供依据。

(2)编制月(旬)作业计划和施工任务书，做好进度记录以掌握施工实际情况，加强调度工作以促成进度的动态平衡，从而使进度计划的实施取得成效。

（3）采用实际进度与计划进度对比的方法，以定期检查为主，应急检查为辅，对进度实施跟踪控制。实行进度控制报告制度，在每次检查之后，写出进度控制报告，提供给建设单位、监理单位和企业领导，作为进度控制参考。

（4）监督并协助分包单位实施其承包范围内的进度控制。对项目及阶段进度控制目标的完成情况、进度控制中的经验和问题作出总结分析，积累进度控制信息，使进度控制水平不断提高。

（5）接受监理单位的施工进度控制监理。

3. 监理单位的进度控制内容

（1）在设计前的准备阶段，向建设单位提供有关工期的信息和咨询，协助其进行工期目标和进度控制决策。

（2）进行环境和施工现场调查和分析，编制项目进度规划和总进度计划，编制设计前期准备工作的详细计划并控制其执行。

（3）发出开工通知书。

（4）审核总施工单位、设计单位、分施工单位及供应单位的进度控制计划，并在其实施过程中，通过履行监理职责，监督、检查、控制、协调各项进度计划的实施。

（5）通过核准、审批设计单位和施工单位的进度付款，对其进度实行动态间接控制。妥善处理和审核施工单位的进度索赔。

5.1.5　建设工程进度控制的措施

1. 组织措施

进度控制的组织措施主要包括以下内容。

（1）建立进度控制目标体系，明确建设工程现场监理组织机构中进度控制人员及其职责分工。

（2）建立工程进度报告制度及进度信息沟通网络。

（3）建立进度计划审核制度和进度计划实施中的检查分析制度。

（4）建立进度协调会议制度，包括协调会议举行的时间、地点和参加人员等。

（5）建立图纸审查、工程变更和设计变更管理制度。

2. 技术措施

进度控制的技术措施主要包括以下内容。

（1）审查施工单位提交的进度计划，使施工单位能在合理的状态下施工。

（2）编制进度控制工作细则，指导监理人员实施进度控制。

（3）采用网络计划技术及其他科学适用的计划方法，并结合电子计算机的应用，对建设工程进度实施动态控制。

3. 经济措施

进度控制的经济措施主要包括以下内容。

（1）及时办理工程预付款及工程进度款支付手续。

(2)对应急赶工给予优厚的赶工费。

(3)对工期提前给予奖励。

(4)对工程延误收取误期损失赔偿金。

4．合同措施

进度控制的合同措施包括以下内容。

(1)推行 CM 承发包模式，对建设工程实行分段设计、分段发包和分段施工。

(2)加强合同管理，协调合同工期与进度计划之间的关系，以保证合同进度目标的实现。

(3)严格控制合同变更，对各方提出的工程变更和设计变更，监理工程师应严格审查，而后补进合同文件中。

(4)加强风险管理，在合同中充分考虑风险因素及其对进度的影响，以及相应的处理方法等。

(5)加强索赔管理，公正地处理索赔。

5.2　建设工程进度计划的表示方法

建设工程进度计划的表示方法有很多种，一般采用横道图或网络计划技术表示。

5.2.1　横道图

横道图是结合时间坐标线，用一系列水平线段分别表示各施工过程的施工起止时间及其先后顺序，并与原计划进行对比、分析，找出偏差，及时分析原因、采取对策、纠正偏差。

横道图是以横线条图形式编制的施工进度计划，它以流水作业理论为基础进行编制。横道图表示的建设工程进度计划一般包括两个基本部分：左侧的工作名称及工作的持续时间等基本参数和右侧的横道线两个部分组成。图 5-1 所示是某桥梁工程施工进度横道计划。该计划明确表示出各项工作的划分、工作的开始时间和完成时间、工作的持续时间、工作之间的相互搭接关系，以及整个建设工程的开工时间、完工时间和总工期。

横道图形象、直观而且易于编制和理解，所以长期以来被广泛应用于建设工程进度控制之中。但是横道图也存在很多缺点。

(1)不能明确地反映出各项工作之间错综复杂的相互关系，因而在计划执行过程中，当某些工作的进度由于某种原因提前或拖延时，不便于分析其对其他工作及总工期的影响程度，不利于建设工程进度的动态控制。

(2)不能明确地反映出影响工期的关键工作和关键线路，也就无法反映出整个建设工程项目的关键所在，因而不便于进度控制人员抓住主要矛盾。

(3)不能反映出工作所具有的机动时间，看不到计划的潜力所在，无法进行最合理的组织和指挥。

(4)不能反映工程费用与工期之间的关系，因而不便于缩短工期和降低工程成本。

序号	工作名称	持续时间/d	进度/d									
			5	10	15	20	25	30	35	40	45	50
1	施工准备	5										
2	预制梁	20										
3	运输梁	2										
4	东侧桥台基础	10										
5	东侧桥台	8										
6	东侧桥台后填土	5										
7	西侧桥台基础	25										
8	西侧桥台	8										
9	西侧桥台后填土	5										
10	桥梁	7										

图 5-1　某桥梁工程施工进度横道计划

由于横道计划存在上述不足，给建设工程进度控制工作带来很大不便。即使进度控制人员在编制计划时已经充分考虑了各方面的问题，在横道图上也不能全面地反映出来，特别是当工程项目规模大、工艺关系复杂时，横道图就很难充分暴露矛盾。而且在横道计划的执行过程中，对其进行调整也十分烦琐和费时。由此可见，利用横道计划控制建设工程进度有较大的局限性。

5.2.2　网络计划技术

1. 网络图

建设工程进度计划用网络图来表示，可以使建设工程进度得到有效控制。网络图是由箭线和节点组成的，用来表示工作流程的网状图形，一个网络图表示一项计划任务。这种网络图形是表达各项工作的相互制约和相互依赖关系，并标注时间参数用以编制计划、控制进度和优化管理的方法，统称为网络计划技术。网络计划技术是目前用于控制建设工程进度的最有效工具。

网络图分为双代号网络图和单代号网络图。

（1）双代号网络图。以节点及其两端编号表示工作，以箭线表示工作之间逻辑关系的网络图称为双代号网络图。工作名称写在箭线上面，工作持续时间写在箭线下面，在箭线前后的衔接处画上节点，并以节点编号 i、j 代表一项工作，如图 5-2 所示。常用的工程双代号网络计划如图 5-3 所示。

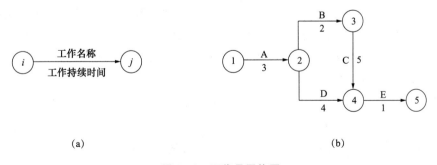

(a)　　　　　　　　　　　　　　　　(b)

图 5-2　双代号网络图

(a)工作的表示方法；(b)工程的表示方法

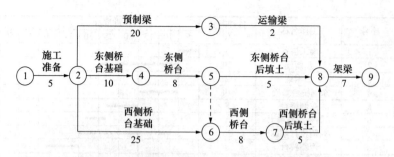

图 5-3 某桥梁工程施工进度双代号网络计划

双代号网络图的基本符号有箭线、节点及节点编号。

①箭线：网络图中一端带箭头的线即箭线，有实箭线和虚箭线两种。在双代号网络图中，箭线与其两端的节点一起表示一项工作。箭线的含义可以概括为以下几个方面：一根实箭线表示客观存在的一项工作或一个施工过程，两者之间是一一对应的关系；实箭线表示的每项工作一般都需要消耗一定的时间和资源；箭线的长度与持续时间的长短无关(时标网络除外)；箭线的方向表示工作进行的方向，箭尾表示工作的开始，箭头表示工作的结束，一般应保持自左向右的总方向；虚箭线仅表示工作之间的逻辑关系，既不消耗时间，也不耗用资源(称为虚工作)。

②节点：网络图中箭线端部的圆圈或其他形状的封闭图形就是节点。在双代号网络图中，节点表示工作之间的逻辑关系，其表达的内容概括为以下几个方面：节点表示前面工作结束和后面工作开始的瞬间；箭线的箭尾节点表示该工作的开始，箭线的箭头节点表示该工作的结束；根据节点在网络图中位置不同可分为起点节点、终点节点和中间节点。起点节点是网络图的第一个节点，表示一项任务的开始；终点节点是网络图的最后一个节点，表示一项任务的完成；除起点节点和终点节点外的节点称为中间节点，中间节点都有双重的含义，既是前面工作的箭头节点，也是后面工作的箭尾节点。

③节点编号：网络图中的每个节点都有自己的编号，代表每项工作代号，便于计算网络图的时间参数和检查网络图是否正确。节点编号必须满足以下基本规则：每个节点都应编号；编号使用数字，但不使用数字0；节点编号不应重复；节点编号可不连续；节点编号应自左向右、由小到大。

(2)单代号网络图。以节点及其编号表示工作，以箭线表示工作之间逻辑关系的网络图称为单代号网络图，即每一个节点表示一项工作。节点表示的工作代号、工作名称和持续时间等标注在节点内，如图 5-4 所示。常用的工程单代号网络计划如图 5-5 所示。

单代号网络图的基本符号也是箭线、节点和节点编号。

①箭线：在单代号网络图中，箭线既不占用时间，也不消耗资源，只表示紧邻工作之间的逻辑关系，箭线应画成水平直线、折线或斜线，箭线的箭头指向工作的进行方向，箭尾节点表示的工作为箭头节点工作的紧前工作。单代号网络图中无虚箭线。

②节点：在单代号网络图中，通常将节点画成一个圆圈或方框，一个节点代表一项工作。节点所表示的工作名称、持续时间和节点编号都标注在圆圈和方框内。

③节点编号：单代号网络图的节点编号是以一个单独编号表示一项工作，编号原则和双代

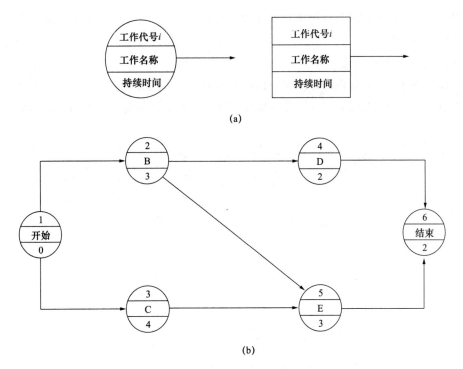

(a)

(b)

图 5-4 单代号网络图

（a）工作的表示方法；（b）工程的表示方法

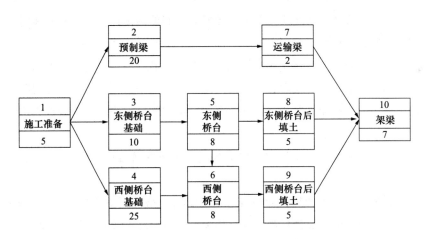

图 5-5 某桥梁工程施工进度单代号网络计划

号相同，也应从小到大、从左往右，且箭头编号大于箭尾编号。一项工作只能有一个代号，不得重号。

2. 网络计划分类

（1）按网络计划目标分类。

①单目标网络计划。单目标网络计划是指只有一个终点节点的网络计划，即网络图只有一个最终目标。如一个建筑物的施工进度计划只具有一个工期目标的网络计划。

②多目标网络计划。多目标网络计划是指终点节点不止一个的网络计划。此种网络计划具有若干个独立的最终目标。

(2)按网络计划时间表达方式分类。

①时标网络计划。时标网络计划是指以时间坐标为尺度绘制的网络计划。在网络图中，每项工作箭线的水平投影长度，与其持续时间成正比。如编制资源优化的网络计划即时标网络计划，如图5-6所示。

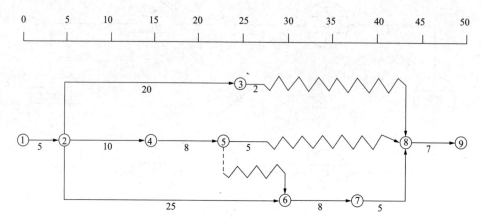

图5-6 某桥梁工程施工进度双代号时标网络计划

②非时标网络计划。非时标网络计划是指不按时间坐标绘制的网络计划。在网络图中，工作箭线长度与持续时间无关，可按需要绘制。通常，绘制的网络计划都是非时标网络计划。

(3)按网络计划层次分类。

①局部网络计划。以一个分部工程或施工段为对象编制的网络计划称为局部网络计划。

②单位工程网络计划。以一个单位工程为对象编制的网络计划称为单位工程网络计划。

③综合网络计划。以一个建筑项目或建筑群为对象编制的网络计划称为综合网络计划。

(4)按工作衔接特点分类。

①普通网络计划。工作间关系均按首尾衔接关系绘制的网络计划称为普通网络计划，如单代号、双代号和概率网络计划。

②搭接网络计划。按照各种规定的搭接时距绘制的网络计划称为搭接网络计划。此种网络图中既能反映各种搭接关系，又能反映相互衔接关系。单代号搭接网络计划如图5-7所示。

③流水网络计划。充分反映流水施工特点的网络计划。

3. 网络图的线路、关键线路、关键工作

网络图中从起点节点开始，沿箭头方向顺序通过一系列箭线与节点，最后到达终点节点的通路，称为线路。每一条线路都有自己确定的完成时间，它等于该线路上各项工作持续时间的总和，称为线路时间。

根据每条线路的线路时间长短，网络图的线路可分为关键线路和非关键线路两种。关键线路是指网络图中线路时间最长的线路，其线路时间代表整个网络图的计算总工期。关键线路至少有一条，并以粗箭线或双箭线表示。关键线路上的工作都是关键工作，关键工作都没有时间储备。

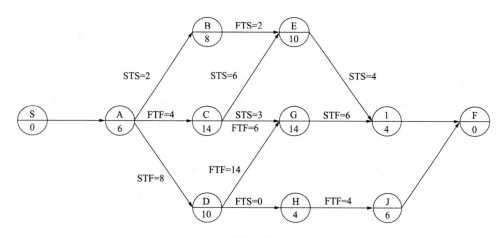

图5-7 单代号搭接网络计划

在网络图中，关键线路有时不止一条，可能同时存在几条关键线路，即这几条线路上的持续时间相同且是线路持续时间的最大值。但从管理的角度出发，为了实行重点管理，一般不希望出现太多的关键线路。

关键线路并不是一成不变的。在一定的条件下，关键线路和非关键线路可以相互转化。例如，当采用了一定的技术组织措施，缩短了关键线路上各工作的持续时间就有可能使关键线路发生转移，使原来的关键线路变成非关键线路，而原来的非关键线路却变成关键线路。

位于非关键线路的工作，除关键工作外，其余称为非关键工作，非关键工作具有机动时间（时差）。非关键工作也不是一成不变的，它可以转化为关键工作；利用非关键工作的机动时间可以科学、合理地调配资源和对网络计划进行优化。以图5-8为例，列表计算线路时间，见表5-1。

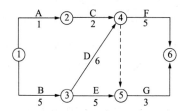

图5-8 双代号网络示意图

表5-1 线路时间

序号	线路	线长	序号	线路	线长
1	①→¹→②→²→④→⁵→⑥	8	4	①→⁵→③→⁶→④→⁰→⑤→³→⑥	14
2	①→¹→②→²→④→⁰→⑤→³→⑥	6	5	①→⁵→③→⁵→⑤→³→⑥	13
3	①→⁵→③→⁶→④→⁵→⑥	16			

由表5-1可知：图5-8中共有五条线路，其中，第三条线路即①→③→④→⑥的时间最长，为16天，这条线路即关键线路，该线路上的工作即关键工作。

4. 网络计划的特点

利用网络计划控制建设工程进度，可以弥补横道计划的许多不足。与横道计划相比，网络计划具有以下特点。

(1)网络计划能够明确表达各项工作之间的逻辑关系。所谓逻辑关系，是指各项工作之间的先后顺序关系。网络计划能够明确地表达各项工作之间的逻辑关系，对于分析各项工作之间的项目影响及处理它们之间的协作关系具有非常重要的意义，同时，也是网络计划比横道计划先进的主要特征。

(2)通过网络计划时间参数的计算，可以找出关键线路和关键工作。通过时间参数的计算，能够明确网络计划中的关键线路和关键工作，也就明确了工程进度控制中的工作重点，这对提高建设工程进度控制的效果具有非常重要的意义。

(3)通过网络计划时间参数的计算，可以明确各项工作的机动时间。所谓工作的机动时间，是指在执行进度计划时除完成任务所必需的时间外尚剩余的、可供利用的富余时间。一般除关键工作外，其他各项工作均有富余时间，可以利用这些时间来支援关键工作，或者用来优化网络计划，降低单位时间资源需求量。

(4)网络计划可以利用计算机进行计算、优化和调整。对进度计划进行优化和调整是工程进度控制工作中的一项重要内容。影响建设工程进度的因素很多，借助计算机能有效优化和调整适应实际的要求。

5.3 建设工程进度控制的原理与方法

5.3.1 进度控制的原理

进度控制的原理是在建设工程实施中不断检查和监督各种进度计划执行情况，通过连续地报告、审查、计算、比较，力争将实际执行结果与原计划之间的偏差降到最低，保证进度目标的实现。

进度控制就其全过程而言，主要工作环节首先是依进度目标的要求编制工作进度计划；其次是把计划执行中正在发生的情况与原计划比较；再次是对发生的偏差分析出现的原因；最后是及时采取措施，对原计划予以调整，以满足进度目标要求。以上4个环节缺一不可，当完成之后再开始下一个循环，直至任务结束。进度控制的关键是计划执行中的跟踪检查和调整。

1. 进度监测的系统过程

在进度计划的执行过程中，必须采取有效的监测手段进行监控，以便及时发现问题，并运用行之有效的进度调整方法来解决问题。建设工程进度监理系统过程如图5-9所示。

(1)进度计划执行中的跟踪检查。对进度计划的执行情况进行跟踪检查是计划执行信息的主要来源，是进度分析和调整的依据，也是进度控制的关键步骤。跟踪检查的主要工作是定期收集反映工程实际进度的有关数据，收集的数据应当全面、真实、可靠，不完整或不正确的进度

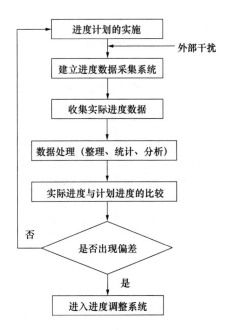

图 5-9　建设工程进度监测系统过程

数据将导致判断不准确或决策失误。为了全面、准确地掌握进度计划的执行情况，监理工程师应做好以下三个方面的工作。

①定期收集进度报表资料。进度报表是反映工程实际进度的主要方式之一。进度计划执行单位应按照进度监理制度规定的时间和报表内容，定期填写进度报表。监理工程师通过收集进度报表资料掌握工程实际进展情况。

②现场实地检查工程进展情况。派监理人员常驻现场，随时检查进度计划的实际执行情况，这样可以加强进度监测工作，掌握工程实际进度的第一手资料，使获取的数据更加及时、准确。

③定期召开现场会议。监理工程师通过与进度计划执行单位的有关人员定期召开现场会议，面对面地交谈，这样既可以了解工程实际进度状况，同时，也可以协调有关方面的进度关系。进度检查的时间间隔与工程项目的类型、规模、监理对象及有关条件等多方面因素相关，可视工程的具体情况，每月、每半月或每周进行一次检查。在特殊情况下，甚至需要每日进行一次进度检查。

(2)实际进度数据的加工处理。为了更好地进行实际进度与计划进度的比较，必须对收集到的实际进度数据进行加工处理，形成与计划进度具有可比性的数据。例如，对检查时段实际完成工作量的进度数据进行整理、统计和分析，确定本期累计完成的工作量、本期已完成的工作量占计划总工作量的百分比等。

(3)实际进度与计划进度的对比分析。将实际进度数据与计划进度数据进行对比分析，可以确定建设工程实际执行状况与计划目标之间的差距。为了直观反映实际进度偏差，通常采用表格或图形进行实际进度与计划进度的对比分析，从而得出实际进度比计划进度超前、滞后还是一致的结论。

2. 进度调整的系统过程

在建设工程实施进度监测过程中,一旦发现实际进度偏离计划进度,即出现进度偏差时,必须认真分析产生偏差的原因及其对后续工作和总工期的影响,必要时采取合理、有效的进度计划调整措施,确保进度总目标的实现。建设工程进度调整系统过程如图 5 - 10 所示。

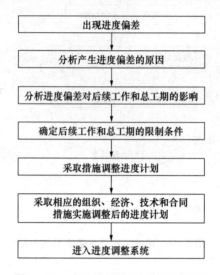

图 5 - 10　建设工程进度调整系统过程

(1)分析产生进度偏差的原因。通过实际进度与计划进度的比较,发现进度偏差时,为了采取有效措施调整进度计划,必须深入现场进行调查,分析产生进度偏差的原因。

(2)分析进度偏差对后续工作和总工期的影响。当查明进度偏差产生的原因之后,要分析进度偏差对后续工作和总工期的影响程度,以确定是否应采取措施调整进度计划。

(3)确定后续工作和总工期的限制条件。当出现的进度偏差影响到后续工作或总工期而需要采取进度调整措施时,应当首先确定可调整进度的范围,主要是指关键节点、后续工作的限制条件,以及总工期允许变化的范围。这些限制条件往往与合同条件有关,需要认真分析后确定。

(4)采取措施调整进度计划。采取进度调整措施,应以后续工作和总工期的限制条件为依据,确保要求的进度目标得到实现。

(5)实施调整后的进度计划。进度计划调整后,应采取相应的组织、经济、技术及合同措施来保证执行,并继续对其执行情况进行监测。

5.3.2　实际进度与计划进度的比较方法

实际进度与计划进度的比较是建设工程进度监测的主要环节。常用的进度比较方法有横道图、S曲线、香蕉曲线、前锋线和列表比较法等。

1. 横道图比较法

横道图比较法是指将项目实施过程中检查实际进度收集到的数据,经加工调整后直接用横道线平行绘制于原计划的横道线处,进行实际进度和计划进度的直观比较方法。采用横道图比较法,可以形象、直观地反映实际进度与计划进度的比较情况。

例如，某项目基础工程的施工实际进度与计划进度比较，如图 5-11 所示。其中，粗实线条表示该工程计划进度，虚线表示实际进度。从图中实际进度与计划进度的比较可以看出，到第 9 周末进行实际进度检查时，挖土方和做垫层两项工作已经完成；支模板按计划也应该完成，但实际只完成 75%，任务量拖欠 25%；绑钢筋按计划应该完成 60%，而实际只完成 20%，任务量拖欠 40%。

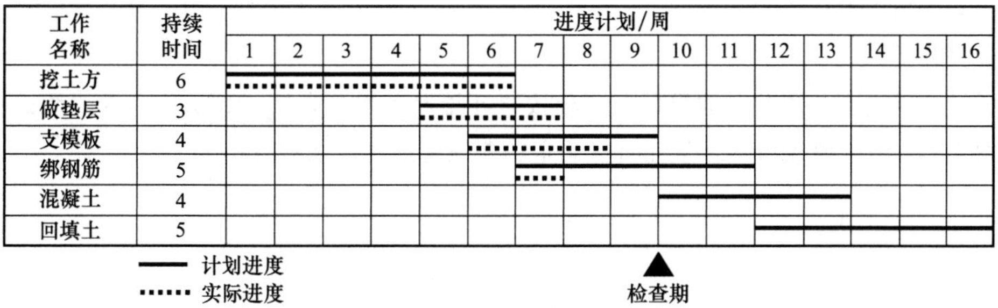

工作名称	持续时间	进度计划/周															
		1	2	3	4	5	6	7	8	9	10	11	12	13	14	15	16
挖土方	6																
做垫层	3																
支模板	4																
绑钢筋	5																
混凝土	4																
回填土	5																

——— 计划进度
·········· 实际进度
▲ 检查期

图 5-11 某项目基础工程的进度横道图比较法

通过上述记录与比较，横道图比较法为进度控制者提供了实际进度与计划进度之间的偏差，为采取调整措施提供了明确的任务。这是施工中进行进度控制经常使用的一种最简单、熟悉的方法。完成任务量可以用实物工程量、劳动消耗量和工作量等三种物理量表示，为了比较方便，一般用它们实际完成量的累计百分比与计划应完成量的累计百分比进行比较。

2. S 曲线比较法

S 曲线比较法是以横坐标表示时间，纵坐标表示累计完成任务量，绘制出一条按计划时间累计完成任务量的 S 曲线，然后将建设工程项目实施过程中的各检查时间实际累计完成任务量的 S 曲线图也绘制在同一坐标系中，进行实际进度与计划进度相比较的一种方法，如图 5-12 所示。

(1)S 曲线的绘制方法如下。

①确定工程进度速度曲线。可以根据每单位时间内完成的实物工程量或投入的劳动力与费用，计算出计划单位时间的量值 q_j，则 q_j 为离散型的。

②累计单位时间完成的工程量（或工作量）可按式(5-1)确定：

$$Q_j = \sum_{j=1}^{j} q_j \qquad (5-1)$$

式中 Q_j——某时间 j 计划累计完成的任务量；

q_j——单位时间 j 计划完成的任务量；

j——某规定计划时刻。

③绘制单位时间完成的工程量曲线和 S 曲线。

(2)通过比较实际进度 S 曲线和计划进度 S 曲线，可以获得如下信息。

①建设工程实际进展状况。如果工程实际进展点落在计划 S 曲线左侧，表明此时实际进度比计划进度超前，如图 5-12 中的 a 点；如果工程实际进展点落在 S 曲线的右侧，表明此时实际进度拖后，如图 5-12 中的 b 点；如果工程实际进展点正好落在计划 S 曲线上，则表示此时实际

进度与计划进度一致。

②建设工程实际进度超前或拖后的时间。在 S 曲线比较图中可以直接读出实际进度比计划进度超前或拖后的时间。如图 5-12 中 ΔT_a 表示 T_a 时刻实际进度超前的时间；ΔT_b 表示 T_b 时刻实际进度拖后的时间。

③建设工程实际进度超额或拖欠的任务量。在 S 曲线比较图中也可直接读出实际进度比计划进度超额或拖欠的任务量。如图 5-12 中 ΔQ_a 表示 T_a 时刻超额完成的任务量；ΔQ_b 表示 T_b 时刻拖欠的任务量。

④后期工程进度的预测。如果后期工程按原计划速度进行，则可预测出后期工程进度 S 曲线，如图 5-12 中的虚线所示，从而可以确定工期拖延预测值 ΔT。

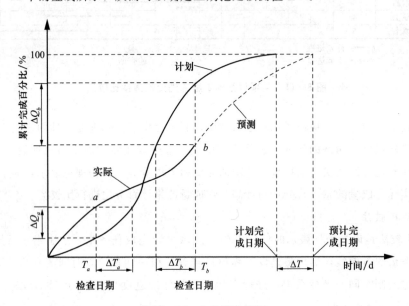

图 5-12　S 曲线比较图

3. 香蕉曲线比较法

香蕉曲线是两条 S 曲线组合成的闭合曲线。这两条曲线由 ES 曲线和 LS 曲线组合而成。其中，ES 曲线是指以各项工作的计划最早开始时间安排进度而绘制的 S 曲线；而 LS 曲线是指以各项工作的计划最迟开始时间安排进度而绘制的 S 曲线。两条 S 曲线具有相同的起点和终点，因此两条曲线是闭合的。一般情况下，ES 曲线上的其余各点均落在 LS 曲线的相应点的左侧。该闭合曲线形似"香蕉"，故称其为香蕉曲线，如图 5-13 所示。

香蕉曲线的绘制步骤如下。

(1)以工程项目的网络计划为基础，计算各项工作的最早开始时间和最迟开始时间。

(2)确定各项工作在各单位时间的计划完成任务量，分别按以下两种情况考虑。

①根据各项工作按最早开始时间安排的进度计划，确定各项工作在各单位时间的计划完成任务量。

②根据各项工作按最迟开始时间安排的进度计划，确定各项工作在各单位时间的计划完成任务量。

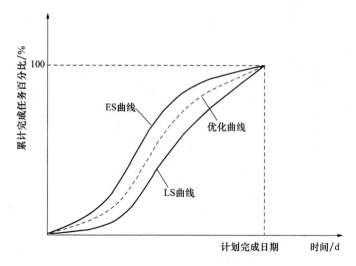

图 5-13　香蕉曲线比较图

(3)计算工程项目总任务量，即对所有工作在各单位时间计划完成的任务量累加求和。

(4)分别根据各项工作按最早开始时间、最迟开始时间安排的进度计划，确定工程项目在各单位时间计划完成的任务量，即将各项工作在某一单位时间内计划完成的任务量求和。

(5)分别根据各项工作按最早开始时间、最迟开始时间安排的进度计划，确定不同时间累计完成的任务量或任务量的百分比。

(6)绘制香蕉曲线。分别根据各项工作按最早开始时间、最迟开始时间安排的进度计划而确定的累计完成任务量或任务量的百分比描绘各点，并连接各点得到 ES 曲线和 LS 曲线，由 ES 曲线和 LS 曲线组成香蕉曲线。

香蕉曲线比较法能够直观地反映建设工程项目的实际进展情况，并可以获得比 S 曲线更多的信息。其主要作用如下。

(1)合理安排建设工程的进度计划。如果建设工程项目中的各项工作均按最早开始时间安排进度，将导致项目的投资加大；而如果各项工作都按最迟开始时间安排进度，则一旦受到进度影响因素的干扰，又将导致工期延误。因此，一个科学合理的进度计划优化曲线应处于香蕉曲线所包括的区域之内。

(2)定期比较建设工程项目的实际进度与计划进度。在工程项目的实施中，进度控制的理想状况是任意时刻按实际进度描出的点，应落在该香蕉图形的区域内。如果该实际进度点在 ES 曲线左侧，表明此时实际进度比各项工作按最早开始时间安排的计划进度超前；如果该实际进度点在 LS 曲线的右侧，表明此时实际进度比各项工作按最迟开始时间安排的计划进度拖后。

(3)预测后期建设工程的进展趋势。利用香蕉曲线可以对后期工程的进展情况进行预测，如图 5-14 所示，该工程项目在检查日实际进度超前。检查日期之后的后期工程的进度安排如图5-14 中的虚线所示，预计该建设工程项目将提前完成。

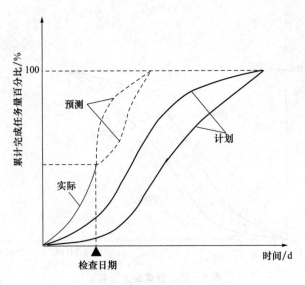

图 5 - 14　工程进展趋势预测图

4. 前锋线比较法

前锋线比较法是通过绘制某检查时刻建设工程项目实际进度前锋线，进行工程实际进度与计划进度比较的方法。它主要适用于时标网络计划。所谓前锋线是指在原时标网络计划上，从检查时刻的时标点出发，用点画线依次将各项工作实际进展位置点连接而成的折线，如图 5 - 15 所示。前锋线比较法就是通过实际进度前锋线与原进度计划中各工作箭线交点的位置来判断工作的实际进度与计划进度的偏差，进而判定该偏差对后续工作及总工期影响程度的一种方法。

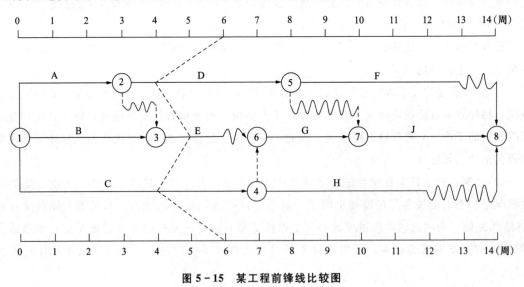

图 5 - 15　某工程前锋线比较图

通过图 5 - 15 中工程前锋线比较可以看出以下内容。

(1)工作 D 实际进度拖后 2 周，将使其后续工作 F 的最早开始时间推迟 2 周，并使总工期延长 1 周。

(2)工作 E 实际进度拖后 1 周，既不影响总工期，也不影响其后续工作的正常进行。

(3)工作 C 实际进度拖后 2 周，将使其后续工作 G、H、J 的最早开始时间推迟 2 周。由于工作 G、J 开始时间的推迟，从而使总工期延长 2 周。

综上所述，如果不采取措施加快进度，该工程项目的总工期将延长 2 周。

采用前锋线比较法进行实际进度与计划进度的比较，其步骤如下。

(1)绘制时标网络计划图。工程项目实际进度前锋线是在时标网络计划图上标示的，为清楚起见，可在时标网络计划图的上方和下方各设一时间坐标。

(2)绘制实际进度前锋线。一般从时标网络计划图上方时间坐标的检查日期开始绘制，依次连接相邻工作的实际进展位置点，最后与时标网络计划图下方坐标的检查日期相连接。

(3)比较实际进度与计划进度。前锋线明显地反映出检查日有关工作实际进度与计划进度的关系，有以下三种情况。

①工作实际进度点位置与检查日时间坐标相同，则该工作实际进度与计划进度一致。

②工作实际进度点位置在检查日时间坐标右侧，则该工作实际进度超前，超前天数为两者之差。

③工作实际进度点位置在检查日时间坐标左侧，则该工作实际进度拖后，拖后天数为两者之差。

5. 列表比较法

当工程进度计划用非时标网络图表示时，可以采用列表比较法比较工程实际进度与计划进度的偏差情况。该方法是记录检查日期应该进行的工作名称及其已经作业的时间，然后列表计算有关时间参数，并根据原有总时差和自由时差进行实际进度与计划进度比较的方法，如图 5-15 所示。工程第 10 周末进度检查情况的列表比较法见表 5-2。

表 5-2　工程进度检查比较表

工作代号	工作名称	检查计划时尚需作业周数	到计划最迟完成时尚余周数	原有总时差	尚有总时差	情况判断
5-8	F	4	4	1	0	拖后 1 周，但不影响工期
6-7	G	1	0	0	-1	拖后 1 周，影响工期 1 周
4-8	H	3	4	2	1	拖后 1 周，但不影响工期

采用列表比较法进行实际进度与计划进度的比较，其步骤如下。

(1)对于实际进度检查日期应该进行的工作，根据已经作业的时间，确定其尚需作业时间。

(2)根据原进度计划计算检查日期应该进行的工作从检查日期到原计划最迟完成时尚余时间。

(3)计算工作尚有总时差，其值等于工作从检查日期到原计划最迟完成时间尚余时间与该工作尚需作业时间之差。

(4)比较实际进度与计划进度，可能有以下几种情况。

①如果工作尚有总时差与原有总时差相等，说明该工作实际进度与计划进度一致。

②如果工作尚有总时差大于原有总时差，说明该工作实际进度超前，超前的时间为两者之差。

③如果工作尚有总时差小于原有总时差，且仍为非负值，说明该工作实际进度拖后，拖后

的时间为两者之差，但不影响总工期。

④如果工作尚有总时差小于原有总时差，且为负值，说明该工作实际进度拖后，拖后的时间为两者之差，此时工作实际进度偏差将影响总工期。

5.3.3 施工进度计划的调整方法

项目施工进度计划的调整是根据检查结果，分析实际进度与计划进度之间产生的偏差及原因，采取积极有效措施予以补救，对计划进度进行适时修正，最终确保计划进度指标得以实现的过程。

1. 分析进度偏差对后续工作及总工期的影响

在工程项目实施过程中，偏差的大小及其所处的位置不同，对后续工作和总工期的影响程度也不同。分析的方法主要是利用网络计划中总时差和自由时差的概念进行判断。由时差概念可知，当偏差小于该工作的自由时差时，对工作计划无影响；当偏差大于自由时差，而小于总时差时，对后续工作的最早开工时间有影响，对总工期无影响；当偏差大于总时差时，对后续工作和总工期都有影响。具体分析步骤如下。

(1)分析出现进度偏差的工作是否为关键工作。如果出现进度偏差的工作位于关键线路上，即该工作为关键工作，则无论其偏差有多大，都将对后续工作和总工期产生影响，必须采取相应的调整措施；如果出现偏差的工作是非关键工作，则需要根据进度偏差值与总时差和自由时差的关系作进一步分析，以确定对后续工作和总工期的影响程度。

(2)分析进度偏差是否大于总时差。如果工作的进度偏差大于该工作的总时差，则说明此偏差必将影响后续工作和总工期，必须采取相应的调整措施；如果工作的进度偏差未超过该工作的总时差，说明此偏差对总工期无影响。但它对后续工作的影响程度，还需要根据此偏差值与其自由时差的比较情况来确定。

(3)分析进度偏差是否大于自由时差。如果工作的进度偏差大于该工作的自由时差，则说明此偏差对后续工作产生影响，此时应根据后续工作的允许影响程度来确定如何调整；如果工作的进度偏差未超过该工作的自由时差，说明此偏差对后续工作无影响，则原进度计划可以不作调整。

进度偏差的分析判断过程如图5-16所示，进度控制人员可以根据进度偏差的影响程度，制订相应的纠偏措施进行调整，以获得符合实际进度情况和计划目标的新进度计划。

2. 进度计划的调整方法

当实际进度偏差影响到后续工作和总工期，需要调整进度计划时，其调整方法主要有以下几种。

(1)改变某些工作之间的逻辑关系。当建设工程项目实施过程中产生的进度偏差影响到后续工作，且有关后续工作之间的逻辑关系允许改变，此时可以改变关键线路和超过计划工期的非关键线路上的有关后续工作之间的逻辑关系，如将顺序进行的工作改为平行作业、搭接作业、分段组织流水作业等，都可以达到缩短工期的目的。

(2)缩短某些工作的持续时间。缩短某些工作持续时间的方法不改变工作之间的逻辑关系，

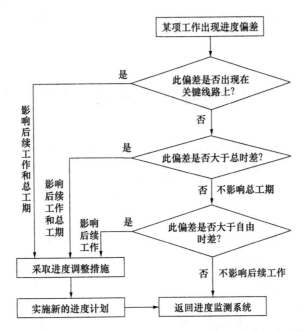

图 5-16 进度偏差对后续工作及总工期的影响分析过程图

而是缩短某些工作的持续时间，使施工进度加快，并保证实现计划工期的方法。这些被压缩持续时间的工作是位于关键线路和超过计划工期的非关键线路上的工作，同时，这些工作又是可压缩时间的工作。这种方法实际上就是网络计划优化中的工期优化方法和工期与费用优化方法。可以采取的措施具体包括以下五种。

①研究后续各工作持续时间压缩的可能性及其极限工作持续时间。

②确定由于计划调整，采取必要措施，而引起的各工作的费用变化率。

③选择直接引起拖期的工作及紧后工作优先压缩，以免拖期影响扩大。

④选择费用变化率最小的工作优先压缩，以求花费最小代价，满足既定工期要求。

⑤综合考虑③、④，确定新的调整计划。

3. 调整资源供应

对于因资源供应发生异常而引起的进度计划执行问题，应采用资源优化方法对计划进行调整，或采取应急措施，使其对工期的影响最小。

4. 增减施工内容

增减施工内容应做到不打乱原计划的逻辑关系，只对局部逻辑关系进行调整。在增减施工内容以后，应重新计算时间参数，分析对原网络计划的影响。当对工期有影响时，应采取调整措施，保证计划工期不变。

5. 增减工程量

增减工程量主要是指改变施工方案、施工方法，从而导致工程量的增加或减少。

6. 改变起止时间

起止时间的改变应在相应的工作时差范围内进行，如延长或缩短工作的持续时间，或将工作在最早开始时间和最迟完成时间范围内移动。每次调整必须重新计算时间参数，观察该项调整对整个施工计划的影响。

5.4 建设工程施工阶段的进度控制

施工阶段是建设工程实体的形成阶段，对该阶段进行有效控制是整个建设工程建设进度控制的重点。做好施工进度计划与项目建设总进度计划的衔接，并跟踪检查施工进度计划的执行情况，在必要时对施工进度计划进行调整，对于工程建设进度控制总目标的实现具有十分重要的意义。

监理工程师在工程建设施工阶段实施监理，其进度控制的总任务就是在满足建设工程建设总进度计划要求的基础上，编制或审核施工进度计划，并对其执行情况加以动态控制，以保证建设工程项目按期竣工交付使用。

5.4.1 施工阶段进度控制的基本原则

1. 动态控制原则

建设工程进度控制尤其是进入实质性施工阶段，它是从项目施工开始，实际进度就进入了运动的轨迹，也就是计划进入执行的动态。实际进度按照计划进度进行时，两者相吻合；当实际进度与计划进度不一致时，便产生超前或落后的偏差，此时分析偏差产生的原因，采取相应的措施，调整原来的计划，使两者在新的起点上重合，继续按其进行施工活动，并且尽量发挥组织管理的作用，使实际工作按计划进行。但是在新的干扰因素作用下，又有可能产生新的偏差，需要继续控制，施工进度控制就是采用这种动态循环的控制方法。

2. 系统原则

为了对施工项目实行进度控制，首先必须编制施工项目的各种进度计划。其中，有施工项目总进度计划、单位工程进度计划、分部分项工程进度计划、季度和月（周）作业计划，这些计划组成一个施工项目进度计划系统。计划的编制对象由大到小，计划的内容从粗到细，从总体计划到局部计划，逐层进行控制目标分解，保证计划控制目标的落实，形成了项目的计划系统。其次，施工项目实施过程中的各专业队伍都是遵照计划规定的目标去努力完成一个个任务的，项目涉及的各个相关主体、各类不同人员，需要建立组织体系，形成一个完整的项目实施组织系统。最后，为了保证施工项目进度实施，自上而下都应设有专门的职能部门或人员负责项目的检查、统计、分析及调整等工作。当然，不同层次人员承担不同进度控制责任，相互分工协作，形成一个纵横相连的项目进度控制系统。所以，无论是控制对象，还是控制主体；无论是进度计划，还是控制活动，都是一个完整的系统。进度控制实际上就是用系统的理论和方法解决问题。

3. 封闭循环原则

项目进度控制的全过程是计划—实施—检查—比较分析—确定调整措施—修改再计划等一

种循环的活动。这些活动形成了一个封闭的循环系统,进度控制过程就是在这种封闭循环中不断运行的过程。

4. 信息反馈原则

信息是项目进度控制的依据,项目的进度计划信息从上到下传递给项目实施相关部门及人员,以使计划得以贯彻落实。项目的实际进度信息则通过基层施工项目进度控制的工作人员,自下而上逐级反馈到各有关部门和人员,以供分析并作出决策和调整,使进度计划仍能符合预定工期目标。为此需要建立信息系统,以便不断地传递和反馈信息,所以,项目进度控制的过程也是一个信息传递和反馈的过程。

5. 弹性原则

施工项目一般工期长且影响因素多,这就要求计划编制人员能根据统计经验估计各种因素的影响程度和出现的可能性,并在确定进度目标时进行目标的风险分析,从而使进度计划留有余地,即使计划具有一定的弹性。在控制项目进度时,可以利用这些弹性缩短工作的持续时间,或改变工作之间的搭接关系,以使项目最终能实现拟定的工期目标。

6. 网络计划技术原则

网络计划技术是用网络计划对任务的工作进度进行安排和控制,保证实现预定目标的科学计划管理技术。它不仅可以用于编制进度计划,而且可以用于计划的改进、优化、管理和控制。利用网络计划的工期优化、工期与成本优化和资源优化等理论调整计划,实现拟定的工期目标、费用目标和资源目标。网络计划技术原理是复杂项目进度控制的完整计划管理和分析计算的理论基础。

5.4.2　施工阶段进度控制目标的确定

1. 施工阶段进度控制目标体系及其分解

建设工程不但要保证按期建成交付使用的这个总目标,还要有各单位工程交工动用的分目标,以及按施工承包单位、施工阶段和不同计划期划分的分目标。各目标之间相互联系,共同构成建设工程施工进度控制目标体系。其中,下级目标受上级目标的制约,下级目标保证上级目标,最终保证施工进度总目标的实现。

为了有效地控制施工进度,首先要对施工进度总目标从不同角度进行层层分解,形成施工进度控制目标体系,从而作出实施进度控制的依据。

(1)按项目组成分解,确定各单项工程开工及交工动用日期。各单项工程的进度目标在工程项目建设总进度计划及建设年度计划中都有体现。在施工阶段应进一步明确各单项工程的开工和交工动用日期,以确保施工总进度目标的实现。

(2)按施工单位分解,明确分工条件和承包责任。在一个单项工程中有多个施工单位参加施工时,应按施工单位将单位工程的进度目标分解,确定出各分包单位的进度目标,列入分包合同,以便落实分包责任,并根据各专业工程交叉施工方案和前后衔接条件,明确不同施工单位工作面交接的条件和时间。

(3)按施工阶段分解,划定进度控制分界点。根据建设工程的特点,应将其施工分成几个阶段。每一阶段的起止时间都要有明确的标志，特别是不同单位承包的不同施工段之间，更要明确划定时间分界点，以此作为形象进度的控制标志，从而使单位工程动用目标具体化。

（4）按计划期分解，组织综合施工。将建设工程的施工进度控制目标按年度、季度、月（或旬）进行分解，并用实物工程量、货币工作量及形象进度表示，将更有利于监理工程师明确对各施工单位的进度要求。同时，还可以据此监督其实施，检查其完成情况。计划期越短，进度目标越细，进度跟踪就越及时，发生进度偏差时也就更能有效地采取措施予以纠正。这样，就形成一个有计划、有步骤协调施工、长期目标对短期目标自上而下逐级控制、短期目标对长期目标自下而上逐级保证、逐步趋近进度总目标的局面，最终达到建设工程按期竣工交付使用的目的。

2. 施工进度控制目标的确定

为了提高进度计划的预见性和进度控制的主动性，在确定施工进度控制目标时，必须全面细致地分析与建设工程进度有关的各种有利因素和不利因素。只有这样，才能制订出一个科学、合理的进度控制目标。确定施工进度控制目标的主要依据有工程建设总进度目标对施工工期的要求；工期定额、类似建设工程的实际进度；工程难易程度和工程条件的落实情况等。

在确定施工进度分解目标时，还要考虑以下几个方面。

（1）对于大型工程建设项目，应根据尽早提供可动用单元的原则，集中力量分期分批建设，以便尽早投入使用，尽快发挥投资效益。这时，为保证每一动用单元能形成完整的生产能力，就要考虑这些动用单元交付使用时所必需的全部配套项目。因此，要处理好前期动用和后期建设的关系、每期工程中主体工程与辅助及附属工程之间的关系等。

（2）合理安排土建与设备的综合施工。要按照它们各自的特点，合理安排土建施工与设备基础、设备安装的先后顺序及搭接、交叉或平行作业，明确设备工程对土建工程的要求和土建工程为设备工程提供施工条件的内容及时间。

（3）结合本工程的特点，参考同类工程建设的经验来确定施工进度目标。避免只按主观愿望盲目确定进度目标，从而在实施过程中造成进度失控。

（4）做好资金供应能力、施工力量配备、物资（材料、构配件、设备）供应能力与施工进度需要的平衡工作，确保工程进度目标的要求而不使其落空。

（5）考虑外部协作条件的配合情况。包括施工过程中及项目竣工动用所需的水、电、气、通信、道路及其他社会服务项目的程序和满足时间。它们必须与有关项目的进度目标相协调。

（6）考虑建设工程所在地区地形、地质、水文、气象等方面的限制条件。

总之，要想对建设工程的施工进度实施控制，就必须有明确、合理的进度目标（进度总目标和进度分目标），否则控制便失去了意义。

5.4.3 施工进度控制监理工程师的职责与权限

1. 施工进度控制监理工程师的职责

监理工程师的职责可概括为监督、协调和服务，在监督的过程中做好协调和服务，确保施工进度按合同工期实现。

（1）控制工程项目施工总进度计划的实现，并做好各阶段进度目标的控制。审批施工单位呈报的单位工程进度计划。

（2）根据施工单位完成施工进度的状况，签署月进度支付凭证。

（3）向施工单位及时提供施工图纸及有关技术资料，并及时提供由建设单位负责供应的材料和机械设备等。

（4）组织召开进度协调会议，协调好各施工单位之间的施工安排，尽可能减少相互干扰，以保证施工进度计划顺利实现。

（5）定期向建设单位提交工程进度报告，做好各种施工进度记录，并保管与整理好各种报告、批示、指令及其他有关资料。

（6）组织阶段验收与竣工验收，公正合理地处理好施工单位的工期索赔要求。

2．施工进度控制监理工程师的权限

根据国际惯例和我国有关规定，施工进度控制监理工程师有以下权限。

（1）适时下达开工令，按合同规定的日期开工与竣工。施工单位在收到中标通知书后的较短时间内，必须尽快向监理工程师提交施工进度计划，经过审查、修改、批准后，监理工程师便可下达开工通知。在进度计划的实施过程中，应经常地、定期地检查施工进度进展情况，一旦发现偏差，及时采取纠正措施，必要时可下达赶工令，以保证工程项目按合同规定的日期竣工。

（2）施工组织设计的审定权。监理工程师应对施工组织设计进行审查，提出修改意见及择优批准最终方案以指导施工实践。

（3）修改设计的建议及设计变更签字权。由于施工过程中情况多变或原设计方案、施工图存在不合理现象，经技术论证后认为有必要优化设计时，监理工程师有权建议设计单位修改设计。所有的设计变更必须征得监理工程师的批准签字认可后方可施工。

（4）工程付款签证权。未经监理工程师签署付款凭证，建设单位将拒付施工单位的施工进度、备料、购置、设备、工程结算等款项。

（5）下达停工令和复工令。由于业主的原因或施工条件发生较大变化而导致必须停工时，监理工程师有权发布停工令。在符合合同要求时也有权发布复工令，对于承包商出现的不符合质量标准、规范、图纸等要求的施工，监理工程师有权签发整改通知单，限期整改，整改不力的在报请总监理工程师同意后可签发停工通知单，直至整改验收合格后才准许复工。

（6）索赔费用的核定权。由非承包商原因而造成的工期拖延及费用的增加，承包商有权向业主提出工期索赔，监理工程师有权核定索赔的依据和索赔费用的金额。

（7）工程验收签字权。当分部分项工程或隐蔽工程完工后，应经监理工程师组织验收，并签发验收证后方可继续施工，注意避免出现承包商因抢施工进度而不经验收就继续施工的情况发生。

5.4.4　影响施工进度的因素

为了对建设工程的施工进度进行有效的控制，监理工程师必须在施工进度计划实施之前对影响建设工程施工进度的因素进行分析，进而提出保证施工进度计划实施成功的措施，以实现对建设工程施工进度的主动控制。影响建设工程施工进度的因素有很多，归纳起来，主要有以下几个方面。

（1）工程建设相关单位的影响。影响建设工程施工进度的单位不只是施工承包单位。事实上，只要是与工程建设有关的单位（如政府有关部门、建设单位、设计单位、物资供应单位、资金贷款单位，以及运输、通信、供电等部门等），其工作进度的拖后必将对施工进度产生影响。因此，控制施工进度仅仅考虑施工单位是不够的，必须充分发挥监理的作用，协调各相关单位之间的进度关系。而对于那些无法进行协调控制的进度关系，在进度计划的安排中应留有足够的机动时间。

（2）物资供应进度的影响。施工过程中需要的材料、构配件、机具和设备等，如果不能按期运抵施工现场或运抵施工现场后，发现其质量不符合有关标准的要求，都会对施工进度产生影响。因此，监理工程师应严格把关，采取有效措施控制好物资供应进度。

（3）资金的影响。工程施工的顺利进行必须有足够的资金作为保障。一般来说，资金的影响主要来自建设单位，或者是由于没有及时给足工程预付款，或者是由于拖欠了工程进度款，这些都会影响到施工单位流动资金的周转，进而殃及施工进度。监理工程师应根据建设单位的资金供应能力，安排好施工进度计划，并督促建设单位及时拨付工程预付款和工程进度款，以免因资金供应不足而拖延进度，导致工期索赔。

（4）设计变更的影响。在施工过程中，出现设计变更是难免的，或者是由于原设计有问题需要修改，或者是由于建设单位提出了新的要求。监理工程师应加强图纸审查，严格控制工程变更，特别应对建设单位的变更要求引起重视。

（5）施工条件的影响。在施工过程中一旦遇到气候、水文、地质及周围环境等方面的不利因素，必然会影响到施工进度。此时，施工单位应利用自身的技术组织能力予以克服。而监理工程师则应积极疏通关系，协助施工单位解决那些自身不能解决的问题。

（6）各种风险因素的影响。风险因素包括政治、经济、技术及自然等方面的各种不可预见的因素。政治方面的有战争、动乱、罢工、拒付债务、制裁等；经济方面的有延迟付款、汇率浮动、换汇控制、通货膨胀、分包单位违约等；技术方面的有工程事故、试验失败、标准变化等；自然方面的有地震、洪水等。监理工程师必须对各种风险因素进行分析，提出控制风险、减少风险损失及对施工进度有影响的措施，并对发生的风险事件给予恰当的处理。

（7）施工单位自身管理水平的影响。施工现场的情况千变万化，如果施工单位的施工方案不当、计划不周、管理不善或解决问题不及时，都会影响建设工程的施工进度。施工单位应通过分析、总结吸取教训，及时改进。而监理工程师应提供服务，协助施工单位解决问题，以确保施工进度控制目标的实现。

正是上述因素的影响，使施工阶段的进度控制显得非常重要。在施工进度计划的实施过程中，监理工程师一旦掌握了工程的实际进展情况及产生问题的原因，其相应的影响是可以得到控制的。自然灾害等是无法避免的，但在大多数情况下，其损失是可以通过有效的进度控制而得到弥补的。

5.4.5 施工阶段进度控制工作内容

建设工程施工进度控制工作流程如图5-17所示。

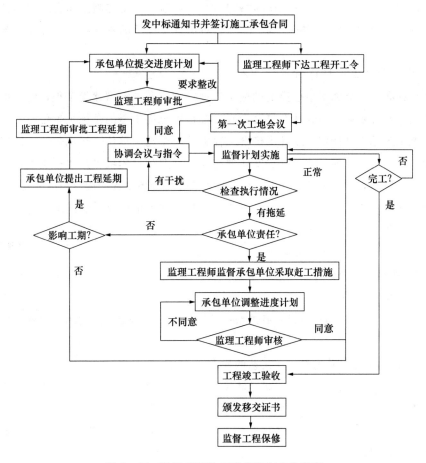

图5-17 建设工程施工进度控制工作流程

建设工程施工进度控制工作从审核施工单位提交的施工进度计划开始，直至建设工程保修期满为止。其工作内容主要如下。

1. 编制施工进度控制工作实施细则

施工进度控制工作实施细则是在监理规划的指导下，由项目监理机构中进度控制部门的专业监理工程师负责编制的更具有实施性和操作性的监理业务文件，主要包括以下内容。

(1)施工进度控制目标分解图。

(2)施工进度控制的主要工作内容和深度。

(3)进度控制人员的职责分工。

(4)与进度控制有关的各项工作的时间安排及工作流程。

(5)进度控制的方法(包括进度检查周期、数据收集方式、进度报表格式、统计分析方法等)。

(6)进度控制的具体措施(包括组织措施、技术措施、经济措施及合同措施等)。

(7)施工进度控制目标实现的风险分析。

(8)尚待解决的有关问题。

事实上，施工进度控制工作实施细则是对监理规划中有关进度控制内容的进一步深化和补充。如果将监理规划比作开展监理工作的"初步设计"，施工进度控制工作实施细则就可以看成开展建设工程进度控制工作的"施工图设计"，它对监理工程师的进度控制实务工作起着具体的指导作用。

2．编制或审核施工进度计划

监理工程师必须审核施工单位提交的施工进度计划。对于大型建设工程，由于单位工程较多、施工工期长，且采取分期分批发包又没有一个负责全部工程的总施工单位时，监理工程师就要负责编制施工总进度计划；或者当建设工程由若干个施工单位平行承包时，监理工程师也有必要编制施工总进度计划。施工总进度计划应确定分期分批的项目组成；各批建设工程的开工、竣工顺序及时间安排；全场性准备工程，特别是首批准备工程的内容与进度安排等。

当建设工程有总施工单位时，监理工程师只需对总施工单位提交的施工总进度计划进行审核即可。而对于单位工程施工进度计划，监理工程师只负责审核而不需要编制。

施工进度计划审核的内容主要有以下几个方面。

(1)进度安排是否符合建设工程建设总进度中总目标和分目标的要求，是否符合施工合同中开、竣工日期的规定。

(2)施工总进度计划中的项目是否有遗漏，分期施工是否满足分批动用的需要和配套动用的要求。

(3)施工顺序的安排是否符合施工工艺的要求。

(4)劳动力、材料、构配件、施工机具和设备等生产要素的供应计划是否能保证施工进度计划的实现，供应是否均衡，需求高峰期是否有足够能力实现计划供应。

(5)总包、分包单位各自编制的各项单位工程施工进度计划之间是否相协调，专业分工与计划衔接是否明确合理。

(6)建设单位负责提供的资金、施工图纸、施工场地、采供的物资等施工条件，在施工进度计划中安排得是否明确、合理，是否有因建设单位违约而导致工程延误和费用索赔的可能性。

如果监理工程师在审查施工进度计划的过程中发现问题，应及时向施工单位提出书面修改意见(也称"整改通知书")，并协助施工单位修改。其中重大问题应及时向建设单位汇报。

3．按年、季、月编制工程综合计划

监理工程师在编制进度计划时，应着重解决各施工单位施工进度计划之间、施工进度计划与资源(包括资金、设备、机具、材料及劳动力)保障计划之间及外部协作条件的延伸性计划之间的综合平衡与相互衔接问题。并根据上期计划的完成情况对本期计划作出必要的调整，从而作为施工单位近期执行的指令性计划。

4．下达工程开工令

监理工程师应根据施工单位和建设单位双方关于工程开工的准备情况，选择合适的时机发布工程开工令。为了检查双方的准备情况，在一般情况下应由监理工程师组织召开有建设单位和施工单位参加的第一次工地会议。工程开工令的发布，要尽可能及时，因为从发布工程开工令之日算起，加上合同工期后即工程竣工日期。如果开工令发布拖延，就等于推迟了竣工时间，甚至可能引起施工单位的索赔。

5. 协助施工单位实施进度计划

监理工程师要随时了解施工进度计划执行过程中所存在的问题，并帮助施工单位予以解决，特别是施工单位无力解决的内外关系协调问题。

6. 监督施工进度计划的实施

监理工程师不仅要及时检查施工单位报送的施工进度报表和分析资料，同时，还要进行必要的现场实地检查，核实所报送的已完项目时间及工程量，杜绝虚报现象。

在对工程实际进度资料进行整理的基础上，监理工程师应将其与计划进度相比较，以判定实际进度是否出现偏差。如果出现进度偏差，监理工程师应进一步分析此偏差对进度控制目标的影响程度及其产生的原因，以便研究对策、提出纠偏措施。必要时还应对后期工程进度计划作出适当的调整。

7. 组织现场协调会

监理工程师应每月、每周定期组织召开不同层级的现场协调会议，以解决工程施工过程中的相互协调配合问题。

在每月召开的高级协调会上通报建设工程建设的重大变更事项，协商其后果处理，解决各个施工单位之间，以及建设单位与施工单位之间的重大协调配合问题；在每周召开的管理层协调会上，通报各自进度状况、存在的问题及下周的安排，解决施工中的相互协调配合问题。通常包括各施工单位之间的进度协调问题；场地与公用设施利用中的矛盾问题；某一方面断水、断电、断路、开挖要求对其他方面影响的协调问题，以及资源保障、外协条件配合问题等。

在平行、交叉施工单位多，工序交接频繁且工期紧迫的情况下，现场协调会甚至需要每日召开。在会上通报和检查当天的工程进度，确定薄弱环节，部署当天的赶工任务，以便为次日正常施工创造条件。

对于某些未曾预料的突发变故或问题，监理工程师还可以通过发布紧急协调指令，督促有关单位采取应急措施维护工程施工的正常秩序。

8. 签发工程进度款支付凭证

监理工程师应对施工单位申报的已完分项工程量进行核实，在质量控制人员通过检查验收后，签发工程进度款支付凭证。

9. 审批工程延期

监理工程师应按照合同的有关规定，公正地区分工期延误和工程延期，并合理地批复工期延期时间。

造成工程进度拖延的原因有两个方面：一方面是由于施工单位自身的原因所造成的进度拖延，称为工期延误；另一方面是由于施工单位以外的原因所造成的进度拖延，称为工程延期。

(1)工期延误。当出现工期延误时，监理工程师有权要求施工单位采取有效措施加快施工进度。如果经过一段时间后，实际进度没有明显改进，仍然拖后于计划进度，而且显然将影响工程按期竣工时，监理工程师应要求施工单位修改进度计划，提交监理工程师重新确认。而监理工程师对进度计划的确认，并不能解除施工单位应负的一切责任，施工单位需要承担赶工的全部额外开支和误期损失赔偿。

(2)工程延期。如果由于施工单位以外的原因造成工期拖延，施工单位有权提出延长工期的申请。监理工程师应根据合同规定，审批工程延期时间。经监理工程师核实批准的工程延期时间，应纳入合同工期，作为合同工期的一部分。即新的合同工期应等于原定的合同工期加上监理工程师批准的工程延期时间。

监理工程师对于施工进度的拖延，是否批准为工程延期，对施工单位和建设单位都十分重要。如果施工单位得到监理工程师批准的工程延期，不仅可以不赔偿由于工期延长而支付的误期损失费，而且还要由建设单位承担由于工期延长所增加的费用。因此，监理工程师应按照合同的有关规定，公正地区分工程延误和工程延期，并合理地批准工程延期的时间。

10. 向建设单位提供进度报告

监理工程师应随时整理进度资料，并做好工程记录，定期向建设单位提交工程进度报告。

11. 督促施工单位整理技术资料

监理工程师要根据工程进展情况，督促施工单位及时整理有关技术资料。

12. 签署工程竣工报验单、提交质量评估报告

当单位工程达到竣工验收条件后，施工单位在自行预验的基础上提交工程竣工报验单，申请竣工验收后，监理工程师应对竣工资料及工程实体进行全面检查。验收合格后，签署工程竣工报验单，并向建设单位提交质量评估报告。

13. 整理工程进度资料

在工程完工以后，监理工程师应将工程进度资料收集起来，进行归类、编目和建档，以便为今后其他类似建设工程的进度控制提供参考。

14. 工程移交

监理工程师应督促施工单位办理工程移交手续，颁发工程移交证书。在工程移交后的保修期内，还要处理验收后有关质量问题的原因及责任等争议问题，并督促责任单位及时修理。当保修期结束且再无争议时，建设工程进度控制的任务即告完成。

5.4.6 施工进度计划的编制与审查

施工进度计划是表示各项工程(单位工程、分部工程或分项工程)的施工顺序、开始和结束时间，以及相互衔接关系的计划。它既是施工单位进行现场施工管理的核心指导文件，也是监理工程师实施进度控制的依据。施工进度计划通常是按工程对象编制。

1. 施工总进度计划的编制

编制施工总进度计划的依据有施工总方案、资源供应条件、各类定额资料、合同文件、建设工程建设总进度计划、工程动用时间目标、建设地区自然条件及有关技术经济资料等。施工总进度计划的编制步骤如下。

(1)计算工程量。根据批准的建设工程一览表，按单位工程分别计算其主要实物工程量，不仅是为了编制施工总进度计划，而且还为了编制施工方案、选择施工运输机械，初步规划主要施工过程的流水，以及计算人工、施工机械及建筑材料的需要量。因此，工程量只需粗略地计算即可。

工程量的计算可按初步设计（或扩大初步设计）图纸和有关定额手册或资料进行。常用的定额/资料如下。

①每万元、每10万元投资工程量、劳动量及材料消耗扩大指标。

②概算指标和扩大结构定额。

③已建成的类似建筑物、构筑物的资料。

（2）确定各单位工程的施工期限。各单位工程的施工期限应根据合同工期确定，同时，还要考虑建筑类型、结构特征、施工方法、施工管理水平、施工机械化程度及施工现场条件等因素。如果在编制施工总进度计划时没有合同工期，则应保证计划工期不超过工期定额。

（3）确定各单位工程的开、竣工时间和相互搭接关系。确定各单位工程的开、竣工时间和相互搭接关系主要应考虑以下几点。

①同一时期施工的项目不宜过多，以避免人力、物力过于分散。

②尽量做到均衡施工，以使劳动力、施工机械和主要材料的供应在整个工期范围内达到均衡。

③尽量提前建设可供工程施工使用的永久性工程，以节省临时工程费用。

④急需和关键的工程先施工，以保证建设工程如期交工。对于某些技术复杂、施工周期较长、施工困难较多的工程，也应安排提前施工，以利于整个建设工程按期交付使用。

⑤施工顺序必须与主要生产系统投入生产的先后次序相吻合。同时还要安排好配套工程的施工时间，以保证建成的工程能迅速投入生产或交付使用。

⑥应注意季节对施工顺序的影响。不因施工季节导致工期拖延，不影响工程质量。

⑦安排一部分附属工程或零星项目作为后备项目，用以调整主要项目的施工进度。

⑧保证主要工种和主要施工机械能连续施工。

（4）编制初步施工总进度计划。施工总进度计划应安排全工地性的流水作业。全工地性的流水作业安排应以工程量大、工期长的单位工程为主导，组织若干条流水线，并以此带动其他工程。施工总进度计划既可以用横道图表示，也可以用网络图表示。因为采用网络计划技术控制工程进度更加有效，所以人们更多地开始采用网络图来表示施工总进度计划。

（5）编制正式施工总进度计划。初步施工总进度计划编制完成后，要对其进行检查。主要是看总工期是否符合要求，资源是否均衡且其供应是否能得到保证。如果出现问题，则应进行调整。调整的主要方法是改变某些工程的起止时间或调整主导工程的工期。如果是网络计划，则可以利用电子计算机分别进行工期优化、费用优化及资源优化。当初步施工总进度计划经过调整符合要求后，即可编制正式的施工总进度计划。

正式的施工总进度计划确定后，应据以编制劳动力、物资、大型施工机械等资源的需用量计划，以便组织供应，保证施工总进度计划的实现。

2. 单位工程施工进度计划的编制

单位工程施工进度计划是在既定施工方案的基础上，根据规定的工期和各种资源供应条件，对单位工程中的各分部分项工程的施工顺序、施工起止时间及衔接关系进行合理安排的计划。

单位工程施工进度计划的编制步骤如下。

(1)收集编制依据。

(2)划分工作项目。

(3)确定施工顺序。

(4)计算工程量。

(5)计算劳动量和机械台班数。

(6)确定工作项目的持续时间。

(7)绘制施工进度计划图。

(8)施工进度计划的检查与调整。

3.项目监理机构对施工进度计划的审查

在工程项目开工前,项目监理机构应审查施工单位报审的施工总进度计划和阶段性施工进度计划,提出审查意见,并应由总监理工程师审核后报建设单位。

施工进度计划审查应包括下列基本内容。

(1)施工进度计划是否符合施工合同中工期的约定。

(2)施工进度计划中主要工程项目有无遗漏,是否满足分批投入试运、分批动用的需要,阶段性施工进度计划是否满足总进度控制目标的要求。

(3)施工顺序的安排是否符合施工工艺要求。

(4)施工人员、工程材料、施工机械等资源供应计划是否满足施工进度计划的需要。

(5)施工进度计划是否符合建设单位提供资金、施工图、施工场地、物资等施工条件。

5.5 建设工程施工阶段计划实施中的检查与调整

施工进度计划由施工单位编制完成后,应提交给监理工程师审查,待监理工程师审查确认后即可付诸实施。施工单位在执行施工进度计划的过程中,应接受监理工程师的监督与检查。而监理工程师应定期向建设单位报告工程进展状况。

5.5.1 施工进度的动态检查

在施工进度计划的实施过程中,由于各种因素的影响,常常会打乱原始计划的安排而出现进度偏差。因此,监理工程师必须对施工进度计划的执行情况进行动态检查,并分析进度偏差产生的原因,以便为施工进度计划的调整提供必要的信息。

1.施工进度的检查方式

在建设工程施工过程中,监理工程师可以通过以下方式获得建设工程实际进展情况。

(1)定期、经常地收集由施工单位提交的有关进度报表资料。工程施工进度报表资料不仅是监理工程师实施进度控制的依据,同时,也是其核发工程进度款的依据。一般情况下,进度报表格式由监理单位提供给施工承包单位,施工承包单位按时填写完成后提交给监理工程师核查。

报表的内容根据施工对象及承包方式的不同而有所区别，但一般应包括工作的开始时间、完成时间、持续时间、逻辑关系、实物工程量和工作量，以及工作时差的利用情况等。施工单位若能准确地填报进度报表，监理工程师就能从中了解到建设工程的实际进展情况。

（2）由驻地监理人员现场跟踪检查建设工程的实际进展情况。为了避免施工单位超报已完工程量，驻地监理人员有必要进行现场实地检查和监督。检查时间的间隔，应根据建设工程的类型、规模、监理范围及施工现场的条件等多方面的因素而定。可以每月或每半月检查一次，也可以每旬或每周检查一次。在某一施工阶段出现不利情况时，甚至需要每天检查。除此之外，由监理工程师定期组织现场施工负责人召开现场会议，也是获得建设工程实际进展情况的一种方式，通过这种面对面的交谈，监理工程师可以从中了解到施工过程中的潜在问题，以便及时采取相应的措施加以预防。

2. 施工进度的检查方法

施工进度检查的主要方法是对比法，又称作进度控制的方法，即利用前面所讲的横道图法、S曲线法、香蕉曲线法、前锋线法和列表比较法，将实际进度数据与计划进度数据进行比较，从中发现是否出现进度偏差，以及进度偏差的大小。

通过检查分析，如果进度偏差比较小，应在分析其产生原因的基础上采取有效措施，解决矛盾，排除障碍，继续执行原进度计划。如果经过努力，确实不能按原计划实现时，再考虑对原计划进行必要的调整，即适当延长工期，或改变施工速度。计划的调整一般是不可避免的，但应当慎重，尽量减少变更计划的调整。

3. 施工进度计划的调整

通过检查分析，发现原有进度计划已不能适应实际情况时，为了确保进度控制目标的实现或需要确定新的计划目标，就必须对原有进度计划进行调整，以形成新的进度计划，作为进度控制的新依据。

施工进度计划的调整方法主要有两种：一种是通过压缩关键工作的持续时间来缩短工期；另一种是通过组织搭接作业或平行作业来缩短工期。在实际工作中，应根据具体情况选用上述方法进行进度计划的调整。在调整施工进度计划时，应利用费用优化的原理选择费用增加量最小的关键工作作为压缩对象。

5.5.2　工程延期与工期延误

在工程项目建设过程中，由于社会条件、人为条件、自然条件和管理水平等因素的影响，发生了延长工期的事件并造成了工程竣工日期向后延迟的现象，其中由于施工单位自身的原因所造成的进度拖延，称为工期延误；由于施工单位以外的原因所造成的进度拖延，称为工程延期。虽然工期延误与工程延期都是使工期拖延，但其性质不同，建设单位和施工单位所承担的责任也不同。如果属于工期延误，则由此造成的一切损失均应由施工单位承担，同时，建设单位还有权对施工单位施行违约误期罚款。而如果属于工程延期则施工单位不仅有权要求延长工期，且还有权向建设单位提出赔偿费用的要求来弥补由此造成的额外损失。因此，监理工程师能否准确地把握工程延期与工期延误的区别，并正确地作出判断，公正地维护合同双方的合法权利，对建设单位和承包单位都十分重要。

1. 工程延期的申报与审批

(1)申报工程延期的条件。《建设工程施工合同(示范文本)》(GF—2017—2021)在通用条款第 7 条中对延期申报条件作了明确规定。当发生以下原因引起的工程延期，承包单位有权提出延长工期的申请，监理工程师应依据合同规定，批准工程延期的时间。

①因图纸或建设单位要求的原因，监理工程师发出工程变更指令而导致工程量增加。

②异常恶劣的气候条件。

③由建设单位造成的任何延误、干扰或障碍，如未及时提供施工场地、未及时付款等。

④合同所涉及的任何可能造成工程延期的原因，如延期交付图纸、工程暂停施工(不包括监理工程师纠正施工单位错误行为的暂停施工)、对合格工程的剥离检查及不利的外界条件等。

⑤非施工单位的原因及施工单位自身以外的其他任何原因，如一周内非承包单位原因的停水、停电、停气造成停工累计超过 8 小时等。

⑥施工合同专用条款中约定或监理工程师同意工期顺延的其他情况。

(2)工程延期的审批程序。当工程延期事件发生后，施工单位应在合同规定的有效期内以书面形式通知监理工程师(工程延期意向通知)，以便监理工程师尽早了解所发生的事件，及时作出一些减少延期损失的决定。随后，施工单位应在合同规定的有效期内(或者监理工程师可能同意的合理期限内)向项目监理机构提交详细的申述报告(延期的理由及依据)。监理工程师收到该报告后应及时进行调查核实，对延期要求符合施工合同文件中规定条件的应予以受理。当影响工期事件具有持续性时，项目监理机构可在收到施工单位提交的阶段性工程延期申请表并经过审查后，先由总监理工程师签署工程临时延期审批表并报建设单位。当施工单位提交最终的工程延期申请表后，项目监理机构应复查工程延期及临时延期情况，并由总监理工程师签署工程最终延期审批表。

监理的延期审批分为临时批准和最终批准两种。

①临时批准。在实际工作中，监理工程师必须在合理的时间内作出决定，否则施工单位可以延期申请迟迟未获批准而被迫加快工程进度为由，提出费用索赔。为了避免这种情况的发生，同时，使监理工程师能有比较充裕的时间评审延期申请，对于一些较为复杂、持续时间较长或一时难以作出定论的延期申请，监理工程师可以根据初步评审，给予一个临时的延期时间，然后再进行详细的研究评审，书面批准有效延期时间。临时批准是对延期情况的一个估计，不仅可以避免或减少承包单位提出费用索赔，同时，又可再制订详细的延期批准计划，但临时批准的延期时间不能长于最后的书面批准的延期时间。

②最终批准。最终延期时间应是施工单位的最后一个延期申请批准后的累计时间，但并不是每一项延期时间都累加，如果后面批准的延期内包含前一个批准延期的内容，则前一项延期的时间不能予以累计，要注意时间的搭接。监理单位在签署延期审批表前应就延长工期问题与建设单位、施工单位进行协商。审批表中应有明确的监理审核意见，同意延长工期则应注明工期延长的天数、理由及计算方法，不同意延长工期则应说明不同意的理由和依据。

(3)工程延期的审批原则。监理工程师在审批延期时应遵循下列原则。

①合同条件。监理工程师批准的工程延期必须符合合同条件。也就是说，导致工期拖延的

原因确实是属于施工单位自身以外的，否则不能批准为工程延期。这是监理工程师审批工程延期的一条根本原则。

②影响工期。发生延期事件的工程部位，无论其是否处在施工进度计划的关键线路上，只有当所延长的时间超过其相应的总时差而影响到工期时，才能批准工程延期。如果延期事件发生在非关键线路上，且延长的时间并未超过总时差时，即使符合批准为工程延期的合同条件，也不能批准工程延期。应当说明，建设工程施工进度计划中的关键线路并非固定不变，它会随着工程的进展和情况的变化而转移。监理工程师应以施工单位提交的、经审核后的施工进度计划为依据来决定是否批准工程延期。

③实际情况。批准的工程延期必须符合实际情况。为此，施工单位应对延期事件发生后的各类有关细节进行详细记载，并及时向监理工程师提交报告。与此同时，监理工程师也应对施工现场进行详细考察和分析，并做好有关记录，以便为合理确定工程延期时间提供可靠依据。

2. 工程延期的审批依据

施工单位的延期申请能够成立并获得监理工程师批准的依据如下。

(1)工程延期事件是否属实，强调实事求是。

(2)是否符合本工程施工合同中有关工程延期的约定。

(3)延期事件是否发生在工期网络计划图的关键线路上，即延期是否有效合理。

(4)延期天数的计算是否正确，证据资料是否充足。

上述四条中，只有同时满足前三条，延期申请才能成立。对于延期时间的计算，监理工程师应根据自己记录的实际情况，运用实际进度前锋线网络图，计算确定影响总工期的天数。上述四条中最关键的就是第三条，因为在施工单位所报的延期申请中，只有有效合理的延期申请才能得到监理工程师的批准。

3. 工程延期的控制

发生工程延期事件，不仅影响工程的进展，还会给建设单位带来损失。因此，监理工程师应做好以下工作，以减少或避免工程延期事件的发生。

(1)选择合适的时机下达工程开工令。监理工程师在下达工程开工令之前，应充分考虑建设单位的前期准备工作是否充分。特别是征地、拆迁问题是否已解决，设计图纸能否及时提供，以及付款方面有无问题等，以避免由于上述问题缺乏准备而造成工程延期。

(2)提醒建设单位履行施工承包合同中所规定的职责。在施工过程中，监理工程师应经常提醒建设单位履行自己的职责，提前做好施工场地及设计图纸的提供工作，并能及时支付工程进度款，以减少或避免由此而造成的工程延期。

(3)妥善处理工程延期事件。当延期事件发生以后，监理工程师应根据合同规定进行妥善处理。既要尽量减少工程延期时间及其损失，又要在详细调查研究的基础上合理批准工程延期时间。

此外，建设单位在施工过程中应尽量减少干预、多协调，以避免由于建设单位的干扰和阻碍而导致延期事件的发生。

4. 工期延误的处理

由于施工单位自身的原因而造成工期延期，而施工单位又未按照监理工程师的指令改变延期状态，其实质是施工单位的行为已构成了违约。通常，监理工程师可以采用下列手段予以制约。

(1)指令施工单位采取补救措施。如对进度计划进行重新调整，增加施工人员、材料设备、资金的投入，采取更加先进的施工方法等，以加快工程进度，将损失的工期挽回。

(2)拒绝签署付款凭证。当施工单位的施工活动不能使监理工程师满意时，监理工程师有权拒绝施工单位的支付申请。因此，当施工单位的施工进度拖后又不采取积极措施时，监理工程师可以采取拒绝签署付款凭证的手段制约施工单位。

(3)误期损失赔偿。拒绝签署付款凭证一般是监理工程师在施工过程中制约施工单位延误工期的手段，而误期损失赔偿则是当施工单位未能按合同规定的工期完成合同范围内的工作时对其的处罚。如果施工单位未能按合同规定的工期和条件完成整个工程，则应向建设单位支付投标书附件中规定的金额，作为该项违约的损失赔偿费。

(4)终止对承包单位的雇佣。如果施工单位严重违反合同，又不采取补救措施，建设单位为了保证合同工期有权取消其承包资格。例如，施工单位接到监理工程师的开工通知后，无正当理由推迟开工时间，或在施工过程中无任何理由要求延长工期，施工进度缓慢，又无视监理工程师的书面警告等，都有可能受到取消承包资格的处罚。取消承包资格是对施工单位违约的严厉制裁。因为建设单位一旦取消了施工单位的承包资格，施工单位不但要被驱逐出施工现场，而且还要承担由此而造成的建设单位的损失费用。

 思考题

1. 何谓建设工程进度控制？影响建设工程进度的因素有哪些？
2. 建设工程进度控制的方法及措施有哪些？
3. 实际进度与计划进度的比较方法有哪些？各有什么特点？
4. 建设工程进度计划的编制程序是什么？
5. 利用 S 曲线比较法可以获得哪些信息？
6. 香蕉曲线是如何形成的？其作用有哪些？
7. 实际进度前锋线如何绘制？
8. 如何分析进度偏差对后续工作及总工期的影响？
9. 进度计划的调整方法有哪些？如何进行调整？

第6章

建设工程投资控制

**本章要点**

　　本章主要了解建设工程投资构成、投资的特点、投资控制的动态原理及投资控制的目标、措施和依据；掌握建设工程投资前期、设计阶段、施工阶段及竣工阶段的投资控制方法；熟悉工程变更及工程索赔的处理。

6.1　建设工程投资控制概述

6.1.1　建设工程投资

　　建设工程投资是指进行某项建设工程花费的全部费用，即该建设项目有计划地形成固定资产、扩大再生产能力和维持最低量流动基金的一次性费用总和。生产性建设工程总投资包括固定资产投资（建设投资）和流动资产投资（铺底流动资金）两部分；非生产性建设工程总投资则只包括建设投资。

　　建设投资主要包括设备及工器具购置费用、建筑安装工程费用、工程建设其他费用、预备费（包括基本预备费和涨价预备费）、建设期利息、固定资产投资方向调节税等，如图6-1所示。

　　设备及工器具购置费用是指按照建设项目设计文件要求，建设单位（或其委托单位）购置或自制达到固定资产标准的设备和新、扩建项目配置的首套工具、器具及生产家具所需的投资。它由设备及工具、器具原价和包括设备成套公司服务费在内的运杂费组成。在生产性建设项目中，设备及工具、器具投资可称为"积极投资"，它占项目投资费用比重的提高，标志着技术的进步和生产部门有机构成的提高。

　　建筑安装工程费用按照费用构成要素划分，由人工费、材料费、施工机具使用费、企业管理费、利润、规费和税金组成，如图6-2所示。其中人工费、材料费、施工机具使用费、企业管理费和利润包含在分部分项工程费、措施项目费、其他项目费中。人工费是指按工资总额构成规定，支付给从事建筑安装工程施工的生产工人和附属生产单位工人的各项费用。材料费是指施工过程中耗费的原材料、辅助材料、构配件、零件、半成品或成品、工程设备的费用。施工机具使用费是指施工作业所发生的施工机械、仪器仪表使用费或其租赁费。企业管理费是指建筑安装企业组织施工生产和经营管理所需的费用。利润是指施工企业完成所承包工程获得的盈利。规费是指按国家法律、法规规定，由省级政府和省级有关权力部门规定必须缴纳或计取的费用，包括社会保险费、住房公积金、工程排污费，其他应列而未列入的规费，按实际发生

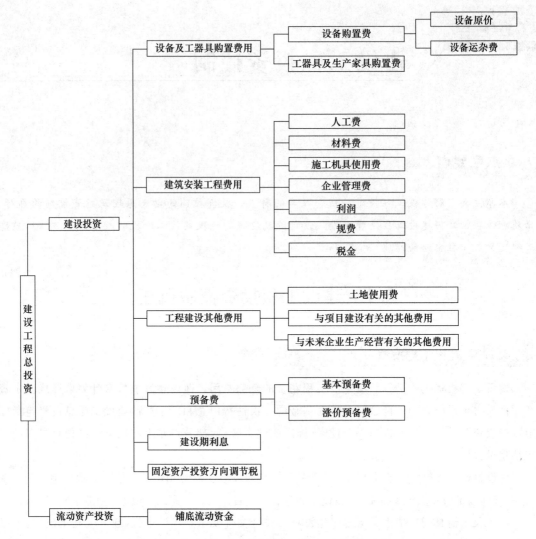

图 6-1 我国现行建设工程投资构成

计取。税金是指国家税法规定的应计入建筑安装工程造价内的营业税、城市维护建设税、教育费附加以及地方教育附加。

工程建设其他费用是指未纳入以上两项的,由项目投资支付的,为保证工程建设顺利完成和交付使用后能够正常发挥效用而发生的各项费用总和。它可分为三类,第一类是土地转让费,包括土地征用及迁移补偿费、土地使用权出让金;第二类是与项目建设有关的其他费用,包括建设单位管理费、勘察设计费、研究试验费、财务费用(如建设期贷款利息)等;第三类是与未来企业生产经营有关的其他费用,包括联合试运转费、生产准备费等。

建设投资可分为静态投资部分和动态投资部分。静态投资部分由建筑安装工程费用、设备及工器具购置费用、工程建设其他费用和基本预备费组成;动态投资部分是指在建设期内,因建设期利息、建设工程需缴纳的固定资产投资方向调节税和国家新批准的税费、汇率、利率变动,以及建设期价格变动引起的建设投资增加额。其包括涨价预备费、建设期利息和固定资产投资方向调节税。

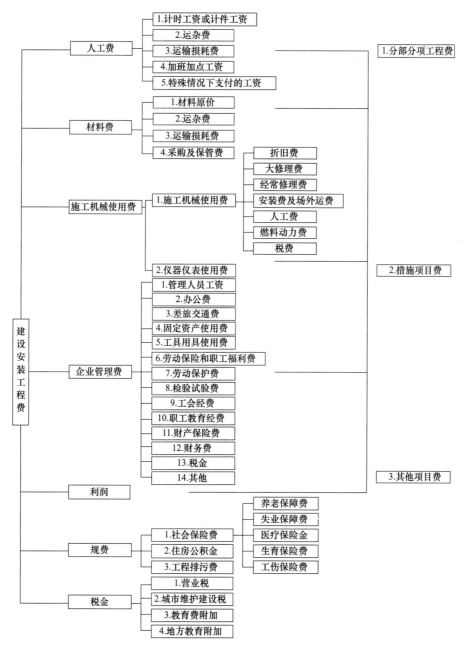

图 6－2　建筑安装工程费用项目组成

6.1.2 建设工程投资的特点

建设工程的特点决定了建设工程投资的特点。

(1)建设工程投资数额巨大，动辄上千万甚至数百亿。由于建设工程投资数额巨大，它关系到国家、行业或地区的重大经济利益，对国计民生也会产生重大的影响。因此，建设工程投资管理具有重要的意义。

(2)建设工程投资差异明显。建设工程都有其各自特定的用途、功能、规模，每项工程的结构、空间分割、设备配置和内外装饰都有不同的要求，工程内容和实物形态都有其差异性。同样的工程处于不同的地区，在人工、材料、机械消耗上也会有差异。

(3)建设工程投资需单独计算。建设工程都有其专门的用途，所以其结构、面积、造型和装饰也各有不同。即使是用途相同的建设工程，技术水平、建筑等级和建筑标准也有差异。建设工程还必须在结构、造型等方面考虑工程所在地的气候、地质、水文等自然条件，这就使建设工程的实物形态千差万别。再加上不同地区构成投资费用的各种要素的差异，最终导致建设工程投资的千差万别。因此，建设工程只能就每项工程单独计算其投资。

(4)建设工程投资确定依据复杂。建设工程投资的确定依据繁多、关系复杂，在不同的建设阶段有不同的确定依据，且互为基础和指导，互相影响。如预算定额是概算定额编制的基础，概算定额又是估算指标编制的基础；反之，估算指标又控制概算定额的水平，概算定额又控制预算定额的水平。间接费定额以直接费定额为基础，两者共同构成了建设工程投资的内容等，都说明了建设工程投资的确定依据复杂的特点。

(5)建设工程投资确定层次繁多。凡是按照一个总体设计进行建设的各个单项工程总体即一个建设项目。在建设项目中，凡是具有独立的设计文件、竣工后可以独立发挥生产能力或工程效益的工程为单项工程，也可将它理解为具有独立存在意义的完整的工程项目。各单项工程又可分解为各个能独立施工的单位工程。考虑到组成单位工程的各部分是由不同工人用不同工具和材料完成的，可以把单位工程进一步分解为分部工程，然后还可以按照不同的施工方法、构造及规格，把分部工程更细致地分解为分项工程。分项工程是用较为简单的施工过程生产出来的，可以用计量单位进行计算，并便于测定工程的基本构造要素。建设工程投资需分别计算分部分项投资、单项工程投资、单位工程投资后才能形成。

(6)建设工程投资需动态跟踪调整。一个建设工程从立项到竣工会有一个较长的建设周期，在此期间都会出现一些不可预料的变化因素而对建设工程投资产生影响，如工程设计变更，设备、材料、人工价格变化，国家利率、汇率调整，因不可抗力出现或因承包方、发包方原因造成的索赔事件出现等，这些因素都会引起建设工程投资的变动。因为建设工程投资在整个建设期内都属于不确定的，需要随时进行动态跟踪、调整，直至竣工决算后才能真正形成建设工程投资，所以，建设工程投资控制是一个动态的过程。

6.1.3 建设工程投资控制

建设工程投资控制就是在投资决策阶段、设计阶段、发包阶段、施工阶段及竣工阶段，把建设工程的投资控制在批准的投资限额内，随时纠正发生的偏差，以保证项目投资管理目标的实现，以求在建设工程中能合理使用人力、物力和财力，取得较好的投资效益和社会效益，实现高质量发展[①]。

---

① 中共十九大报告首次提出了建设现代化经济体系的目标，强调要"高质量发展"，推动经济发展质量变革、效率变革。从那以后，"高质量发展"成为中国经济发展的重要目标和指导方针，标志着中国将经济发展的重点从速度向质量和可持续性转变，引领了后续经济政策的调整和实施。"高质量发展"对经济、环境、社会和文化等各个领域实现更高水平、更高质量、更高效益的发展产生了深远的影响，以满足中国人民对美好生活的需要。

1. 投资控制的动态原理

在建设工程的实施过程中，必定存在各种各样的影响因素导致实际投资与预计投资有所偏差。所以，应该随着工程建设的进展，及时进行计划值与实际值的比较，查找原因并采取措施加以控制，具体程序如图6-3所示。

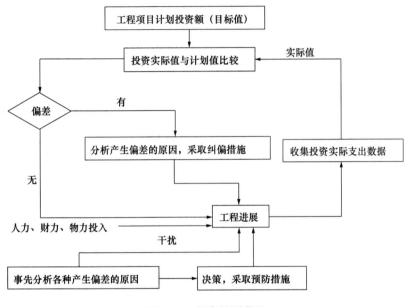

图6-3　投资控制原理

图6-3是循环往复的过程，根据工程的具体情况可能两周或一个月循环一次。在投资控制过程中，第一，应对建设工程项目计划目标值进行论证和分析。在工程的实际运行过程中，由于各种主观和客观因素的制约，项目规划中的计划目标值往往很难实现或制定得不合理，需要在项目实施的过程中合理调整或进行细化。只有项目目标正确并合理，才能依据目标进行项目的控制工作；第二，对工程的每一步进展都要作出评估，及时地收集工程进行中的实际数据。收集的数据要保证及时、完整和正确，因为只有通过正确的数据资料才能了解工程的实际进展情况，进而进行偏差分析；第三，不断地对工程项目的计划值与实际值进行比较，判断是否存在偏差；第四，找出偏差后，分析产生偏差的原因，采取有效的控制措施，以确保建设项目投资控制目标的实现。

工程项目建设是一个周期长、投入大的生产过程，建设者受到主观和客观因素的影响，不可能在工程建设之初就设置一个科学合理的投资控制目标，只是设置一个初期大概的投资控制目标，即投资估算。随着对工程项目认识的不断深入，投资控制目标越来越清晰准确，即通过设计概算、施工图预算和承包合同价等一系列的投资内容确定投资目标。

工程在不同的空间里展开，控制就需要针对不同的空间来实施，工程建设项目的实施分成不同的阶段，控制也需要分成不同的阶段进行控制。建设项目投资管理是一项不确定性很强的工作，在项目实施的过程中，会出现许多不可预见的事项发生。建设项目的实现过程具有很强的独特性：第一，它是由许多前后接续的阶段和各种各样的生产技术活动构成的；第二，其中的每项活动都受投资、工期与质量这三个基本要素的影响；第三，建设项目过程通常是不重复的，过程所处的环境是开放的、复杂多变的，所以这一过程具有较大的风险性和不确定性。

2. 投资控制的目标

控制是为确保目标的实现而服务的，一个系统若没有目标，就不需要、也无法进行控制。目标的设置应该是严肃的、有科学依据的。

工程项目建设过程是一个周期长、投入大的生产过程，建设者在一定时间内占有的经验知识是有限的，不但常常受到科学条件和技术条件的限制，而且也受到客观过程的发展及其表现程度的限制，因而不可能在工程建设伊始，就设置一个科学的、一成不变的投资控制目标，而只能设置一个大致的投资控制目标，这就是投资估算。随着工程建设实践、认识、再实践、再认识，投资控制目标逐渐清晰、准确，这就是设计概算、施工图预算、承包合同价等。也就是说，投资控制目标的设置应是随着工程项目建设实践的不断深入而分阶段设置，具体来讲，投资估算应是建设工程设计方案选择和进行初步设计的投资控制目标；设计概算应是进行技术设计和施工图设计的投资控制目标；施工图预算或建筑安装工程承包合同价则应是施工阶段投资控制的目标。有机联系的各个阶段目标相互制约、相互补充，前者控制后者，后者补充前者，共同组成建设工程投资控制的目标系统。

目标要既有先进性，又有实现的可能性，目标水平要能激发执行者的进取心，并且充分发挥他们的工作能力，挖掘他们的潜力。若目标水平太低，如对建设工程投资高估冒算，则对建造者缺乏激励性，建造者也没有发挥潜力的余地，目标形同虚设；若目标水平太高，如在建设工程立项时投资就留有缺口，建造者一再努力也无法达到，则可能产生灰心情绪，使工程投资控制成为一纸空文。

3. 投资控制的措施

投资控制的措施包括组织、技术、经济、合同与信息管理等多方面的措施。组织措施包括明确项目的组织机构，明确项目投资控制者及其任务，明确各职能人员及职能分工等；技术措施包括重视设计多方案的优选，严格审查监督初步设计、技术设计、施工图设计、施工组织设计，深入技术领域研究节约投资的可能性等；经济措施包括动态地比较项目投资的实际值和计划值，严格审核各种费用支出，采取节约投资的奖励措施等；合同与信息管理措施包括设立专门的合同管理小组或合同管理人员，建立合同实施保障体系，建立文档管理系统等。

在以上各种措施中，技术措施和经济措施相结合是控制项目投资最有效的手段。在工程建设过程中，应该将技术与经济有机结合，通过技术比较、经济分析和效果评价，正确处理技术先进与经济合理两者之间的对立统一关系，争取做到在技术先进的条件下经济合理，在经济合理的基础上技术先进。

4. 投资控制的依据

建设工程投资确定的依据是指确定建设工程投资所必需的基础数据和资料，主要包括工程定额、工程量清单、工程技术文件、要素市场价格信息、工程环境条件与工程建设实施组织和技术方案等。

(1)工程定额。工程定额即额定的消耗量标准，是指按国家有关产品标准、设计规范和施工验收规范、质量评定标准，并参考行业、地方标准，以及代表性的工程设计、施工资料确定的工程建设过程中完成规定计量单位产品所消耗的人工、材料、机械等消耗量的标准。定额反映的是在一定的社会生产力发展水平下，正常的施工条件、大多数施工企业的技术装备程度、合理的施工工期、合理的施工工艺和劳动组织，完成某项工程建设产品与各种生产消耗之间特定的数量关系。

定额分为很多种类，按生产要素内容可分为人工定额、材料消耗定额、施工机械台班使用定额；按编制程序和用途可分为施工定额、预算定额、概算定额、概算指标、投资估算指标；按编制单位和适用范围可分为国家定额、行业定额、地区定额、企业定额；按投资的费用性质可分为建筑工程定额、设备安装工程定额、建筑安装工程费用定额、工器具定额、工程建设其他费用定额。

在工程建设和企业管理中，确定和执行先进合理的定额是技术和经济管理工作中的重要一环。定额是实现工程项目，确定人力、物力和财力等资源需要量，有计划地组织生产，提高劳动生产率，降低工程造价，完成和超额完成计划的重要技术经济工具，是工程管理和企业管理的基础。在工程项目的计划、设计和施工中，定额具有以下几个方面的作用。

①定额是编制计划的基础。工程建设活动需要编制各种计划来组织和指导生产，而计划编制中又需要各种定额作为计算人力、物力、财力等资源需要量的依据。定额是编制计划的重要基础。

②定额是确定工程造价的依据和评价设计方案经济合理性的尺度。工程造价是根据设计规定的工程规模、工程数量及相应需要的劳动力、材料、机械设备消耗量及其他必须消耗的资金确定的。其中，劳动力、材料、机械设备的消耗量又是根据定额计算出来的，定额是确定工程造价的依据。同时，建设项目投资的大小又反映了各种不同设计方案技术经济水平的高低，因此，定额又是比较和评价设计方案经济合理性的尺度。

③定额是组织和管理施工的工具。建筑企业计算、平衡资源需要量，组织材料供应，调配劳动力，签发任务单，组织劳动竞赛，调动人的积极因素，考核工程消耗和劳动生产率，贯彻按劳分配的工资制度，计算工人报酬等，都要利用定额。因此，从组织施工和管理生产的角度来说，企业定额又是建筑企业组织和管理施工的工具。

④定额是总结先进生产方法的手段。定额是在平均先进的条件下，通过对生产流程的观察、分析、综合等过程制定的，它可以最严格地反映出生产技术和劳动组织的先进合理程度。因此，就可以以定额为方法，对同一产品在同一操作条件下不同的生产方法进行观察、分析和总结，从而得到一套比较完整的、优良的生产方法，作为生产中推广的范例。

(2)工程量清单。工程量清单是依据建设工程设计图纸、工程量计算规则、一定的计量单位、技术标准等计算所得的构成工程实体各分部分项的、可供编制标底和投资报价的实物工程量的汇总清单表。工程量清单是体现招标人要求投标人完成的工程项目及其相应工程实体数量的列表，反映全部工程内容，以及为实现这些内容而进行的其他工作。在工程建设中，工程量清单具有十分重要的作用，无论是招标人的目标控制和风险管理，还是项目监理的现场监管，在很大程度上都要依据工程量清单。工程量清单是招标文件的组成部分，是由招标人发出的一套注有拟建工程各实物工程名称、性质、特征、单位、数量及开办项目、税费等相关表格组成的文件。

(3)工程技术文件。工程技术文件是反映建设工程项目的规模、内容、标准、功能等的文件，只有根据工程技术文件才能对工程的分部组合即工程结构作出分解，得到计算的基本子项。只有依据工程技术文件及其反映的工程内容和尺寸，才能测算或计算出工程实物量，得到分部分项工程的实物数量。因此，工程技术文件是建设工程投资确定的重要依据。

(4)要素市场价格信息。构成建设工程投资的要素包括人工、材料、施工机械等，要素价格是影响建设工程投资的关键因素，要素价格是由市场形成的。建设工程投资采用的基本子项所需资源的价格来自市场，随着市场的变化，要素价格也随之发生变化。因此，建设工程投资必须随时掌握市场价格信息，了解市场价格行情，熟悉市场上各类资源的供求变化及价格动态。这样得到的建设工程投资才能反映市场，反映工程建设所需的真实费用。

(5)工程环境条件。工程所处的环境和条件也是影响建设工程投资的重要因素，环境和条件的差异或变化会导致建设工程投资大小的变化。工程的环境和条件包括工程地质条件、气象条件、现场环境与周边条件，也包括工程建设的实施方案、组织方案、技术方案等。

(6)其他。国家对建设工程费用计算的其他有关规定，按国家税法规定计取的相关税费等都是确定建设工程投资的依据。

5. 监理工程师在建设工程实施各阶段投资控制的主要任务

(1)建设前期的决策阶段。在建设前期的决策阶段投资控制的主要任务是对拟建项目进行可行性研究、建设工程投资控制报告的编制和审查、进行投资估算的确定和控制、进行项目财务评价和国民经济评价。

(2)设计阶段。在设计阶段投资控制的主要任务是协助建设单位制定建设工程投资目标规划、开展技术经济分析等活动，协助和配合设计单位使设计方案投资合理化，审核设计概算、预算并提出改进意见，满足建设单位对建设工程投资的经济性要求，做到概算不超估算、预算不超概算。

(3)施工招标投标阶段。在施工招标阶段投资控制的主要任务是通过协助建设单位编制招标文件及合理确定招标底价，使工程建设施工发包的期望价格合理化。协助建设单位对投标单位进行资格审查，协助建设单位进行开标、评标、定标，最终选择最优秀的施工承包单位，通过选择完成施工任务的主体，进而达到对投资的有效控制。

(4)施工阶段。在施工阶段投资控制的主要任务是通过工程付款控制、工程变更费用控制、预防并处理好费用索赔、挖掘节约投资潜力来努力实现实际发生的投资费用不超过计划投资费用。

(5)竣工验收交付使用阶段。在竣工验收交付使用阶段投资控制的主要任务是合理控制工程尾款的支付，处理好质量保修金的扣留及合理使用，协助建设单位做好建设项目后评估。

6.2　建设工程前期的投资控制

建设项目前期是选择和决定投资方案的过程，是对拟建项目的必要性和可行性进行技术经济分析论证、对不同建设方案进行技术经济比较，从而作出判断和决定的过程。项目前期是决定建设工程经济效果的关键时期，是研究和控制的重点，一般包括规划、机会研究、项目建议书和可行性研究4个阶段。

6.2.1 可行性研究

可行性研究就是通过市场调查和研究，针对项目的建设规模、产品规格、场址、工艺、设备、总图、运输、原材料供应、环境保护、公用工程和辅助工程、组织机构设置、实施进度等提出推荐方案，并且对此方案进行环境评价、财务评价、国民经济评价、社会评价和风险分析，以判别项目的环境可行性、经济可行性、社会可行性和抗风险能力，最终提交可行性研究报告。

(1)可行性研究报告的内容。可行性研究报告的主要内容见表6-1。

表6-1 可行性研究报告的主要内容

结构	内容
总论	建设工程提出的背景、项目概况以及问题和建议
市场调查与预测	市场现状调查；产品供需预测；价格预测；竞争力分析；市场风险分析
资源条件评价	资源可利用量；资源品质情况；资源赋存条件；资源开发价值
建设规模与产品方案	建设规模与产品方案构成；建设规模与产品方案比选；推荐的建设规模与产品方案；技术改造项目与原有设施利用情况等
场址选择	场址现状；场址方案比选；推荐的场址方案；技术改造项目当前场址的利用情况
技术方案、设备方案和工程方案	技术方案选择；主要设备方案选择；工程方案选择；技术改造项目改造前后的比较
原材料、燃料供应	主要原材料供应方案；燃料供应方案
总图运输与公用辅助工程	总图布置方案；场内外运输方案；公用工程与辅助工程方案；技术改造项目现有公用辅助设施利用情况
节能措施	节能措施；能耗指标分析
节水措施	节水措施；水耗指标分析
环境影响评价	环境条件调查；影响环境因素分析；环境保护措施
劳动安全卫生与消防	危险因素和危害程度分析；安全防范措施；卫生保健措施；消防设施
组织机构与人力资源配置	组织机构设置及其适应性分析；人力资源配置；员工培训
项目实施进度	建设工期；实施进度安排；技术改造项目建设与生产的衔接
投资估算	建设投资估算；流动资金估算；投资估算表
融资方案	融资组织形式；资金筹措；债务资金筹措；融资方案分析
财务评价	财务评价基础数据与参数选取；销售收入与成本费用估算；财务评价报表；盈利能力分析；偿债能力分析；不确定性分析；财务评价结论

结构	内容
国民经济评价	影子价格及评价参数选取；效益费用范围与数值调整；国民经济评价报表；国民经济评价指标；国民经济评价结论
社会评价	项目对社会影响分析；项目与所在地互适性分析；社会风险分析；社会评价结论
风险分析	项目主要风险识别；风险程度分析；防范风险对策
研究结论与建议	推荐方案总体描述；推荐方案优缺点描述；主要对比方案；结论与建议

（2）可行性研究的阶段和步骤。可行性研究工作一般可分为投资机会研究、初步可行性研究、详细可行性研究、项目可行性研究报告的评估等。

①投资机会研究。投资机会研究主要是对各种设想的项目和投资机会作出鉴定，并确定有没有必要做进一步的研究，性质比较粗略，主要依靠估计，而不是靠详细的分析。

②初步可行性研究。在工程项目的规划设想经过机会研究，认为值得进一步研究时，就进入初步可行性研究阶段。初步可行性研究是投资机会研究和详细可行性研究的一个中间阶段，因为详细提出可行性研究报告是一项很费钱和费时的工作，所以在它之前要进行初步可行性研究，它的主要任务是进一步判断投资机会是否有前途；是否有必要进一步进行详细的可行性研究；确定项目中哪些关键性问题需要进行辅助的专题研究。

③详细可行性研究。详细可行性研究也称为技术经济可行性研究，是工程项目投资决策的基础，为项目投资决策提供技术、经济、社会和环境方面的评价依据。它的目的是通过进行深入细致的技术经济分析，进行多方案选优，并提出结论性意见；它的重点是对项目进行财务效益和经济效益评价，经过多方案的比较选择最佳方案，确定项目投资的最终可行性和选择依据标准。

④项目可行性研究报告的评估。可行性研究报告的评估是投资决策部门组织或委托有资格的工程咨询公司、有关专家对工程项目可行性研究报告进行全面的审核和评估。它的任务是通过分析和判断项目可行性研究报告的正确性、真实性、可靠性和客观性，对可行性研究报告进行全面的评价，提出项目是否可行，并确定最佳的投资方案，为项目投资的最后决策提供依据。

可行性研究是运用多种科学手段综合论证一个工程项目在技术上是否先进、实用和可靠，在财务上是否盈利；作出环境影响、社会效益和经济效益的分析与评价，以及工程项目抗风险能力等的结论；为投资决策提供科学的依据。

6.2.2 投资估算

投资估算是指在对项目的建筑规模、产品方案、工艺技术及设备方案、工程方案及项目实施进度等进行研究并基本确定的基础上，估算项目所需资金总额，并测算建设期年资金使用计划。投资估算包括建设投资估算和流动资金估算。投资估算是项目建议书和可行性研究报告的重要组成部分，是项目投资决策的重要依据。

1. 建设投资估算

建设投资常用的估算方法有生产能力指数法、比例估算法、系数估算法、投资估算指标法和综合指标投资估算法。

(1)生产能力指数法。生产能力指数法是根据已建成的、性质类似的建设项目的投资额和生产能力与拟建项目的生产能力，估算拟建项目的投资额。采用生产能力指数法，计算简单、速度快，但要求类似工程的资料可靠，条件基本相同，否则误差就会增大。运用这种方法估算项目投资的重要条件，是要有合理的生产能力指数。

(2)比例估算法。比例估算法又分为以下两种。

①以拟建项目的全部设备费为基数进行估算。此种估算方法根据已建成的同类项目的建筑安装费和其他工程费用等占设备价值的百分比，求出相应的建筑安装费及其他工程费等，再加上拟建项目的其他有关费用，其总和即项目或装置的投资。

②以拟建项目的最主要工艺设备费为基数进行估算。此种方法根据同类型的已建项目的有关统计资料，计算出拟建项目的各专业工程(总图、土建、暖通、给水排水、管道、电气及电信、自控及其他工程费用等)占工艺设备投资(包括运杂费和安装费)的百分比，据以求出各专业的投资，然后把各部分投资(包括工艺设备费)相加求和，再加上工程其他有关费用，即项目的总投资。

(3)系数估算法。系数估算法又分为以下两种。

①朗格系数法。朗格系数法是以设备费为基础，乘以适当系数来推算项目的建设费用。这种方法比较简单，但没有考虑设备规格、材质的差异，所以精确度不高。

②设备及厂房系数法。一个项目，工艺设备投资和厂房土建投资之和占整个项目投资的绝大部分。如果设计方案已确定生产工艺，初步选定了工艺设备并进行了工艺布置，这就有了工艺设备的质量及厂房的高度和面积。那么，工艺设备投资和厂房土建的投资就可以分别估算出来，其他专业，与设备关系较大的按设备系数计算，与厂房土建关系较大的则以厂房土建投资系数计算，两类投资相加就得出了整个项目的投资。这个方法在预可行性研究阶段使用是比较合适的。

(4)投资估算指标法。投资估算指标法是编制和确定项目可行性研究报告中投资估算的基础和依据，与概预算定额比较，估算指标是以独立的建设项目、单项工程或单位工程为对象，综合项目全过程投资和建设中的各类成本与费用，反映出其扩大的技术经济指标，具有较强的综合性和概括性。

(5)综合指标投资估算法。综合指标投资估算法又称概算指标法，是依据国家有关规定，国家或行业、地方的定额、指标和取费标准及设备和主材价格等，从工程费用中的单项工程入手，来估算初始投资。采用这种方法，还需要相关专业提供较为详细的资料，有一定的估算深度，精确度相对较高。

2. 流动资金估算

流动资金是指生产经营性项目投产后，为进行正常生产运营，用于购买原材料、燃料，支付工资及其他经营费用等所需的周转资金。流动资金估算主要有分项详细估算法和扩大指标估算法两种方法。

(1)分项详细估算法。分项详细估算法是对计算流动资金需要掌握的流动资产和流动负债这两类因素分别进行估算。一般参照现有同类企业的情况进行流动资金估算时，此方法多被采用。

（2）扩大指标估算法。扩大指标估算法一般在个别情况或小型项目中被采用。可分为以下几类：按建设投资的一定比例估算；按经营成本的一定比例估算；按年销售收入的一定比例估算；按单位产量占用流动资金的比例估算。

6.2.3 监理工程师在项目前期投资控制的工作

投资者为了排除盲目性，减少风险，一般都要委托咨询、设计等部门进行可行性研究，委托监理单位进行可行性研究的管理或对可行性报告的审查。监理工程师在此阶段的具体任务主要是审查拟建项目投资估算的正确性与投资方案的合理性。

1. 对投资估算的审查

（1）审查投资估算基础资料的正确性。对建设项目进行投资估算，咨询单位、设计单位或项目管理公司等投资估算编制单位一般应事先确定拟建项目的基础数据资料，如项目的拟建规模、生产工艺、设备构成、生产要素市场价格行情、同类项目历史经验数据，以及有关投资造价指标、指数等，这些资料的准确性、正确性直接影响到投资估算的准确性。监理工程师应对其逐一进行分析。对于拟建项目生产能力，应审查其是否符合建设单位的投资意图，通过直接向建设单位咨询、调查的方法即可判断其是否正确。对于生产工艺设备的构成可对相关设备制造厂或供货商进行咨询。对于同类项目历史经验数据及有关投资造价指标、指数等资料的审查可参照已建成的同类型项目，或尚未建成但设计方案已经批准、图纸已经会审、设计概预算已经审查通过的资料作为拟建项目投资估算的参考资料。同时，还应对拟建项目生产要素市场价格行情等进行准确判断，审查所套用指标与拟建项目差异及调整系数是否合理。

（2）审查投资估算所采用方法的合理性。投资估算方法有很多，常用的估算方法有生产能力指数法、资金周转率法、比例估算法、综合指标投资估算法。生产能力指数法多用于估算生产装置投资；资金周转率法概念简单明了、方便易行，但误差较大；比例估算法适用于设备投资占比例较大的项目；综合指标投资估算法又称为概算指标法，需要相关专业提供较为详细的资料，估算有一定深度，精确度相对较高。但究竟选用何种方法，监理工程师应根据投资估算的精确度要求，以及拟建项目技术经济状况的已知情况来决定。

2. 对项目投资方案的审查

对项目投资方案的审查，主要是通过对拟建项目方案进行重新评价，查看原可行性研究报告编制部门所确定的方案是否为最优方案。监理工程师对投资方案审查时，应做好如下工作。

（1）列出实现建设单位投资意图的各个可行性方案，并尽可能地做到不遗漏。因为遗漏的方案如果是最优方案，那么将会直接影响到可行性研究工作质量和投资效果。

（2）熟悉建设项目方案评价的方法。对推荐方案的评价主要有环境影响评价[①]、财务评价、国民经济评价、社会评价、风险分析。环境影响评价是研究确定场址方案和技术方案中，调查

---

① 工程与生态环境保护之间存在密切关联，合理规划、实施和管理工程项目可确保工程项目的可持续性，并最大限度地减少对生态系统的破坏，对于最大限度地保护生态环境是至关重要的。我国提出了建设生态文明的概念，将其作为国家发展的重要目标之一，鼓励绿色发展、低碳经济和循环利用资源，推动经济增长和环境保护相协调。

研究环境条件、识别和分析拟建项目影响环境的因素，研究提出治理和保护环境的措施、比选和优化环境保护方案。财务评价是在国家现行财税制度和市场价格体系下，分析预测项目的财务效益与费用，计算财务评价指标，考察拟建项目的盈利能力、偿债能力和财务生存能力。国民经济评价是按照经济资源合理配置的原则，用影子价格和社会折现率等国民经济评价参数，从国民经济整体角度考察项目所消耗的社会资源和对社会的贡献，评价投资项目的经济合理性。社会评价是分析拟建项目对当地社会的影响和当地社会条件对项目的适应性和可接受程度，评价项目的社会可行性。风险分析是一种系统性的方法，用于识别、评估和优先处理项目中潜在的风险，过程包括风险识别、风险估计、风险管理策略制定、风险解决和风险监督等多个步骤。

监理工程师对方案的审查、比选、确定最优方案的过程就是实现建设项目方案技术与经济统一的过程，也就同时做到了投资的合理确定和有效控制。

6.3　建设工程设计阶段的投资控制

工程设计是可行性研究报告经批准后，工程开始施工前，设计单位根据已批准的设计任务书，为具体实现拟建项目的技术、经济要求，拟定建筑、安装及设备制造等所需的规划、图纸、数据等技术文件的工作。

一般工程项目进行初步设计和施工图设计两阶段设计，也称为"两阶段设计"；大型和技术复杂的工程项目需进行初步设计、技术设计和施工图设计，也称为"三阶段设计"。在初步设计阶段应编制设计概算，技术设计阶段应修正概算，施工图设计阶段应编制施工图预算。它们之间的关系为设计概算不得突破已经批准的投资估算，施工图预算不得超过批准的设计概算。

设计阶段是确定投资额的重要阶段，也是投资控制的关键阶段。在设计阶段，监理工程师投资控制主要是通过收集类似项目投资数据和资料，协助建设单位制定项目投资目标规划；督促设计单位增强执行设计标准，进行标准设计的意识；采取限额设计的方法，有效防止"三超"（概算超估算、预算超概算、决算超预算）的现象；应用价值工程进行优化设计；对设计概算、施工图预算进行审查等手段和方法，使设计在满足质量和功能的前提下，实现投资的控制目标。

6.3.1　设计阶段投资控制的方法

设计阶段项目投资控制的重点是采取预控手段，促使设计在满足质量及功能要求的前提下，不超过计划投资，并尽可能地实现节省费用。为了不超过投资估算，就要以初步设计开始前的项目计划投资估算为目标，使初步设计完成时的概算不超过估算、技术设计完成时的修正概算不超过概算、施工图完成时的预算不超过修正概算。为此，在设计过程中，一方面，要及时对设计图纸工程内容进行估价和设计跟踪，审查概算、修正概算和预算，如发现超过投资，要向业主提出建议，在业主的指示下通知设计单位修改设计；另一方面，监理工程师要对设计进行技术经济比较，通过比较，寻求设计挖掘的潜在可能性。

设计阶段投资控制包含两层含义：一是依据计划投资促使各专业设计工程师进行限额设计，

并采取各种措施，确保设计所需投资不超过计划投资；二是控制设计阶段的费用支出。

6.3.2 设计概算的审查

设计概算是初步设计概算的简称，是指在初步设计或扩大初步设计阶段，由设计单位根据初步设计图纸、定额、指标、其他工程费用定额等，对工程投资进行的粗略计算。设计概算是初步设计文件的重要组成部分，是确定工程设计阶段的投资依据，经过批准的设计概算是控制工程建设投资的最高限额。

审查设计概算有利于合理确定和分配投资资金，加强投资计划管理；审查设计概算有助于促进概算编制人员严格执行国家有关概算的编制规定和费用标准，提高概算的编制质量；审查设计概算有助于促进设计的技术先进性与经济合理性的统一；合理、准确的设计概算可使下阶段投资控制目标更加科学合理，堵塞了投资缺口或突破投资的漏洞，缩小概算与预算之间的差距，可提高项目投资的经济效益。

1. 设计概算审查的方法

设计概算审查主要有以下几种方法。

(1)全面审查法。全面审查法是指按照全部施工图的要求，结合有关预算定额分项工程中的工程细目，逐个全部地进行审核的方法。其具体计算方法和审核过程与编制预算的计算方法和编制过程基本相同。

全面审查法的优点是全面、细致，所审核过的工程预算质量高，差错比较少；缺点是工作量太大。全面审查法一般适用于一些工程量较小、工艺比较简单、编制工程预算力量较薄弱的设计单位所承包的工程。

(2)重点审查法。对工程预算中的重点进行审查的方法，称为重点审查法。重点审查法的内容主要包括选择工程量大或造价较高的项目进行重点审查；对补充单价进行重点审查；对计取的各项费用的费用标准和计算方法进行重点审查等。重点审查工程预算的方法应灵活掌握。例如，在重点审查中，如发现问题较多，应扩大审查范围；反之，如没有发现问题，或者发现的差错很小，应考虑适当缩小审查范围。

(3)经验审查法。经验审查法是指监理工程师根据以前的实践经验，审查容易发生差错的那些部分工程细目的方法。如土方工程中的平整场地和余土外运、土壤分类等工作内容，基础工程中的基础垫层、暖沟挡土墙工程、钢筋混凝土组合柱、基础圈梁、室内暖沟盖板等，都是较容易出错的地方，应重点审查。

(4)分解对比审查法。分解对比审查法是把一个单位工程，按直接费与间接费进行分解，然后再把直接费按工种工程和分部工程进行分解，分别与审定的标准图预算进行对比分析的方法。

分解对比审查法是把拟审的预算造价与同类型的定型标准施工图或复用施工图的工程预算造价相比较，如果出入不大，就可以认为本工程预算问题不大，不再审查；如果出入较大，如超过或少于已审定的标准设计施工图预算造价的1%或3%以上(各地区的要求不同)，再按分部分项工程进行分解，边分解边对比，哪里出入较大，就进一步审查哪里。

2. 设计概算审查的内容

(1)审查设计概算的编制依据。审查设计概算编制依据的合法性，即编制是否经过国家或授权机关批准；审查设计概算编制依据的时效性，即编制概算所依据的定额、指标、价格、取费标准等是不是现行有效的；审查设计概算编制依据的适用范围，即所依据的定额、价格、指标、取费标准等是否符合工程项目所在地、所在行业的实际情况等。

(2)审查设计概算的编制内容。

①审查设计概算的编制是否符合国家的建设方针、政策，是否根据工程所在地的自然条件编制。

②审查建设规模(投资规模、生产能力等)、建设标准(用地指标、建筑标准等)、配套工程、设计定员等是否符合原批准的可行性研究报告或立项批文的标准。对总概算投资超过批准投资估算10%以上的，应查明原因，重新上报审批。

③审查编制方法、计价依据和程序是否符合现行规定，包括定额或指标的适用范围和调整方法是否正确，进行定额或指标的补充时，要求补充定额的项目划分、内容组成、编制原则等要与现行的定额精神一致。

④审查工程量计算是否正确。工程量的计算是否根据初步设计图纸、概算定额、工程量计算规则和施工组织设计的要求进行，有无多算、重算和漏算，尤其对工程量大、投资大的项目要重点审查。

⑤审查材料用量和价格。审查主要材料如钢材、水泥、木材等的用量数据是否正确，材料预算价格是否符合工程所在地的价格水平，材料价差调整是否符合现行规定及其计算是否正确等。

⑥审查设备规格、数量和配置是否符合设计要求，是否与设备清单相一致，设备预算价格是否真实，设备原价和运杂费的计算是否正确，非标准设备原价的计价方法是否符合规定，进口设备的各项费用的组成及其计算程序、方法是否符合国家主管部门的规定。

⑦审查建筑安装工程的各项费用的计取是否符合国家或地方有关部门的现行规定，计算程序和取费标准是否正确。

⑧审查综合概算、总概算的编制内容、方法是否符合现行规定和设计文件的要求，有无设计文件外项目，有无将非生产性项目以生产性项目形式列入。

⑨审查总概算文件的组成内容，是否完整地包括了建设项目从筹建到竣工投产为止的全部费用组成。

⑩审查工程建设其他各项费用。按国家和地区规定逐项审查，不属于总概算范围的费用项目不能列入概算。审查费率或计取标准是否按国家、行业有关部门规定计算，有无随意列项，有无多列、交叉计列和漏项等。

⑪审查项目的"三废"治理。拟建项目必须同时安排废水、废气、废渣的治理方案和投资，对于未作安排或漏项、多算、重算的项目，要按国家有关规定核实投资，以满足"三废"排放标准。

⑫审查技术经济指标。技术经济指标计算方法和程序是否正确，综合指标和单项指标与同类型工程指标相比，是偏高还是偏低，其原因是什么并予以纠正。

⑬审查投资经济效果。设计概算是初步设计经济效果的反映，要按照生产规模、工艺流程、产品品种和质量，从企业的投资效益和投产后的运营效益进行全面分析，是否达到了技术先进

可靠、经济合理的要求。

　　3. 审查设计概算的编制深度

　　(1)审查编制说明，可以检查概算的编制方法、深度和编制依据等重大原则问题，若编制说明有差错，具体概算必有差错。

　　(2)审查概算编制深度，一般大中型项目的设计概算，应有完整的编制说明和"三级概算"（建设项目总概算表、单项工程综合概算表、单位工程概算表），并按有关规定的深度进行编制。审查是否符合规定的"三级概算"，各级概算的编制、核对、审核是否按规定签署，有无随意简化，有无把"三级概算"简化为"二级概算"，甚至"一级概算"。

　　(3)审查概算编制范围及具体内容是否与主管部门批准的建设项目范围及具体工程内容一致；审查分期建设项目的建筑范围及具体工程内容有无重复交叉，是否重复计算或漏算；审查其他费用应列的项目是否符合规定，静态投资、动态投资和经营性项目铺底流动资金是否分别列出等。

6.3.3　施工图预算的审查

　　施工图预算是根据批准的施工图设计、预算定额和单位计价表、施工组织设计文件，以及各种费用定额等有关资料计算和编制的单位工程预算造价的文件。施工图预算是建设单位在施工期间安排资金使用计划和使用建设资金的依据；是招标投标的重要基础；是建设单位拨付进度款和办理结算的依据；是施工单位进行施工准备和控制施工成本的依据。

　　对于施工图预算审查的重点是工程量计算是否准确，定额套用、各项取费标准是否符合现行规定或单价计算是否合理等方面。

　　1. 审查施工图预算的方法

　　审查施工图预算的方法主要有全面审查法、标准预算审查法、分组计算审查法、对比审查法、筛选审查法和重点审查法。

　　(1)全面审查法。全面审查法又称逐项审查法，即按预算定额顺序或施工的先后顺序，逐一地全部进行审查的方法。此方法的优点是全面、细致，经审查的工程预算差错比较少，质量比较高；缺点是审查工作量相对比较大。对于一些工程量较小、工艺比较简单的工程，编制工程预算的技术力量比较薄弱，可采用全面审查法。

　　(2)标准预算审查法。对于利用标准图纸或通用图纸施工的工程，先集中力量，编制标准预算，以此为标准审查预算的方法。按标准图纸设计或通用图纸施工的工程一般上部结构及其做法相同，可集中力量细审一份预算，或编制一份预算，作为这种标准图纸的标准预算，或用这种标准图纸的工程量为标准，对照审查，而对局部不同的部分作单独审查即可。这种方法的优点是审查时间短、效果好、好定案；缺点是适用范围小，只适用于按标准图纸设计的工程。

　　(3)分组计算审查法。分组计算审查法是一种加快审查工程量速度的方法，具体做法是把预算中的项目划分为若干组，并把相邻且有一定内在联系的项目编为一组，审查或计算同一组中某个分项工程量，利用工程量间具有相同或相似计算基础的关系，判断同组中其他几个分项工程量计算的准确程度的方法。该方法的优点是审查速度快、工作量小。

例如，土建工程中将底层建筑面积、地面面层、地面垫层、楼面面层、楼面找平层、楼板体积、天棚抹灰、天棚刷浆、屋面层等编为一组。先把底层建筑面积、楼(地)面面积计算出来，而楼面找平层、顶棚抹灰、刷白的工程量与楼(地)面面积相同；垫层工程量等于地面面积乘以垫层厚度；空心楼板工程量由楼面工程量乘以楼板的折算厚度计算；底层建筑面积加挑檐面积，乘以坡度系数(平屋面不乘)即屋面工程量；底层建筑面积乘以坡度系数(平屋面不乘)再乘以保温层的平均厚度为保温层工程量。

(4)对比审查法。对比审查法是用已建成工程的预算或虽未建成但已审查修正的工程预算对比审查拟建类似工程预算的一种方法。对比审查法一般有以下几种情况，应根据工程的不同条件，区别对待。

①两个工程采用同一个施工图，但基础部分和现场条件不同。其新建工程基础以上部分可采用对比审查法，不同部分可分别采用相应的审查方法进行审查。

②两个工程设计相同，但建筑面积不同。根据两个工程建筑面积之比与两个工程分部分项工程量之比基本一致的特点，可审查新建工程各分部分项工程的工程量；或者用两个工程每平方米建筑面积造价，以及每平方米建筑面积的各分部分项工程量，进行对比审查。

③两个工程的面积相同，但设计图纸不完全相同时，可把相同的部分，如厂房中的柱子、屋架、屋面、围护结构等进行工程量的对比审查，不能对比的分部分项工程按图纸计算。

(5)筛选审查法。建筑工程虽然有建筑面积和高度的不同，但是其各分部分项工程单位面积上的指标变化不大，把这些数据加以汇集、优选、归纳为工程量、价格、用工3个单方基本指标，并注明基本指标的适用范围。这些基本指标用来筛选各分部分项工程，对于不符合条件的进行详细审查，若审查对象的预算标准与基本指标的标准不符就要对其进行调整。筛选审查法的优点是简单易懂，便于掌握，审查速度快，便于发现问题。但问题出现的原因需要继续审查。因此，此方法适用于审查住宅工程或不具备全面审查条件的工程。

(6)重点审查法。重点审查法是抓住工程预算的重点进行审查的方法。审查的重点一般是工程量大或投资较高的工程、结构复杂的工程、补充定额、计取的各项费用(计费基础、取费标准)等。此方法的优点是突出重点，审查时间短，审查效果好。

2. 审查施工图预算的步骤

(1)熟悉施工图纸。施工图纸是编制预算分项工程数量的重要依据，必须全面熟悉了解。一是核对所有的图纸，清点无误后，依次识读；二是参加技术交底，解决图纸中的疑难问题，直至完全掌握图纸。

(2)了解预算包括的范围。根据预算编制说明，了解预算包括的工程内容，如配套设施、室外管线、道路，以及会审图纸后的设计变更等。

(3)弄清楚编制预算采用的单位工程估价表。任何单位估价表或预算定额都有一定的适用范围。根据工程性质，收集和熟悉相应的单价、定额资料，特别是市场材料单价和取费标准等。

(4)选择合适的审查方法。由于各工程项目规模、所处地区自然、技术、经济条件存在差异，繁简程度不同，工程项目施工方法和施工承包单位情况不同，所编工程预算的质量也不同。因此，需要选择适当的审查方法进行审查。

(5)整理审查资料并调整定案。整理审查资料，定案后编制调整施工图预算。经审查若发现差错，应及时与编制单位协商，统一意见后进行相应的修正。

6.4 建设工程施工阶段的投资控制

建设项目的投资主要发生在施工阶段，而施工阶段投资控制所受的自然条件、社会环境条件等主观、客观因素影响又是最突出的。如果在施工阶段监理工程师不严格进行投资控制工作，将会造成较大的投资损失，以及出现整个建设项目投资失控现象。

监理工程师在施工阶段进行投资控制的基本原则是把计划投资额作为投资控制的目标值，在工程施工过程中定期地进行投资实际值与目标值的比较，通过比较发现并找出实际支出额与投资控制目标值之间的偏差，分析产生偏差的原因，并采取有效措施加以控制，以保证投资控制目标的实现。

6.4.1 施工阶段投资控制的工作流程

施工阶段投资控制的工作流程如图 6-4 所示。

6.4.2 施工阶段投资控制的措施

建设工程项目的投资主要发生在施工阶段，在这一阶段为了有效地控制投资，应从组织、经济、技术、合同等多方面采取措施。

(1)组织措施。

①在项目管理班子中落实从投资控制角度进行施工跟踪的人员、任务分工和职能分工。

②编制本阶段投资控制工作计划和详细的工作流程图。

(2)经济措施。

①编制资金使用计划，确定、分解投资控制目标。对工程项目造价目标进行风险分析，并制定防范性对策。

②进行工程计量。

③复核工程付款账单，签发付款证书。

④在施工过程中进行投资跟踪控制，定期地进行投资实际支出值与计划目标值的比较；发现偏差，分析产生偏差的原因，采取纠偏措施。

⑤协商确定工程变更的价款。审核竣工结算。

⑥对工程施工过程中的投资支出做好分析与预测，经常或定期向建设单位提交项目投资控制及其存在问题的报告。

(3)技术措施。

①对设计变更进行技术经济比较，严格控制设计变更。

②继续寻找通过设计挖掘节约控制的可能性。

③审核承包商编制的施工组织设计，对主要施工方案进行技术经济分析。

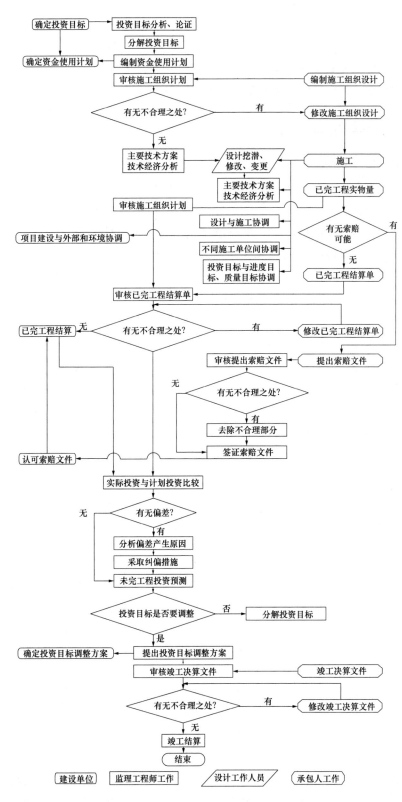

图 6 - 4 施工阶段投资控制的工作流程

（4）合同措施。

①做好工程施工记录，保存好各种文件图纸，特别是注意实际施工变更情况的图纸，注意积累素材，为正确处理可能发生的索赔提供依据。参与处理索赔事宜。

②参与合同修改、补充工作，着重考虑它对投资控制的影响。

6.4.3 资金使用计划的编制

如果没有明确的投资控制目标，就无法进行项目投资实际支出值与目标值的比较，不能进行比较也就不能找出偏差，不知道偏差程度，措施就缺乏针对性。在确定投资控制目标时，应有科学的依据。如果投资目标值与人工单价、材料预算价格、设备价格及各项有关费用和各种取费标准不相适应，那么投资控制目标便没有实现的可能，则控制也是徒劳的。

施工阶段投资控制的目标一般是以招标投标阶段确定的合同价作为投资控制目标，监理工程师应对投资目标进行分析、论证，并进行投资目标分解，在此基础上依据项目实施进度，编制资金使用计划。做到控制目标明确，便于实际值与目标值的比较，使投资控制具体化、可实施。

资金使用计划编制过程中最重要的步骤是项目投资目标的分解。根据投资控制目标和要求的不同，投资目标的分解可分为按投资构成、按子项目和按时间进度分解三种类型。

（1）按投资构成分解的资金使用计划。工程项目投资构成主要包括建筑安装工程投资、设备和工器具购置投资，以及工程建设其他投资构成。工程项目投资总目标的分解如图6-5所示。这种分解方法主要适用于有大量经验数据的工程项目。

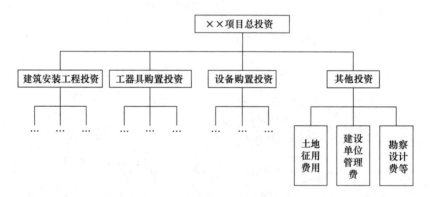

图6-5　按投资构成分解投资总目标

（2）按子项目分解的资金使用计划。大中型工程项目通常是由若干个单项工程组成，而每个单项工程包括了多个单位工程，每个单位工程又是由若干个分部分项工程组成。项目总投资按子项目分解如图6-6所示。按照此法分解项目总投资时，不能只是分解建筑安装工程投资、设备和工器具购置投资，还应该分解项目的其他投资。

（3）按时间进度分解的资金使用计划。工程项目的投资是分阶段、分期支出的，资金使用是否合理与资金的使用时间安排有密切关系。在按时间进度编制工程资金使用计划时，必须先确定工程的时间进度计划，通常可用横道图或网络图，根据时间进度计划所确定的各子项

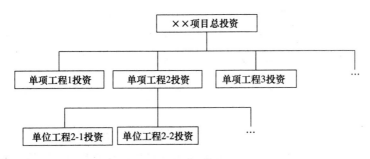

图6-6 按子项目分解的资金使用计划

目开始时间和结束时间，安排工程投资资金支出，同时，对时间进度计划也形成一定的约束作用。其表达形式一般有两种：一种是在总体控制的时标网络图上表示，如图6-7所示；另一种是绘制时间—投资累计曲线（S曲线），如图6-8所示。

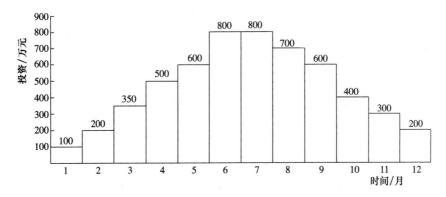

图6-7 在时标网络图上按月编制的资金使用计划

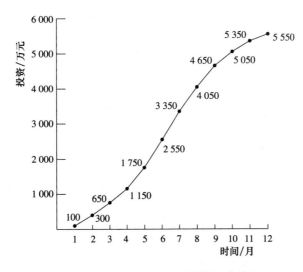

图6-8 时间—投资累计曲线（S曲线）

以上编制资金使用计划的3种方法不是相互独立的。在实践中往往是将这些方法结合起来使用，从而达到扬长避短的效果。其表现形式为"综合分解资金使用计划表"。"综合分解资金使用计划表"一方面有助于检查各单项工程和单位工程的投资构成是否合理，有无缺陷或重复计算；另一方面也可以检查各项具体的投资支出的对象是否明确和落实，并可校核分解的结果是否正确。

6.4.4 工程计量

工程计量是指根据设计文件及承包合同中关于工程量计算的规定，监理工程师对承包商申报的已完成工程的工程量进行的核验。工程量计量是控制项目投资支出的关键环节，是约束承包商履行合同义务的手段。

1. 工程计量的程序

(1)承包单位统计经专业监理工程师质量验收合格的工程量，按施工合同的约定填报工程量清单和工程款支付申请表。

(2)专业监理工程师进行现场计量，按施工合同的约定审核工程量清单和工程款支付申请表，并报总监理工程师审定。

(3)总监理工程师签署工程款支付证书，并报建设单位。

(4)未经监理人员质量验收合格的工程量，或不符合规定的工程量，监理人员应拒绝计量，拒绝该部分的工程款支付申请。

2. 工程计量的依据

工程计量的依据一般包括质量合格证书、工程量清单前言和技术规范中"计量支付"条款、设计图纸。对于承包商已完成的工程，并不是全部进行计量，而只是质量达到合同标准的已完工程才予以计量，所以，质量合格证书是工程计量的基础和依据。工程量清单前言和技术规范中"计量支付"条款规定了工程量清单中每一项工程的计量方法，同时，还规定了按规定的计量方法确定的单价所包括的工作内容和范围，所以，工程量清单前言和技术规范中"计量支付"条款是确定计量方法的依据。监理工程师对已完工程的计量，不能以实际完成的工程量为依据，而是主要以设计图纸为依据。

3. 工程计量的方法

在对工程项目进行计量时，并不是对所有的工程都进行计量，一般只对工程量清单中的全部项目、合同文件中规定的项目和工程变更项目进行计量。根据 FIDIC(国际咨询工程师联合会)合同条件的规定，工程计量的方法如下。

(1)均摊法。均摊法就是对清单中某些项目的合同价款，按合同工期平均计量。如为监理工程师提供宿舍、保养测量设备、维护工地清洁和整洁等。

(2)凭据法。凭据法就是按照承包商提供的凭据进行计量支付的方法。如建筑工程险保险费、第三方责任险保险费、履约保证金等项目。

(3)估价法。估价法就是按合同文件的规定，根据监理工程师估算的已完成的工程价值支付的方法。如监理为工程师提供办公设施和生活设施，为监理工程师提供一些仪器设备等。这类清单项目往往要购买几种仪器设备，当承包商对于某一项清单项目中规定购买的仪器设备不能一次购进时，则需要采用估价法进行计量支付。

（4）断面法。断面法主要用于取土坑或填筑路堤土方的计量。

（5）图纸法。在工程量清单中，许多项目采取按照设计图纸所示的尺寸进行计量。如混凝土构筑物的体积、钻孔桩的桩长等。

（6）分解计量法。分解计量法就是将一个项目根据工序或部位分解为若干子项，对完成的各子项进行计量支付。这种计量方法主要是为了解决一些包干项目或较大工程项目的支付时间过长、影响承包商的资金流动等问题。

6.4.5　工程变更

工程变更是在工程项目实施过程中，按照合同约定的程序对部分或全部工程在材料、工艺、功能、构造、尺寸、技术指标、工程数量及施工方法等方面作出的改变。建设工程施工合同签订以后，对合同文件中的任意部分的变更都属于工程变更的范畴。建设单位、设计单位、施工单位和监理单位都可以提出工程变更的要求。在工程建设过程中，如果对工程变更处理不当，将对工程的投资、进度计划、工程质量造成影响，甚至引发合同的有关方面的纠纷。因此，对工程变更应予以重视，严加控制，并依照法定程序予以解决。

1. 工程变更的原因

工程变更一般主要有以下几个方面的原因。

（1）业主新的变更指令，对建筑的新要求。如业主有新的意图，业主修改项目计划、削减项目预算等。

（2）设计人员、监理人员及承包商事先没有很好地理解业主的意图，或设计的错误，导致图纸修改。

（3）工程环境的变化，预定的工程条件不准确，要求实施方案或实施计划变更。

（4）由于产生新技术和知识，有必要改变原设计、原实施方案或实施计划，或由于业主指令及业主责任的原因造成承包商施工方案的改变。

（5）政府部门对工程新的要求，如用地计划变化、环境保护要求、城市规划变动等。

（6）由于合同实施出现问题，必须调整合同目标或修改合同条款。

2. 工程变更的范围和内容

根据国家发展和改革委员会等九部委联合编制的《中华人民共和国标准施工招标文件（2007年版）》中的通用合同条款的规定，除专用合同条款另有约定外，在履行合同中发生以下情形之一，应按照本条规定进行变更。

（1）取消合同中任何一项工作，但被取消的工作不能转由发包人或其他人实施。

（2）改变合同中任何一项工作的质量或其他特性。

（3）改变合同工程的基线、标高、位置或尺寸。

（4）改变合同中任何一项工作的施工时间或改变已批准的施工工艺或顺序。

（5）为完成工程需要追加的额外工作。

（6）在履行合同过程中，承包人可以对发包人提供的图纸、技术要求，以及在其他方面提出合理化建议。

除以上规定外，FIDIC(国际咨询工程师联合会)"施工合同条件"规定，每项变更可包括以下几项。

(1)对合同中任何工作的工作量的改变(此类改变并不一定必然构成变更)。

(2)任何工程质量或其他特性上的变更。

(3)工程任何部分标高、位置和尺寸上的改变。

(4)取消任何工作，除非它已被他人完成。

(5)永久工程所必需的任何附加工作，永久设备、材料或服务，包括任何联合竣工检验、钻孔和其他检验及勘查工作。

(6)工程的实施顺序或实际安排的改变等。

3. 工程变更的种类

工程变更的种类按变更的原因可分为以下五类。

(1)工程项目的增加和设计变更。在工程承包范围内，由于设计变更、遗漏、新增等原因而增加工程项目或增减工程量，其价值影响在合同总造价的10%以内时一般不变更合同，但可按实际增减数量计价。超过10%时，则需变更合同价。如果超过承包范围，则应通过协商，重新议价。另外，签订补充合同或重签合同。

(2)市场物价变化。在大中型项目工程承包中，一般采取对合同总造价实行静态投资包干管理，企图一次包死，不做变更。但由于大中型项目履约期长、市场价变化大，这种承包方式与实际严重背离，造成了很多问题，因此合同无法正常履行。目前，我国已逐步实行动态管理，合同造价随市场价格变化而变化，定期公布物价调整系数，甲乙双方据以结算工程价款，因而导致合同变更。

(3)施工方案变更。在施工过程中由于地质发生重大变化、设计变更、社会环境影响、物资设备供应重大变动、工期提前等造成施工方案变更。

(4)国家政策变动。合同签订后，由于国家、地方政策、法令、法规、法律变动，导致合同承包总价的重大增减，经管理机构现场代表协商签订后，予以合理变更。

(5)人力不可抗拒和不可预见的影响。如发生重大洪灾、地震、台风、战争和非乙方责任引起的火灾、破坏等，经甲方代表现场核实签证后，可协商延长工期并给承包商适当的补偿。

4. 处理变更的程序

(1)设计单位对原设计存在的缺陷提出的工程变更，应编制设计变更文件；建设单位或施工单位提出的工程变更，应提交总监理工程师，由总监理工程师组织专业监理工程师审查。审查同意后，应由建设单位转交原设计单位编制设计变更文件。当工程变更涉及安全、环保等内容时，应按规定经有关部门审定。

(2)项目监理机构应了解实际情况和收集与工程变更有关的资料。

(3)总监理工程师必须根据实际情况、设计变更文件和其他有关资料，按照施工合同的有关条款，在指定专业监理工程师完成下列工作后，对工程变更的费用和工期作出评估。

①确定工程变更项目与原工程项目之间的类似程度和难易程度。

②确定工程变更项目的工程量。

③确定工程变更的单价或总价。

(4)总监理工程师应就工程变更费用及工期的评估情况与施工单位和建设单位进行协调。

(5)总监理工程师签发工程变更单。

(6)项目监理机构应根据工程变更单监督施工单位实施。

工程变更管理基本程序如图6-9所示。

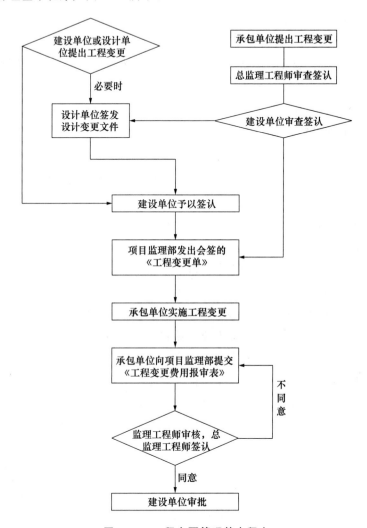

图6-9 工程变更管理基本程序

5. 费用调整

(1)分部分项工程费的调整。根据现行国家标准《建设工程工程量清单计价规范》(GB 50500—2013)的规定,因工程变更引起已标价工程量清单项目或其工程数量发生变化时,应按照下列规定调整。

①已标价工程量清单中有适用于变更工程项目的,应采用该项目的单价。但当工程变更导致该清单项目的工程数量发生变化,且工程量偏差超过15%时,增加部分的工程量的综合单价应予以调低;当工程量减少15%以上时,减少后剩余部分的工程量的综合单价应予调高。

②已标价工程量清单中没有适用但有类似于变更工程项目的，可在合理范围内参照类似项目的单价。

③已标价工程量清单中没有适用也没有类似于变更工程项目的，应由承包人根据变更工程资料、计量规则和计价办法、工程造价管理机构发布的信息价格和承包人报价浮动率提出变更工程项目的单价，并应报发包人确认后调整。承包人报价浮动率可按式(6-1)、式(6-2)计算：

招标工程：　　承包人报价浮动率 $L = (1 - 中标价/招标控制价) \times 100\%$ 　　　　　　(6-1)

非招标工程：　　承包人报价浮动率 $L = (1 - 报价/施工图预算) \times 100\%$ 　　　　　　(6-2)

④已标价工程量清单中没有适用也没有类似于变更工程项目，且工程造价管理机构发布的信息价格缺价的，应由承包人根据变更工程资料、计量规则、计价办法和通过市场调查等取得有合法依据的市场价格提出变更工程项目的单价，并应报发包人确认后调整。

(2)工程变更措施项目费调整。工程变更引起施工方案改变并使措施项目发生变化时，承包人提出调整措施项目费的，应事先将拟实施的方案提交发包人确认，并应详细说明与原方案措施项目相比的变化情况。拟实施的方案经发承包双方确认后执行，并应按照下列规定调整措施项目费。

①安全文明施工费应按照实际发生变化的措施项目计算，措施项目中的安全文明施工费不得作为竞争性费用[①]。

②采用单价计算的措施项目费，应按照实际发生变化的措施项目，按价款调整的规定确定单价。

③按总价(或系数)计算的措施项目费，按照实际发生变化的措施项目调整，但应考虑承包人报价浮动因素，即调整金额按照实际调整金额乘以式(6-1)、式(6-2)计算得出的承包人报价浮动率计算。如果承包人未事先将拟实施的方案提交给发包人确认，则应视为工程变更不引起措施项目费的调整或承包人放弃调整措施项目费的权利。

(3)承包人报价偏差的调整。如果工程变更项目出现承包人在工程量清单中填报的综合单价与发包人招标控制价相应清单项目的综合单价偏差超过15%，则工程变更项目的综合单价可由发承包双方协商调整。

(4)删减工程或工作的补偿。如果发包人提出的工程变更，因非承包人原因删减了合同中的某项原定工作或工程，致使承包人发生的费用或(和)得到的收益不能被包括在其他已支付或应支付的项目中，未被包含在任何替代的工作或工程中，则承包人有权提出并得到合理的费用及利润补偿。

6.4.6　工程索赔

索赔是在建设工程施工合同履行过程中，合同当事人一方因对方违约、过错或无法防止的

---

① "人民至上"是中国政府的核心政治理念，强调政府应该为人民谋幸福、维护人民权益，并将人民的利益置于至上的地位。"安全文明施工费不得作为竞争性费用"强调了在工程建设过程中，安全和文明施工的重要性，给予了保障施工中人身安全及良好工作生活环境的充分重视，防止了以降低这方面的投入以获取竞争优势的行为，体现了新时代中国特色社会主义坚持人民至上的发展理念。

外因造成本方合同义务以外的费用支出，或致使本方遭到损失时，通过一定的合法途径和程序，要求对方按合同条款规定给予赔偿或补偿的权利。凡是涉及两方或两方以上的合同协议都可能发生索赔问题。索赔是落实合同当事人双方权利与义务的有效手段，是建设工程施工合同及有关法律赋予当事人的权利，是合同双方保护自己、维护自己正当权益、避免和减少由于对方违约造成经济损失、提高经济效益的手段，是合同法律效力的具体表现。索赔能对违约者起着警戒作用，使其考虑到违约的后果，起着保证合同实施的作用。索赔会导致工程项目投资的变化，所以，索赔的控制是建设工程施工阶段投资控制的重要手段。

1. 索赔的主要类型

（1）承包人向发包人的索赔。

①不利的自然条件与人为障碍引起的索赔。不利的自然条件是指施工中遭遇到的实际自然条件比招标文件中所描述得更为困难和恶劣，是一个有经验的承包人无法预测的不利的自然条件与人为障碍，导致了承包人必须花费更多的时间和费用，在这种情况下，承包人可以向发包人提出索赔要求。

②地质条件变化引起的索赔。一般来说，在招标文件中规定，由发包人提供有关该项工程的勘查所取得的水文及地表以下的资料。但在合同中往往写明承包人在提交投标书之前，已对现场和周围环境及与之有关的可用资料进行了考察和检查，包括地表以下条件及水文和气候条件。承包人应对其对上述资料的解释负责。但合同条件中经常还有另外一条：在工程施工过程中，承包人如果遇到了现场气候条件以外的外界障碍或条件，在承包人看来这些障碍和条件是一个有经验的承包人也无法预见的，则承包人应就此向监理工程师提供有关通知，并将一份副本呈交发包人。收到此类通知后，如果监理工程师认为这类障碍或条件是一个有经验的承包人无法合理预见到的，在与发包人和承包人适当协商以后，应给予承包人延长工期和费用补偿的权利，但不包括利润。以上两条并存的合同文件，往往是承包人同发包人及监理工程师各执一端争议的缘由所在。

③工程中人为障碍引起的索赔。在施工过程中，如果承包人遇到了地下构筑物或文物，如地下电缆、管道和各种装置等，只要是图纸上并未说明的，承包人应立即通知监理工程师，并共同讨论处理方案。如果导致工程费用增加，承包人即可提出索赔。这种索赔发生争议较少。由于地下构筑物和文物等确属有经验的承包人难以合理预见的人为障碍，一般情况下，因遭遇人为障碍而要求索赔的数额并不太大，但闲置机器而引起的费用是索赔的主要部分。如果要减少突然发生的障碍的影响，监理工程师应要求承包人详细编制其工作计划，以便在必须停止一部分工作时，仍有其他工作可做。当未预知的情况所产生的影响不可避免时，监理工程师应立即与承包人就解决问题的办法和有关费用达成协议，给予工期延长和成本补偿。如果遇困难，可发出变更命令，并确定合适的费率和价格。

④工程变更引起的索赔。在工程施工过程中，由于工地上不可预见的情况，环境的改变，或为了节约成本等，在监理工程师认为必要时，可以对工程或其任何部分的外形、质量或数量作出变更。任何此类变更，承包人均不应以任何方式使合同作废或无效。但如果监理工程师确定的工程变更单价或价格不合理，或缺乏说服承包人的依据，则承包人有权就此向发包人进行索赔。

⑤工期延期的费用索赔。工期延期的索赔通常包括两个方面：一方面是承包人要求延长工

期；另一方面是承包人要求偿付由于非承包人原因导致工程延期而造成的损失。一般这两个方面的索赔报告要求分别编制，因为工期和费用索赔并不一定同时成立。例如，由于特殊恶劣气候等原因承包人可以要求延长工期，但不能要求赔偿；也有些延误时间并不影响关键路线的施工，承包人可能得不到延长工期的承诺。但是，如果承包人能提出证据说明其延误造成的损失，就有可能有权获得这些损失的赔偿，有时两种索赔可能混在一起，既可以要求延长工期，又可以获得发包人对其损失的赔偿。

一项工程可能遇到各种意外的情况或由于工程变更而必须延长工期。但由于发包人原因，坚持不予延期，迫使承包人加班赶工来完成工程，从而导致工程成本增加，如何确定加速施工所发生的附加费用，合同双方可能差距很大。因为影响附加费用款额的因素很多，如投入的资源量、提前的完工天数、加班津贴、施工新单价等。解决这一问题建议采用"奖金"的办法，鼓励承包人克服困难，加速施工。即规定当某一部分工程或分部工程每提前完工一天，发给承包人奖金若干。这种支付方式的优点是不仅促使承包人早日建成工程，早日投入运行，而且计价方式简单。

⑥发包人不正当地终止工程而引起的索赔。由于发包人不正当地终止工程，承包人有权要求补偿损失，其数额是承包人在被终止工程中的人工、材料、机械设备的全部支出，以及各项管理费用、保险费、贷款利息、保函费用的支出（减去已结算的工程款），并有权要求赔偿其盈利损失。

⑦法律、货币及汇率变化引起的索赔。法律改变引起的索赔。如果在基准日期（招标工程以投标截止日期前的 28 天，非招标工程以合同签订前 28 天）以后，由于发包人国家或地方的任何法规、法令、政令或其他法律或规章发生了变更，导致了承包人成本增加。对承包人由此增加的开支，发包人应予以补偿。

货币及汇率变化引起的索赔。如果在基准日期以后，工程施工所在国政府或其授权机构对支付合同价格的一种或几种货币实行货币限制或货币汇兑限制，则发包人应补偿承包人因此而受到的损失。如果合同规定将全部或部分款额以一种或几种外币支付给承包人，则这项支付不应受上述指定的一种或几种外币与工程施工所在国货币之间的汇率变化的影响。

⑧拖延支付工程款的索赔。如果发包人在规定的应付款时间内未能按工程师的任何证书向承包人支付应付款额，承包人可在提前通知发包人的情况下，暂停工作或减缓工作速度，并有权获得任何误期的补偿和其他额外费用的补偿（如利息）。

(2)发包人向承包人的索赔。由于承包人不履行或不完全履行约定的义务，或者由于承包人的行为使发包人受到损失时，发包人可向承包人提出索赔。

①工期延误索赔。在工程项目的施工过程中，由于多方面的原因，竣工日期往往拖后，影响到发包人对该工程的利用，给发包人带来经济损失，按国际惯例，发包人有权对承包人进行索赔，即由承包人支付误期损害赔偿费。承包人支付误期损害赔偿费的前提是这一工期延误的责任属于承包人方面。施工合同中的误期损害赔偿费，通常是由发包人在招标文件中确定的。发包人在确定误期损害赔偿费的标准时，一般要考虑以下因素：发包人盈利损失；由于工程拖期而引起的贷款利息增加；工程拖期带来的附加监理费；由于工程拖期不能使用，继续租用原建筑物或租用其他建筑物的租赁费。

至于误期损害赔偿费的计算方法，在每个合同文件中均有具体规定。一般按每延误一天赔偿一定的款额计算，累计赔偿额一般不超过合同总额的10%。

②质量不满足合同要求索赔。当承包人的施工质量不符合合同的要求，或使用的设备和材料不符合合同规定，或在缺陷责任期未满以前未完成应该负责修补的工程时，发包人有权向承包人追究责任，要求补偿所受的经济损失。如果承包人在规定的期限内未完成缺陷修补工作，发包人有权雇佣他人来完成工作，发生的成本和利润由承包人负担。如果承包人自费修复，则发包人可索赔重新检验费。

③承包人不履行的保险费用索赔。如果承包人未能按照合同条款指定的项目投保，并保证保险有效，发包人可以投保并保证保险有效，发包人所支付的必要的保险费可在应付给承包人的款项中扣回。

④对超额利润的索赔。如果工程量增加很多，使承包人预期的收入增大，因工程量增加承包人并不增加任何固定成本，合同价应由双方讨论调整，收回部分超额利润。由于法规的变化导致承包人在工程实施中降低了成本，产生了超额利润，应重新调整合同价格，收回部分超额利润。

⑤发包人合理终止合同或承包人不正当地放弃工程的索赔。如果发包人合理地终止承包人的承包，或者承包人不合理地放弃工程，则发包人有权从承包人手中收回由新的承包人完成工程所需的工程款与原合同未付部分的差额。

2. **处理索赔的程序**

(1)施工单位在施工合同规定的期限内向项目监理机构提交对建设单位的费用索赔意向通知书。

(2)总监理工程师指定专业监理工程师收集与索赔有关的资料。

(3)施工单位在承包合同规定的期限内向项目监理机构提交对建设单位的费用索赔申请表。

(4)总监理工程师初步审查费用索赔申请表，符合费用索赔条件(索赔事件造成了施工单位直接经济损失。索赔事件是由于非施工单位的责任发生的)时予以受理。

(5)总监理工程师进行费用索赔审查，并在初步确定一个额度后，与施工单位和建设单位进行协商。

(6)总监理工程师应在施工合同规定的期限内签署费用索赔审批表。

3. **索赔费用的组成**

一般施工单位可索赔的具体费用内容如图6-10所示。

人工费包括增加工作内容的人工费、停工损失费和工作效率降低的损失费等累计，其中增加工作内容的人工费应按照计日工费计算，而停工损失费和工作效率降低的损失费按窝工费计算。窝工费的标准双方应在合同中约定。

设备费可采用机械台班费、机械折旧费、设备租赁费等几种形式。当工作内容增加引起设备费索赔时，设备费的标准按照机械台班费计算。因窝工引起的设备费索赔，当施工机械属于施工企业自有时，按照机械折旧费计算索赔费用。当施工机械是施工企业从外部租赁时，索赔费用的标准按照设备租赁费计算。

管理费包括现场管理费和总部管理费两部分。现场管理费是指施工单位完成额外工程、索

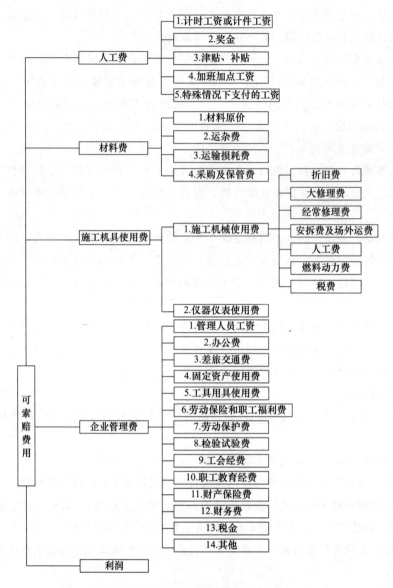

图6-10 可索赔费用的组成部分

赔事项工作及工期延长期间的施工现场的管理费用，包括管理人员的工资、办公费、交通费等；总部管理费主要是指工程延误期间所增加的公司总部的管理费用。

一般由于工程范围的变更、文件有缺陷或技术性错误、建设单位未能提供现场等引起的索赔，承包商可以列入利润。但对于工程暂停的索赔，因为利润通常是包括在每项实施的工程内容的价格之内的，延误工期并未影响削减某些项目的实施，而导致利润减少，所以一般监理工程师很难同意在工程暂停的费用索赔中加进利润损失。索赔利润的款额计算通常是与原报价单中的利润百分率保持一致。即在成本的基础上，增加原报价单中的利润率，作为该项索赔款的利润。

对于规费和税金，工程内容有变更或增加，承包商可以列入相应增加的规费与税金，款额计算通常是与原报价单中的百分率保持一致。其他情况一般不能索赔。

【例 6-1】　某建设单位和施工单位按照《建设工程施工合同（示范文本）》（GF－2017－0201）签订了施工合同，合同中约定建筑材料由建设单位提供，由于非施工单位原因造成的停工，机械补偿费为 200 元/台班，人工补偿费为 50 元/工日，总工期为 120 天，竣工时间提前奖励为 3 000 元/天，误期损失赔偿费为 5 000 元/天。经项目监理机构批准的施工进度计划如图 6-11 所示。

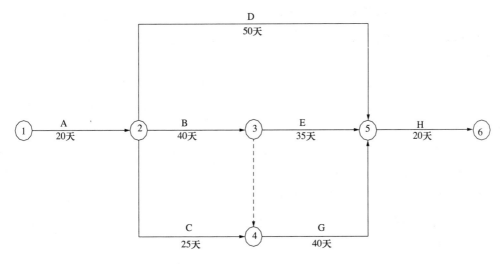

图 6-11　施工总进度计划图

施工过程中发生如下事件：

事件 1：工程进行中，建设单位要求施工单位对某一构件做破坏性试验，以验证设计参数的正确性。该试验需修建两间临时试验用房，施工单位提出建设单位应该支付该项试验费用和试验用房修建费用。建设单位认为，该试验费属建筑安装工程检验试验费，试验用房修建费属建筑安装工程措施费中的临时设施费，该两项费用已包含在施工合同价中。

事件 2：①建设单位要求对 B 工作的施工图纸进行修改，致使 B 工作停工 3 天（每停 1 天影响 30 工日，10 台班）；②由于机械租赁单位调度的原因，施工机械未能按时进场，C 工作的施工暂停 5 天（每停 1 天影响 40 工日，10 台班）；③由于建设单位负责供应的材料未能按计划到场，E 工作停工 6 天（每停 1 天影响 20 工日，5 台班）。施工单位就上述 3 种情况按正常的程序向项目监理机构提出了延长工期和补偿停工损失的要求。

事件 3：在工程竣工验收时，为了鉴定某个关键构件的质量，总监理工程师建议采用试验方法进行检验，施工单位要求建设单位承担该项试验的费用。

问题 1：事件 1 中建设单位的说法是否正确？为什么？

问题 2：逐项说明事件 2 中项目监理机构是否应批准施工单位提出的索赔，说明理由并给出审批结果（写出计算过程）。

问题 3：事件 3 中试验检验费用应由谁承担？

问题 4：已知该工程的实际工期为 122 天，分析施工单位应该获得工期提前奖励，还是应该支付误期损失赔偿费? 金额是多少?

解:

(1)建设单位的说法不正确。因为建筑安装工程费用项目组成的检验试验费中不包括构件破坏性试验费;建筑安装工程费中的临时设施费也不包括试验用房修建费用。

(2)由于建设单位要求对图修改 B 工作停工 3 天,应批准工期延长 3 天,因属建设单位原因且 B 工作处于关键线路上;费用可以索赔。

应补偿停工损失=3 天×30 工日×50 元/工日+3 天×10 台班×200 元/台班=10 500 元。

由于机械租赁单位调度原因,C 工作停工 5 天,工期索赔不予批准,停工损失不予补偿,因属施工单位原因。

由于建设单位材料未能按计划到场,E 工作停工 6 天,应批准工期延长 1 天,该停工虽属建设单位原因,但 E 工作有 5 天总时差,停工使总工期延长 1 天;费用可以索赔,应补偿停工损失=6 天×20 工日×50 元/工日+6 天×5 台班×200 元/台班=12 000 元。

(3)若构件质量检验合格,试验的费用由建设单位承担;若构件质量检验不合格,试验的费用由施工单位承担。

(4)由于非施工单位原因使 B 工作和 E 工作停工,造成总工期延长 4 天,计划工期为120 天,实际工期为 122 天,工期提前 120+4-122=2(天),施工单位应获得工期提前奖励,应得金额=2 天×3 000 元/天=6 000 元。

6.4.7 工程结算

1. 工程价款的主要结算方式

(1)按月结算。实行旬末或月中预支、月终结算、竣工后清算的方法。跨年度竣工的工程,应在年终进行工程盘点,办理年度结算。我国现行建筑安装工程价款结算中,相当一部分是实行这种按月结算的方法。

(2)竣工后一次结算。建设项目或单项工程全部建筑安装工程建设期在 12 个月以内的,或者工程承包合同价值在 100 万元以下的,可以实行工程价款每月中旬预支,竣工后一次结算。

(3)分段结算。当年开工、当年不能竣工的单项工程或单位工程可按照工程形象进度划分不同阶段进行结算。分段结算可以按月预支工程款。分段的划分标准,由各部门、自治区、直辖市、计划单列市规定。

(4)目标结款方式。即在工程合同中,将承包工程的内容分解成不同的控制界面,以业主验收控制界面作为支付工程价款的前提条件。也就是说,将合同中的工程内容分解成不同的验收单元,当承包商完成单元工程内容并经业主(或其委托人)验收后,业主支付构成单元工程内容的工程价款。

(5)结算双方约定的其他结算方式。施工企业在采用按月结算工程价款方式时,要先取得各月实际完成的工程数量,并按照工程预算定额中的工程直接费预算单价、间接费用定额和合同中采用的利税率,计算出已完工程造价。实际完成的工程数量由施工单位根据有关资料计算,并编制"已完工程月报表",然后按照发包单位编制"已完工程月报表",将各个发包单位的本月已完工程造价汇总反映。再根据"已完工程月报表"编制"工程价款结算账单"，与"已完工程月报表"一起，分送发包单位和经办银行，据以办理结算。

2. 工程预付款

工程预付款是建设工程施工合同订立后由发包人按照合同约定，在正式开工前预先支付给承包人的工程款。它是施工准备和所需要材料、结构件等流动资金的主要来源。发包人应按照合同约定支付工程预付款。支付的工程预付款，按照合同约定在工程进度款中抵扣。当合同对工程预付款的支付没有约定时，按照财政部、建设部印发的《建设工程价款结算暂行办法》(财建〔2004〕369号)的规定办理。

(1)工程预付款的额度。包工包料的工程原则上预付比例不低于合同金额(扣除暂列金额)的10%，不高于合同金额(扣除暂列金额)的30%；对重大工程项目，按年度工程计划逐年预付。实行工程量清单计价的工程，实体性消耗和非实体性消耗部分应在合同中分别约定预付款比例(或金额)。

(2)工程预付款的支付时间。在具备施工条件的前提下，发包人应在双方签订合同后的一个月内或约定的开工日期前的7天内预付工程款。

若发包人未按合同约定预付工程款，承包人应在预付时间到期后10天内向发包人发出要求预付的通知，发包人收到通知后仍不按要求预付，承包人可在发出通知14天后停止施工，发包人应从约定应付之日起按同期银行贷款利率计算向承包人支付应付预付款的利息并承担违约责任。

(3)凡是没有签订合同或不具备施工条件的工程，发包人不得预付工程款，不得以预付款为名转移资金。

3. 工程预付款的扣回

工程预付款应该以抵扣的方式陆续扣回，确定起扣点是工程预付款扣回的关键。确定工程预付款起扣点的依据是未完工程所需主要材料和构件的费用等于工程预付款的数额。工程预付款起扣点可按式(6-3)计算：

$$T = P - \frac{M}{N} \tag{6-3}$$

式中，T为起扣点，即工程预付款开始扣回的累计完成工作量金额；P为承包工程合同总额；M为工程预付款数额；N为主要材料、构件所占比重。

4. 工程进度款

(1)相关规定。国家市场监督管理总局、建设部颁布的《建设工程施工合同(示范文本)》(GF-2017-0201)中对工程进度款支付作了以下详细规定。

①工程款(进度款)在双方确认计量结果后14天内，发包方应向承包方支付工程款(进度款)。按约定时间发包方应扣回的预付款，与工程款(进度款)同期结算。

②符合规定范围的合同价款的调整、工程变更调整的合同价款及其他条款中约定的追加合同价款，应与工程款(进度款)同期调整支付。

③发包方超过约定的支付时间不支付工程款(进度款)，承包方可向发包方发出要求付款通知，发包方收到承包方通知后仍不能按要求付款的，可与承包方协商签订延期付款协议，经承包方同意后可延期支付。协议须明确延期支付时间和从发包方计量结果确认后第15天起计算应

付款的贷款利息。

④发包方不按合同约定支付工程款（进度款），双方又未达成延期付款协议，导致施工无法进行，承包方可停止施工，由发包方承担违约责任。

⑤工程进度款支付时，要考虑工程保修金的预留，以及在施工过程中发生的安全施工方面的费用、专利技术及特殊工艺涉及的费用、文物和地下障碍物涉及的费用。

工程进度款的计算主要是按照事先约定的单价计算方法，进行工程量的计算。工程进度款的支付一般按当月实际完成工程量进行结算，工程竣工后办理竣工结算。

承包人应按照合同约定，向发包人递交已完工程量报告。发包人应在接到报告后按合同约定进行核对。承包人应在每个付款周期末，向发包人递交进度款支付申请，并附相应的证明文件。除合同另有约定外，进度款支付申请应包括下列内容。

①本周期已完成工程的价款。

②累计已完成的工程价款。

③累计已支付的工程价款。

④本周期已完成计日工金额。

⑤应增加和扣减的变更金额。

⑥应增加和扣减的索赔金额。

⑦应抵扣的工程预付款。

⑧应扣减的质量保证金。

⑨根据合同应增加和扣减的其他金额。

⑩本付款周期实际应支付的工程价款。

（2）工程进度款的支付。发包人在收到承包人递交的工程进度款支付申请及相应的证明文件后，应在合同约定时间内核对和支付工程进度款。发包人未在合同约定时间内支付工程进度款，承包人应及时向发包人发出要求付款的通知。发包人收到承包人通知后仍不按要求付款，可与承包人协商签订延期付款协议，经承包人同意后延期支付。协议应明确延期支付的时间和从付款申请生效后按同期银行贷款利率计算应付款的利息。

【例 6-2】 某建设单位与施工单位按照《建设工程施工合同（示范文本）》（GF－2017－0201）签订了施工合同，合同工期为 9 个月，合同价为 840 万元，各项工作均按最早时间安排且匀速施工，经项目监理机构批准的施工进度计划如图 6-12 所示，施工单位的报价单（部分）见表 6-2。施工合同中约定：预付款按合同价的 20% 支付，工程款付至合同价的 50% 时开始扣回预付款，3 个月内平均扣回；质量保修金为合同价的 5%，从第 1 个月开始，按月应付款的 10% 扣留，扣足为止。

表 6-2 施工单位报价单（部分）

工作	A	B	C	D	E	F
合价/万元	30	54	30	84	300	21

问题 1：开工后前 3 个月施工单位每月应获得的工程款为多少？

问题 2：工程预付款为多少？预付款从何时开始扣回？开工后前 3 个月总监理工程师每月应

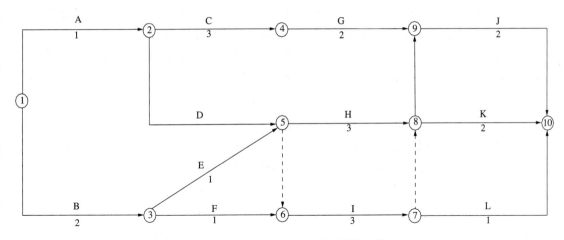

图6-12　施工进度计划(时间单位:月)

签证的工程款为多少?

解:

(1)开工后前3个施工单位每月应获得的工程款为

第1个月:$30+54\times1/2=57$(万元)

第2个月:$54\times1/2+30\times1/3+84\times1/3=65$(万元)

第3个月:$30\times1/3+84\times1/3+300+21=359$(万元)

(2)预付款:840万元$\times20\%=168$万元

前3个月施工单位累计应获得的工程款:$57+65+359=481$(万元)

$481>840-840\times50\%=420$(万元)因此,预付款应从第3个月开始扣回。

开工后前3个月总监理工程师签证的工程款为

第1个月:$57-57\times10\%=51.3$(万元)

第2个月:$65-65\times10\%=58.5$(万元)

前2个月扣留保险金:$(57+65)\times10\%=12.2$(万元)

应扣保修金总额为$840\times5\%=42.0$(万元)

$42-12.2=29.8$(万元)

由于$359\times10\%=35.9$(万元)>29.8万元

第3个月应签证的工程款为$359-29.8-168/3=273.2$(万元)

5. 竣工结算

竣工结算是指一个单位工程或单项工程完工,经业主及工程质量监督部门验收合格,在交付使用前由施工单位根据合同价格和实际发生的增加或减少费用的变化等情况进行编制,并经业主或其委托方签认的,以表达该项工程最终造价为主要内容,作为结算工程价款依据的经济文件。

工程竣工验收报告经发包人认可后28天内,承包人向发包人递交竣工结算报告及完整的结算资料,双方按照协议书约定的合同价及专用条款约定的合同价款调整内容,进行工程竣工结算。专业监理工程师审核承包人报送的竣工结算报表；总监理工程师审定竣工结算报表；与发包人、承包人协商一致后，签发竣工结算文件和最终的工程款支付证书。

对工程竣工结算的审查是竣工验收阶段监理工程师的一项重要工作。经审查核定的工程竣工结算是核定建设工程投资造价的依据，也是建设项目验收后编制竣工决算和核定新增固定资产价值的依据。监理工程师应严把竣工结算审核关，竣工结算审查主要包括以下几个方面。

(1)核对合同条款。首先，应对竣工工程内容是否符合合同条件要求、工程是否竣工验收合格进行核对。只有按合同要求完成全部工程并验收合格才能进行竣工结算。其次，应按合同约定的结算方法、计价定额、取费标准、主材价格和优惠条款等，对工程竣工结算进行审核，若发现合同开口或有漏洞，应请建设单位和施工承包单位认真研究，明确结算要求。

(2)检查隐蔽验收记录。所有隐蔽工程均需进行验收，有隐检记录，并经监理工程师签证确认。审核竣工结算时应检查隐蔽工程施工记录和验收签证，做到手续完整、工程量与竣工图一致方可列入结算。

(3)落实设计变更签证。设计修改变更应由设计单位出具设计变更通知单和修改图纸，设计、核审人员签字并加盖公章，经建设单位和监理工程师审查同意、签证，重大设计变更应经原审批部门审批，否则不应列入结算。

(4)按图核实工程数量。竣工结算的工程量应依据竣工图、设计变更单和现场签证等进行核算，并按国家统一的计算规则计算工程量。

(5)认真核实单价。结算单价应按现行的计价原则和计价方法确定，不得违背。

(6)注意各项费用计取。建筑安装工程的取费标准，应按合同要求或项目建设期间与计价定额配套使用的建筑安装工程费用定额及有关规定执行，先审核各项费率、价格指数或换算系数是否正确，价差调整计算是否符合要求，再核实特殊费用和计算程序。要注意各项费用的计取基数，如安装工程间接费是以人工费(或人工费与机械费合计)为基数，此处人工费是直接工程费中的人工费(或人工费与机械费合计)与措施费中的人工费(或人工费与机械费合计)，再加上人工费(或人工费与机械费)调整部分之和。

(7)防止各种计算误差。工程竣工结算子目多、篇幅大，往往有计算误差，应认真核算，防止因计算误差多计或少算。

6. 工程保修金的预留和返还

按照国家有关规定，工程进度款支付过程中必须预留质量保修费用，用于确保在工程施工或保修阶段由于承包商原因而发生的修理费用。一般为施工合同价款的3%。保修金的扣除方法有两种：一是当工程款拨付累计达到合同价的95%时停止支付，余款作为保留金；二是从第一次付款起，按中期支付工程款的10%扣留，直到累计达到保修金总额时为止。发包人在质量保修期后14天内，将剩余保修金和利息返还承包商。

7. 工程价款的动态结算

工程价款常用的动态结算有以下几种。

(1)按实际价格结算法。有些地区规定对钢材、木材、水泥三大材料的价格按实际价格结算的方法，工程承包人可凭发票按实报销。此法操作方便，但也导致承包人忽视降低成本。

(2)按主材计算价差。发包人在招标文件中列出需要调整价差的主要材料表及其基期价格，工程竣工结算时按竣工当时当地工程造价管理机构公布的材料信息价或结算价,与招标文件中列出的基期价比较计算材料差价。

(3)主料按抽料法计算价差,其他材料按系数计算价差。主要材料按施工图预算计算的用量和竣工当月当地工程造价管理机构公布的材料结算价或信息价与基价对比计算差价。其他材料按当地工程造价管理机构公布的竣工调价系数计算方法计算差价。

(4)按工程造价管理机构公布的竣工调价系数计算差价。

(5)调值公式法。根据国际惯例,对建设工程已完成投资费用的结算,一般采用此法。事实上,绝大多数情况是发包方和承包方在签订的合同中就明确规定了调值公式。

建筑安装工程费用的价格调值公式中,若施工期内市场价格波动超出一定幅度,应按合同约定调整工程价款;合同没有约定或约定不明确的,应按省级或行业建设主管部门或其授权的工程造价管理机构的规定调整。

按照国家发改委、财政部、建设部等九部委第 56 号令发布的《中华人民共和国标准施工招标文件(2007 年版)》中的通用合同条款,对物价波动引起的价格调整规定了以下两种方式:

①采用价格指数调整价格。

$$P = P_0 \left(a_0 + a_1 \frac{A}{A_0} + a_2 \frac{B}{B_0} + a_3 \frac{C}{C_0} + \cdots \right) \tag{6-4}$$

$$a_0 + a_1 + a_2 + a_3 = 1$$

式中,P 为调整后的价格;P_0 为合同价款中工程预算进度款;a_0 为定值权重(即不可调部分的权重);a_1、a_2、a_3 … 为各可调因子的变值权重(即可调部分的权重),是各可调因子在投标函投标总报价中所占的比例;A_0、B_0、C_0 … 为各可调因子的基本价格指数,是指基准日期的各可调因子的价格指数;A、B、C … 为各可调因子的现行价格指数,是指约定的付款证书相关周期最后一天的前 42 天的各可调因子的价格指数。

以上价格调整公式中的各可调因子、定值和变值权重,以及基本价格指数及其来源在投标函附录价格指数和权重表中约定。价格指数应首先采用有关部门提供的价格指数,缺乏上述价格指数时,可采用有关部门提供的价格代替。

②采用造价信息调整价格差额。施工期内,因人工、材料、设备和机械台班价格波动影响合同价格时,人工、机械使用费按照国家或省、自治区、直辖市建设行政管理部门、行业建设管理部门或其授权的工程造价管理机构发布的人工成本信息、机械台班单价或机械使用费系数进行调整;需要进行价格调整的材料,其单价和采购数应由监理人员复核,监理人员确认需调整的材料单价及数量作为调整工程合同价格差额的依据。

上述物价波动引起的价格调整中的第 1 种方法适用于使用的材料品种较少,但每种材料使用量较大的土木工程,如公路、水坝等工程。第 2 种方法适用于使用的材料品种较多,但相对而言,每种材料使用量较小的房屋建筑与装饰工程。

6.4.8 投资偏差分析

在确定了投资控制目标之后,为了有效地进行投资控制,监理工程师必须定期地进行投资计划值与实际值的比较,当实际值偏离计划值时,分析产生偏差的原因,采取适当的纠偏措施,以使投资超支尽可能小。

1. 投资偏差分析的有关概念

(1)投资偏差。在投资控制中，投资的实际值与计划值的差异称为投资偏差，即

$$投资偏差＝已完工程实际投资－已完工程计划投资 \qquad (6-5)$$

结果为正，表示投资超支；结果为负，表示投资节约。

(2)进度偏差。进度偏差对投资偏差分析的结果有重要影响，如果不加考虑就不能正确反映投资偏差的实际情况。例如：某一阶段的投资超支，可能是由进度超前导致的，也可能是由物价上涨导致的。进度偏差可以表示为

$$进度偏差＝已完工程实际时间－已完工程计划时间 \qquad (6-6)$$

为了与投资偏差联系起来，进度偏差又可以表示为

$$进度偏差＝拟完工程计划投资－已完工程计划投资 \qquad (6-7)$$

拟完工程计划投资是指根据进度计划安排在某一确定时间内所应完成的工程内容的计划投资，即

$$拟完工程计划投资＝拟完工程量(计划工程量)×计划单价 \qquad (6-8)$$

进度偏差为正值，表示工期拖延；结果为负值，表示工期提前。

(3)局部偏差和累计偏差。所谓局部偏差，有两层含义：一是对于整个项目而言，指各单项工程、单位工程及分部分项工程的投资偏差；二是对于整个项目已经实施的时间而言，是指每一控制周期所发生的投资偏差。累计偏差是一个动态的概念，其数值总是与具体的时间联系在一起的，第一个累计偏差在数值上等于局部偏差，最终的累计偏差就是整个项目的投资偏差。

局部偏差的引入，可使项目投资管理人员清楚地了解偏差发生的时间、所在的单项工程，这有利于分析其发生的原因。而累计偏差所涉及的工程内容较多、范围较大，且原因也较复杂，因而，累计偏差分析必须以局部偏差分析为基础。从另一个方面来看，因为累计偏差分析是建立在对局部偏差进行综合分析的基础上，所以其结果更能显示出代表性和规律性，对投资控制工作在较大范围内具有指导作用。

(4)绝对偏差和相对偏差。绝对偏差是指投资实际值与计划值比较所得到的差额，绝对偏差的结果很直观，有助于投资管理人员了解项目投资出现偏差的绝对数额，并依此采取一定措施，制订或调整投资支付计划和资金筹措计划。但是，绝对偏差有其不容忽视的局限性。

与绝对偏差一样，相对偏差可正可负，且两者正负同号。正值表示投资超支；反之表示投资节约。两者都只涉及投资的计划值和实际值，既不受项目层次的限制，也不受项目实施时间的限制，因而在各种投资比较中均可采用。从对投资控制工作的要求来看，相对偏差比绝对偏差更有意义。相对偏差计算公式为

$$相对偏差＝\frac{绝对偏差}{投资计划值}＝\frac{投资实际值－投资计划值}{投资计划值} \qquad (6-9)$$

(5)投资偏差程度。投资偏差程度是指投资实际值对计划值的偏离程度，其表达式为

$$投资偏差程度＝\frac{投资实际值}{投资计划值} \qquad (6-10)$$

偏差程度可参照局部偏差和累计偏差分为局部偏差程度和累计偏差程度。累计偏差程度并不等于局部偏差程度的简单相加,其具体表达式为

$$投资局部偏差程度 = \frac{当月投资实际值}{当月投资计划值} \qquad (6-11)$$

$$投资累积偏差程度 = \frac{累计投资实际值}{累计投资计划值} \qquad (6-12)$$

(6)进度偏差程度。

$$进度偏差程度 = \frac{已完工程实际时间}{已完工程计划时间} \qquad (6-13)$$

或者

$$进度偏差程度 = \frac{拟完工程计划投资}{已完工程计划投资} \qquad (6-14)$$

2. 投资偏差的分析方法

偏差分析可以采用不同的方法,常用的有横道图法、表格法和曲线法。

(1)横道图法。用横道图法进行投资偏差分析,是用不同的横道标志已完工程计划投资、拟完工程计划投资和已完工程实际投资,横道的长度与其金额成正比例。横道图法具有形象、直观、一目了然等优点,它能够准确表达出投资的绝对偏差,使投资管理者一眼感受到偏差的严重性,如图6-13所示。

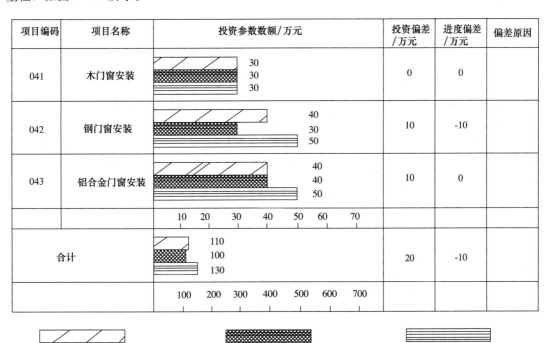

图 6-13 横道图法的投资偏差分析

(2)表格法。表格法是进行偏差分析最常用的一种方法。它将项目编号、名称、各投资参数、投资偏差数综合归纳入一张表格中,并且直接在表格中进行比较。各偏差参数都在表中列

出，使投资管理者能够综合地了解并处理这些数据。用表格法进行偏差分析具有如下优点。

①灵活、适用性强。可根据实际需要设计表格，进行增减项。

②信息量大。表格可以反映偏差分析所需的资料，从而有利于投资控制人员及时采取针对性措施，加强控制。

③表格处理可借助于计算机，从而节约大量数据处理所需的人力，并大大提高速度。

（3）曲线法。曲线法也称赢得值法，是用投资累计曲线（S曲线）来进行投资偏差分析的一种方法。在用曲线法进行投资偏差分析时，首先要确定投资计划值曲线。投资计划值曲线是与确定的进度计划联系在一起的，如图 6-14 和图 6-15 所示。曲线法具有形象、直观的特点，但是无法直接用于定量分析。

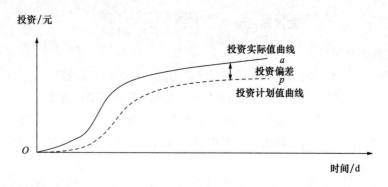

图 6-14　投资实际值与投资计划值曲线

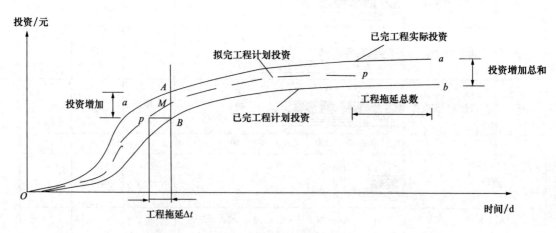

图 6-15　三条投资参数曲线

【**例 6-3**】　某工程项目施工合同于 2020 年 12 月签订，约定的合同工期为 20 个月，2021 年 1 月开始正式施工，施工单位按合同工期要求编制了混凝土结构工程施工进度时标网络计划，如图 6-16 所示，并经专业监理工程师审核批准。

该项目的各项工作均按最早开始时间安排，且各工作每月所完成的工程量相等。各工作的计划工程量和实际工程量见表 6-3。工作 D、E、F 的实际工作持续时间与计划工作持续时间相同。

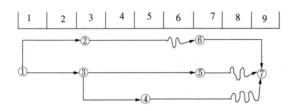

图 6-16 时标网络计划图

表 6-3 计划工程量和实际工程量表 m³

工作	A	B	C	D	E	F	G	H
计划工程量	8 600	9 000	5 400	10 000	5 200	6 200	1 000	3 600
实际工程量	8 600	9 000	5 400	9 200	5 000	5 800	1 000	5 000

合同约定混凝土结构工程综合单价为 1 000 元/m³，按月结算。结算价按项目所在地混凝土结构工程价格指数进行调整，项目实施期间各月的混凝土结构工程价格指数见表 6-4。

表 6-4 混凝土结构工程价格指数表 %

时间	2020 年 12 月	2021 年 1 月	2021 年 2 月	2021 年 3 月	2021 年 4 月	2021 年 5 月	2021 年 6 月	2021 年 7 月	2021 年 8 月	2021 年 9 月
混凝土结构工程价格指数	100	115	105	110	115	110	110	120	110	110

施工期间，由于建设单位原因使工作 H 的开始时间比计划的开始时间推迟 1 个月，并由于工作 H 工程量的增加使该工作的持续时间延长了 1 个月。

问题 1：请按施工进度计划编制资金使用计划，即计算每月和累计拟完工程的计划投资。

问题 2：计算工作 H 各月的已完工程计划投资和已完工程实际投资。

问题 3：计算混凝土结构工程已完工程计划投资和已完工程实际投资。

问题 4：列式计算 8 月末的投资偏差和进度偏差（用投资额表示）。

解： 将各工作计划工程量与单价相乘后，除以该工作持续时间，得到各工作每月拟完工程计划投资额；将时标网络计划中各工作分别按月纵向汇总得到每月拟完工程计划投资额；逐月累加得到各月累计拟完工程计划投资额。计算结果列于表 6-5 中。

H 工作 6—9 月每月完成工程量为 5 000/4＝1 250（m³）

H 工作 6—9 月每月已完工程计划投资为 1 250×1 000＝125（万元）

H 工作已完工程实际投资分别为

6 月：125×110％＝137.5（万元）

7 月：125×120％＝150.0（万元）

8 月：125×110％＝137.5（万元）

9 月：125×110％＝137.5（万元）

表 6-5　计算结果　　　　　　　　　　　　　　　　　　万元

项目	投资数据								
	1	2	3	4	5	6	7	8	9
每月拟完工程计划投资	880	880	690	690	550	370	530	310	
累计拟完工程计划投资	880	1 760	2 450	3 140	3 690	4 060	4 590	4 900	
每月已完工程计划投资	880	880	660	660	410	355	515	415	125
累计已完工程计划投资	880	1 760	2 420	3 080	3 490	3 845	4 360	4 775	4 900
每月已完工程实际投资	1 012	924	726	759	451	390.5	618	456.5	137.5
累计已完工程实际投资	1 012	1 936	2 662	3 421	3 872	4 262.5	4 880.5	5 337	5 474.5

投资偏差＝已完工程实际投资－已完工程计划投资＝5 337－4 775＝562(万元)，说明 8 月末超支 562 万元。

进度偏差＝拟完工程计划投资－已完工程计划投资＝4 900－4 775＝125(万元)，说明 8 月末进度拖后 125 万元。

3. 投资偏差形成原因

偏差分析的一个重要目的就是要找出引起偏差的原因，从而有可能采取有针对性的措施，减少或避免相同原因的再次发生。产生投资偏差的原因如图 6-17 所示。

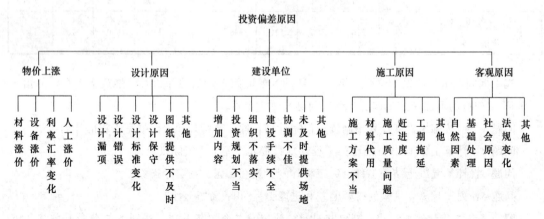

图 6-17　投资偏差原因

4. 纠偏

对偏差原因进行分析的目的是有针对性地采取纠偏措施，从而实现投资的动态控制和主动控制。纠偏的主要对象是业主原因和设计原因造成的投资偏差。纠偏的措施主要有组织措施、经济措施、技术措施和合同措施等。

6.5　竣工验收阶段的投资控制

竣工验收是工程项目建设全过程的最后一个程序，是检验、评价建设项目是否按预定的投资意图全面完成工程建设任务的过程，是投资成果转入生产使用的转折阶段。

6.5.1　竣工决算和竣工结算

竣工决算应包括从筹建到竣工投产全过程的全部实际费用，包括建筑工程费、安装工程费、设备工器具购置费及预备费和投资方向调节税等。竣工决算是建设工程经济效益的全面反映，是项目法人核定各类新增资产价值、办理其交付使用的依据。通过竣工决算，一方面能够正确反映建设工程的实际造价和投资结果；另一方面可以通过竣工决算与概算、预算的对比分析，考核投资控制的工作成效，总结经验教训，积累技术经济方面的基础资料，提高未来建设工程的投资效益。

竣工结算是指施工单位按照合同规定的内容全部完成所承包的工程，经验收质量合格，并符合合同要求之后，向建设单位进行的最终工程价款结算。竣工结算由施工单位的预算部门负责编制。监理工程师应在全面检查验收工程项目质量的基础上，对整个工程项目施工预付款、已结算价款、工程变更费用、合同规定的质量保留金等综合考虑分析计算后，审核施工单位工程尾款结算报告，符合支付条件的，报建设单位进行支付。

工程竣工结算与工程竣工决算的区别见表6-6。

表6-6　工程竣工结算和工程竣工决算的区别

区别项目	工程竣工结算	工程竣工决算
编制单位及其部门	施工单位的预算部门	建设单位的财务部门
内容	施工单位承包施工的建筑安装工程的全部费用。它最终反映施工单位完成的施工产值	建设工程从筹建开始到竣工交付使用为止的全部建设费用，它反映建设工程的投资效益
性质和作用	1. 施工单位与建设单位办理工程价款最终结算的依据； 2. 双方签订的建筑安装工程承包合同终结的凭证； 3. 建设单位编制竣工决算的主要材料	1. 建设单位办理交付、验收、动用新增各类资产的依据； 2. 竣工验收报告的重要组成部分

6.5.2　竣工决算的内容

竣工决算是建设工程从筹建到竣工投产全过程中发生的所有实际支出，包括设备工器具购置费、建筑安装工程费和其他费用等。竣工决算由竣工财务决算说明书、竣工财务决算报表、竣工工程平面示意图、工程造价比较分析四个部分组成。其中，竣工财务决算报表和竣工财务决算说明书属于竣工财务决算的内容。竣工财务决算是竣工决算的组成部分，是正确核定新增资产价值、反映竣工项目建设成果的文件，是办理固定资产交付使用手续的依据。

1. 竣工财务决算说明书

竣工财务决算说明书主要反映竣工工程的建设成果和经验，是对竣工财务决算报表进行分析和补充说明的文件，是全面考核分析工程投资与造价的书面总结，其内容主要包括以下几个方面。

(1)建设项目概况。对工程总的评价一般从进度、质量、安全和造价方面进行分析说明。进度方面主要说明开工时间和竣工时间，对照合理工期和要求工期分析是提前还是延期；质量方面主要根据竣工验收委员会或相当一级质量监督部门的验收评定等级、合格率和优良品率；安全方面主要根据劳动工资和施工部门的记录，对有无设备和人身事故进行说明；造价方面主要对照概算造价，说明节约还是超支，用金额和百分率进行分析说明。

(2)资金来源及运用等财务分析。主要包括工程价款结算、会计账务的处理、财产物资情况及债权债务的清偿情况。

(3)基本建设收入、投资包干结余、竣工结余资金的上交分配情况。通过对基本建设投资包干情况的分析，说明投资包干数、实际支用数和节约额、投资包干节余的有机构成和包干节余的分配情况。

(4)各项经济技术指标的分析。包括概算执行情况分析，根据实际投资完成额与概算进行对比分析；新增生产能力的效益分析，说明支付使用财产占总投资额的比例、占支付使用财产的比例，不增加固定资产的造价占投资总额的比例，分析有机构成和成果。

(5)工程建设的经验与项目管理和财务管理工作，以及竣工财务决算中有待解决的问题。

(6)需要说明的其他事项。

2.竣工财务决算报表

建设项目竣工财务决算报表要根据大、中型建设项目和小型建设项目分别制定。大、中型建设项目竣工财务决算报表包括建设项目竣工财务决算审批表，大、中型建设项目概况表，大、中型建设项目竣工财务决算表，大、中型建设项目交付使用资产总表；小型建设项目竣工财务决算报表包括建设项目竣工财务决算审批表、竣工财务决算总表、建设项目交付使用资产明细表。

3.竣工工程平面示意图

竣工工程平面示意图是真实地记录各种地上、地下建筑物、构筑物等情况的技术文件，是工程进行交工验收、维护改建和扩建的依据，是国家的重要技术档案。国家规定：各项新建、扩建、改建的基本建设工程，特别是基础、地下建筑、管线、结构、井巷、桥梁、隧道、港口、水坝及设备安装等隐蔽部位，都要编制竣工图。为确保竣工图质量，必须在施工过程中(不能在竣工后)及时做好隐蔽工程检查记录，整理好设计变更文件。其具体要求如下。

(1)凡按图竣工没有变动的，由施工单位(包括总包和分包施工单位，两者不同)在原施工图上加盖"竣工图"标志后，即作为竣工图。

(2)凡在施工过程中，虽有一般性设计变更，但能将原施工图加以修改补充作为竣工图的，可不重新绘制，由施工单位负责在原施工图(必须是新蓝图)上注明修改的部分，并附以设计变更通知单和施工说明，加盖"竣工图"标志后，作为竣工图。

(3)凡结构形式改变、施工工艺改变、平面布置改变、项目改变及其他重大改变，不宜再在原施工图上修改、补充时，应重新绘制改变后的竣工图。由原设计原因造成的，由设计单位负责重新绘制；由施工原因造成的，由施工单位负责重新绘图；由其他原因造成的，由建设单位自行绘制或委托设计单位绘制。施工单位负责在新图上加盖"竣工图"标志，并附以有关记录和说明，作为竣工图。

（4）为了满足竣工验收和竣工决算的需要，还应绘制反映竣工工程全部内容的工程设计平面示意图。

4. 工程造价比较分析

对控制工程造价所采取的措施、效果及其动态的变化进行认真的比较对比，总结经验教训。批准的概算是考核建设工程造价的依据。在分析时，可先对比整个项目的总概算，然后将建筑安装工程费、设备工器具费和其他工程费用逐一与竣工决算表中所提供的实际数据和相关资料及批准的概算、预算指标、实际的工程造价进行对比分析，以确定竣工项目总造价是节约还是超支。

6.5.3　竣工决算编制步骤

（1）收集、整理、分析原始资料。从建设工程开始就按编制依据的要求，收集、清点、整理有关资料，主要包括建设工程档案资料，如设计文件、施工记录、上级批文、概（预）算文件、工程结算的归集整理、财务处理、财产物资的盘点核实及债权债务的清偿，做到账账、账证、账实、账表相符。对各种设备、材料、工具、器具等要逐项盘点核实并填列清单，妥善保管，或按照国家有关规定处理，不准任意侵占和挪用。

（2）对照、核实工程变动情况。重新核实各单位工程、单项工程造价，将竣工资料与原设计图纸进行查对、核实，必要时可实地测量，确认实际变更情况；根据经审定的施工单位竣工结算等原始资料，按照有关规定对原概（预）算进行增减调整，重新核定工程造价。

（3）将审定后的待摊投资、设备工器具投资、建筑安装工程投资、工程建设其他投资严格划分和核定后，分别计入相应的建设成本栏目内。

（4）编制竣工财务决算说明书，力求内容全面、简明扼要、文字流畅，能说明问题。

（5）填报竣工财务决算报表。

（6）做好工程造价对比分析。

（7）清理、装订好竣工图。

（8）按国家规定上报、审批、存档。

竣工验收是工程项目建设全过程的最后一个程序，是检验、评价建设项目是否按预定的投资意图全面完成工程建设任务的过程，是投资成果转入生产使用的转折阶段。

 思考题

1. 建设工程投资、建设投资、建筑安装工程费分别指的是什么，三者是什么关系？

2. 可行性研究分为几个阶段，每个阶段的主要任务是什么？

3. 投资控制的目标是什么，有哪些措施？

4. 什么是投资估算，投资估算的方法有哪些？

5. 监理工程师在项目前期投资控制的工作有哪些?

6. 设计阶段投资控制的含义主要包括什么?

7. 设计概算的审查方法主要有哪些?

8. 施工图预算的审查方法主要有哪些?

9. 施工阶段投资控制的措施主要有哪些?

10. 资金使用计划的编制方法有哪些?

11. 什么是工程计量?工程计量遵循什么程序?

12. 什么是工程变更?费用调整的方法有哪些?

13. 什么是索赔?索赔的主要类型有哪些?

14. 处理索赔的程序是什么?

15. 什么是工程预付款?工程预付款的额度和支付时间有什么要求?

16. 投资偏差的分析方法有哪些?

17. 什么是竣工决算?竣工决算的内容有哪些?

第7章　建设工程信息管理

 本章要点

本章主要了解信息的基本概念和特征，建设工程文件档案资料概念与特征，建设工程项目管理软件类型、应用现状及规划；掌握建设工程项目信息分类及管理原理、职能、任务和方法；掌握建设工程项目信息管理的环节；熟悉建设工程监理文件档案资料管理、建设工程监理表格体系和主要文件档案管理。

7.1　建设工程信息的概念与特征

7.1.1　信息的基本概念

1. 数据

在日常工作中，我们大量接触的是各种数据，数据和信息既有联系又有区别。数据有不同的定义，从信息处理的角度出发，可以给数据如下的定义。

数据是客观实体属性的反映，是一组表示数量、行为和目标，可以记录下来加以鉴别的符号。

数据是客观实体属性的反映，客观实体通过各个角度属性的描述，反映其与其他实体的区别。例如，在反映某个建筑工程质量时，通过对设计、施工单位资质、人员、施工设备、使用的材料、构配件、施工方法、工程地质、天气、水文等各个角度的数据收集汇总起来，就很好地反映了该工程的总体质量。这里，各个角度的数据，即建筑工程这个实体的各种属性的反映。

数据有多种形态，这里所提到的数据是广义的数据概念，包括文字、数值、语言、图表、图形、颜色等多种形态。今天，计算机对此类数据都可以加以处理，施工图纸、管理人员发出的指令、施工进度的网络图、管理的直方图、月报表等都是数据。

2. 信息

信息和数据是不可分割的。信息来源于数据，又高于数据，信息是数据的灵魂，数据是信息的载体。对信息有不同的定义，从辩证唯物主义的角度出发，可以给信息如下的定义。

信息是对数据的解释，反映了事物（事件）的客观规律，为使用者提供决策和管理所需要的依据。

信息是对数据的解释，数据通过某种处理，并经过人的进一步解释后得到信息。信息来源于数据，信息又不同于数据，原因是数据经过不同人的解释后有不同的结论，因为不同的人对客观规律的认识有差距，会得到不同的信息。这里，人的因素是第一位的，要得到真实的信息，要掌握事物的客观规律，需要提高对数据进行处理的人的素质。

通常，人们往往在实际使用中把数据也称为信息，原因是信息的载体是数据，甚至有些数据就是信息。

信息也是事物的客观规律。辩证唯物主义认为，人们掌握事物的客观规律，就能把事情办好；反之，事情就办不好。这也是为什么要求人们掌握信息的原因，掌握信息实际上就是掌握事物的客观规律。

信息有过去时、现代时和将来时三个时态。信息的过去时是知识，现代时是数据，将来时是情报。

(1)信息的过去时是知识。知识是前人经验的总结，是人类对自然界规律的认识和掌握，是一种系统化的信息。在人类实践过程中，一方面总结、保存原有的知识；另一方面继承、发展、更新、革新、产生新的知识，丰富了原有的知识，是无止境的。知识是人们必须掌握的，但不能局限于原有的知识，要对知识创新，用发展的眼光看待知识。

(2)信息的现在时是数据。数据是人类生产实践中不断产生信息的载体，要用动态的眼光来看待数据，把握住数据的动态节奏，就掌握了信息的变化。通过数据，也可进一步加工产生知识。数据是信息的主体比知识更难掌握，也是信息系统的主要组成部分。采用计算机处理数据的目的，就是要用现代手段把握好数据的节奏，及时提供信息。

(3)信息的将来时是情报。情报代表信息的趋势和前沿，情报往往要用特定的手段获取，有特定的使用范围、特定的目的、特定的时间、特定的传递方式，带有特定的机密性。在实际工作中，一方面要重视科技、经济、商业情报的收集；另一方面也要重视工程范围内情报的保密。从信息处理的角度，情报往往是最容易被工程技术人员忽视的信息部分，对科技情报更是监理工程师应该重视的。通过因特网及其他媒体可以及时获得相应的当前世界最新的科技情报。

人们使用信息的目的是为决策和管理服务。信息是决策和管理的基础，决策和管理依赖信息，正确的信息才能保证决策的正确，不正确的信息则会造成决策的失误，管理则更离不开信息。传统的管理是定性分析，现代的管理则是定量管理，定量管理离不开系统信息的支持。

7.1.2 信息的基本特征

建设工程监理信息除具有信息的一般特征外，还具有一些自身的特点。

(1)信息来源的广泛性。建设工程监理信息来自工程业主(建设单位)、设计单位、施工承包单位、材料供应单位及监理组织内部各个部门，来自可行性研究、设计、招标、施工及保修等各个阶段中的各个单位乃至各个专业，来自质量控制、投资控制、进度控制、合同管理等各个方面。由于监理信息来源的广泛性，往往给信息的收集工作造成很大困难。如果收集的信息不完整、不准确、不及时，必然会影响到监理工程师判断和决策的正确性、及时性。

(2)信息量大。工程建设规模大、牵涉面广、协作关系复杂，使建设工程监理工作涉及大量的信息。监理工程师不仅要了解国家及地方有关的政策、法规、技术标准规范，而且要掌握工程建设各个方面的信息。既要掌握计划的信息，又要掌握实际进度的信息，还要对它们进行对比分析。因此，监理工程师每天都要处理成千上万的数据，而这样大的数据量仅靠人手工操作处理是极困难的，只有使用电子计算机才能及时、准确地进行处理，才能为监理工程师的正确决策提供及时可靠的支持。

（3）动态性强。工程建设的过程是一个动态过程，监理工程师实施的控制也是动态控制，因而大量的监理信息都是动态的，这就需要及时地收集和处理。

（4）有一定的范围和层次。业主委托监理的范围不同，监理信息也不同。监理信息不等同于工程建设信息。在工程建设过程中，会产生很多信息，这些信息并非都是监理信息，只有那些与监理工作有关的信息才是监理信息。不同的工程建设项目，所需的信息既有共性，又有个性。另外，不同的监理组织和监理组织的不同部门，所需的信息也不同。

（5）信息的系统性。建设工程监理信息是在一定时空内形成的，与建设工程监理活动密切相关。而且，建设工程监理信息的收集、加工、传递及反馈是一个连续的闭合环路，具有明显的系统性。

7.2　建设工程监理信息管理

信息管理是人类为有效地开发和利用信息资源，以现代信息技术为手段对信息资源进行计划、组织、领导和控制的社会活动。简单地说，信息管理就是人对信息资源和信息活动的管理。建设工程项目的信息管理，是指以工程建设项目作为目标系统的管理信息系统。它通过对建设工程项目建设监理过程的信息的采集、加工和处理为监理工程师的决策提供依据，对工程的投资、进度、质量进行控制，同时，也作为确定索赔的内容、金额和反索赔提供确凿的事实依据。

党的二十大报告明确要求加快质量强国、数字中国建设，为做好工程质量监管数字化工作指明了方向，提供了根本遵循。为了全面贯彻党的二十大精神，加快推进工程质量数字化监管的关键节点，以"质量强国""数字中国""数字住建"为抓手，进一步拓宽数字化监管应用面，统筹建筑市场和施工现场，进一步激发政府数字化监管潜能。其次，进一步建立健全数字化监管规章制度，统一数字化监管数据标准体系，探索建立"互联网＋监管"模式和辅助决策机制，构建诚信守法、公平竞争、追求品质的市场环境，实现"智慧监管"。聚焦工程质量检测数字化监管工作，构建国家、省、市三级工程质量数字化监管制度体系，加快全国工程质量检测数字化监管平台建设，以数字赋能推动建筑工程品质提升和建筑业高质量发展，不断满足人民群众对美好生活的需求。因此，信息管理是监理工作的一项重要内容。

7.2.1　信息技术对建设工程的影响

随着信息技术的高速发展和不断应用，其影响已波及传统建筑业的方方面面。具体而言，信息技术对工程项目管理的影响在于以下三点。

（1）建设工程系统的集成化，包括各方建设工程系统的集成及建设工程系统与其他管理系统（项目开发管理、物业管理）在时间上的集成。

（2）建设工程组织的虚拟化。在大型项目中，建设工程组织在地理上分散，但在工作上协同。

（3）在建设工程的方法上，由于信息沟通技术的应用，项目实施中有效的信息沟通与组织协调使工程建设各方可以更多地采用主动控制，避免了许多不必要的工期延迟和费用损失，目标控制更为有效。

建设工程任务的变化，信息管理更为重要，甚至产生了以信息处理和项目战略规划为主要任务的新型管理模式——项目控制。

7.2.2 建设工程项目管理中的信息

1. 建设工程项目信息的构成

由于建设工程信息管理工作涉及多部门、多环节、多专业、多渠道、工程信息量大，来源广泛，形式多样，主要信息形态有下列形式。

（1）文字图形信息。文字图形信息包括勘察、测绘、设计图纸及说明书、计算书、合同，工作条例及规定、施工组织设计、情况报告、原始记录、统计图表、报表、信函等信息。

（2）语言信息。语言信息包括口头分配任务、作指示、汇报、工作检查、介绍情况、谈判交涉、建议、批评、工作讨论和研究、会议等信息。

（3）新技术信息。新技术信息包括通过网络、电话、电报、电传、计算机、电视、录像、录音、广播等现代化手段收集及处理的一部分信息。

监理工作者应当捕捉各种信息并加工处理和运用各种信息。

2. 建设工程项目信息分类的原则和方法

在大型工程项目的实施过程中，处理信息的工作量非常巨大，必须借助于计算机系统才能实现。统一的信息分类和编码体系的意义在于使计算机系统和所有的项目参与方之间具有共同的语言。一方面使计算机系统更有效地处理、存储项目信息；另一方面也有利于项目参与各方更方便地对各种信息进行交换与查询。项目信息的分类和编码是建设监理信息管理实施时所必须完成的一项基础工作，信息分类编码工作的核心是在对项目信息内容分析的基础上建立项目的信息分类体系。

信息分类是指在一个信息管理系统中，将各种信息按一定的原则和方法进行区分与归类，并建立起一定的分类系统和排列顺序，以便管理和使用信息。对信息分类体系的研究一直是信息管理科学的一项重要课题，信息分类的理论与方法广泛地应用于信息管理的各个分支，如图书管理、情报档案管理等。这些理论与方法是进行信息分类体系研究的主要依据。在工程管理领域，针对不同的应用需求，各国的研究者也开发、设计了各种信息分类标准。

（1）信息分类的原则。对建设项目的信息进行分类必须遵循以下基本原则。

①稳定性。信息分类应选择分类对象最稳定的本质属性或特征作为信息分类的基础和标准。信息分类体系应建立在对基本概念和划分对象透彻理解的基础上。

②兼容性。项目信息分类体系必须考虑到项目各参与方所应用的编码体系的情况，项目信息分类体系应能满足不同项目参与方高技信息交换的需要。同时，与有关国际、国内标准的一致性也是兼容性应考虑的内容。

③可扩展性。项目信息分类体系应具备较强的灵活性，可以在使用过程中进行方便的扩展。在分类中通常应设置收容类目(或称为"其他")，以保证增加新的信息类型时，不至于打乱已建立的分类体系，同时，一个通用的信息分类体系还应为具体环境中信息分类体系的拓展和细化创造条件。

④逻辑性原则。项目信息分类体系中信息类目的设置有着极强的逻辑性，如要求同一层面上各个子类互相排斥。

⑤综合实用性。信息分类应从系统工程的角度出发，放在具体的应用环境中进行整体考虑。这体现在信息分类的标准与方法的选择上，应综合考虑项目的实施环境和信息技术。确定具体应用环境中的项目信息分类体系，应避免对通用信息分类体系的生搬硬套。

(2)建设工程项目信息分类基本方法。根据国际上的发展和研究，建设工程项目信息分类有以下两种基本方法。

①线分类法。线分类法又称层级分类法或树状结构分类法，是将分类对象按所选定的若干属性或特征(作为分类的划分基础)逐次地分成相应的若干个层级目录，并排列成一个有层次的、逐级展开的树状信息分类体系。在这一分类体系中，同一层面的同位类目间存在并列关系，同位类目间不重复、不交叉。线分类法具有良好的逻辑性，是最为常见的信息分类方法。

②面分类法。面分类法是将所选定的分类对象的若干个属性或特征视为若干个"面"，每个"面"中又可以分为许多彼此独立的若干个类目。在使用时，可根据需要将这些"面"中的类目组合在一起，形成一个复合的类目。面分类法具有良好的适应性，而且十分利于计算机处理信息。

在工程实践中，由于工程项目信息的复杂性，单独使用一种信息分类方法往往不能满足使用者的需要。在实际应用中往往是根据应用环境组合使用，以某一种方法为主，辅以另一种方法，同时进行一些人为的特殊规定以满足信息使用者的要求。

3．建设工程项目信息的分类

建设工程项目监理过程中，涉及大量的信息，这些信息依据不同标准可划分如下。

(1)按照建设工程的目标划分。

①投资控制信息。投资控制信息是指与投资控制直接有关的信息。如各种估算指标、类似工程造价、物价指数；设计概算、概算定额；施工图预算、预算定额；工程项目投资估算；合同价组成；投资目标体系；计划工程量、已完成工程量、单位时间付款报表、工程量变化表、人工、材料调差表；索赔费用表；投资偏差、已完工程结算；竣工决算、施工阶段的支付账单；原材料价格、机械设备台班费、人工费、运杂费等。

②质量控制信息。质量控制信息是指与建设工程项目质量有关的信息，如国家有关的质量法规、政策及质量标准、项目建设的标准；质量目标体系和质量目标的分解；质量控制工作流程、质量控制的工作制度、质量控制的方法；质量控制的风险分析；质量抽样检查的数据；各个环节工作的质量(工程项目决策的质量、设计的质量、施工的质量)；质量事故记录和处理报告等。

③进度控制信息。进度控制信息是指与进度相关的信息，如项目总进度计划、进度目标分解、项目年度总计划；工程总网络计划和子网络计划、计划进度与实际进度偏差；网络计划的优化；进度控制的工作流程、进度控制的工作制度、进度控制的风险分析等。

④合同管理信息。合同管理信息是指与建设工程相关的各种合同信息，如工程招投标文件；工程建设施工承包合同，物资设备供应合同，咨询、监理合同；合同的指标分解体泵；合同签订、变更、执行情况；合同的索赔等。

(2)按照建设工程项目信息的来源划分。

①项目内部信息。项目内部信息是指建设工程项目各个阶段、各个环节、各有关单位发生的信息总体。内部信息取自建设项目本身，如工程概况、设计文件、施工方案、合同结构、合同管理制度，信息资料的编码系统、信息目录表，会议制度，监理班子的组织，项目的投资目标、项目的质量目标、项目的进度目标等。

②项目外部信息。来自项目外部环境的信息称为外部信息。如国家相关的政策及法规；国内及国际市场的原材料与设备价格、市场变化；物价指数；类似工程造价、进度；投标单位的实力、投标单位的信誉、毗邻单位情况；新技术、新材料、新方法；国际环境的变化；资金市场变化等。

(3)按照信息的稳定程度划分。

①固定信息。固定信息是指在一定时间内相对稳定不变的信息，包括标准信息、计划信息和查询信息。标准信息主要是指各种定额和标准，如施工定额、原材料消耗定额、生产作业计划标准、设备和工具的耗损程度等；计划信息反映在计划期内已定任务的各项指标情况；查询信息主要是指国家和行业颁发的技术标准、不变价格、监理工作制度、监理工程师的人事卡片等。

②流动信息。流动信息是指在不断变化的动态信息。如项目实施阶段的质量、投资及进度的统计信息；反映在某一时刻，项目建设的实际进程及计划完成情况；项目实施阶段的原材料实际消耗量、机械台班数、人工工日数等。

(4)按照信息的层次划分。

①战略性信息。战略性信息是指该项目建设过程中的战略决策所需的信息、投资总额、建设总工期、承包商的选定、合同价的确定等信息。

②管理型信息。管理型信息是指项目年度进度计划、财务计划等。

③业务性信息。业务性信息是指各业务部门的日常信息，较具体，精度较高。

(5)按照信息的性质划分。将建设工程项目信息按项目管理功能划分为组织类信息、管理类信息、经济类信息和技术类信息四大类。

(6)按其他标准划分。

①按照信息范围的不同，可以把建设工程项目信息分为精细的信息和摘要的信息两类。

②按照信息时间的不同，可以把建设工程项目信息分为历史性信息、即时性信息和预测性信息三大类。

③按照监理阶段的不同，可以把建设工程项目信息分为计划的、作业的、核算的、报告的信息。在监理开始时，要有计划的信息；在监理过程中，要有作业的和核算的信息；在某一项

目的监理工作结束时，要有报告的信息。

④按照对信息的期待性不同，可以把建设工程项目信息分为预知的和突发的信息两类。预知的信息是监理工程师可以估计到的，它产生在正常情况下；突发的信息是监理工程师难以预计的，它发生在特殊情况下。

以上是常用的几种分类形式。按照一定的标准，将建设工程项目信息分类，对监理工作有着重要的意义。因为不同的监理范畴，需要不同的信息，而把信息分类，有助于根据监理工作的不同要求，提供适当的信息。例如，日常的监理业务是属于高效率地执行特定业务的过程。业务内容、目标、资源等都是已经明确规定的，因此判断的情况并不多。它所需要的信息常常是历史性的，结果是可以预测的，绝大多数是项目内部的信息。

7.2.3　建设工程项目信息管理

1. 信息管理的概念

信息管理是指对信息的收集、加工整理、储存、传递与应用等一系列工作的总称。信息管理的目的就是通过有组织的信息流通，使决策者能及时、准确地获得相应的信息。为了达到信息管理的目的，就要把握好信息处理的各个环节，并要做到以下事项。

(1)了解和掌握信息来源，对信息进行分类。

(2)掌握和正确运用信息管理的手段(如计算机)。

(3)掌握信息流程的不同环节，建立信息管理系统。

2. 信息管理基本原理

信息管理涉及信息技术、信息资源、参与活动的人员等要素，是多学科、多要素、多手段的管理活动。作为一种社会性的管理活动，它具有一般管理活动的特点；作为一种技术性很强的管理活动，它要运用许多技术手段和管理手段。同时，信息管理活动总是指向一定目标，达到一定的效果并完成预定任务的。

从微观的角度来看，信息管理的目标包括两个方面：一方面是建立信息集约，即在收集信息的基础上，实现信息流(信息从信源出发后沿着信道向信宿方向传递所形成的"流")的集约控制；另一方面是对信息进行整序与开发，实现信息的质量控制。从宏观的角度来看，信息管理的目标是提高社会活动资源的系统功能，最终提高社会活动资源的系统效率。

信息管理原理是信息管理活动本身所包含的具有普遍意义的规律，从信息资源状态变化和信息管理活动目标指向的角度而言，信息管理有四大基本原理，即信息增值原理、增效原理、服务原理、市场调节原理。

信息增值是指信息内容的增加或信息活动效率的提高，它是通过对信息的收集、组织、存储、查找、加工、传输、共享和利用来实现的，信息增值包含信息集成增值、信息序化增值、信息开发增值。从零散信息或孤立的信息系统中很难得到有用的信息或用于决策的知识，因此，零散信息或孤立信息系统的集成是很重要的，信息集成是指把零散信息或孤立的信息系统整合成不同层次的信息资源体系，它包含3个不同层次的信息增值阈：把零散的个别信息收集起来形成的信息集合；孤立的信息系统的集成；社会整体的信息资源的集成。信息的序化是信息活动的结果，是信息组织的价值体现，目的是实现快速存取，信息序化克服了混乱的信息流带来的信息查询和利用困难、提高了查找效率、节约了查询成本，有序化的信息集合是信息资源建设的基本条件。有序的信息资源不仅能够保证信息的可查询性，而且能够根据信息内容的关联性开发新的信息与知识资源。信息管理可以通过提供信息和开发信息，从而节约资源、提高效率、创造效益，实现社会的可持续发展，信息管理是现代社会节约成本、提高效率、实现可持续发展的有效途径。信息管理与一般的管理过程相比具有更强烈的服务性，信息管理的作用最终体现为信息资源对包括信息知识在内的各种社会活动要素的渗透、激活与倍增作用，这决定了信息管理必须通过服务用户来发挥作用，信息管理的所有过程、手段和目的都必须围绕用户信息满足程度这个中心，信息管理方法和手段的采用、活动的安排、技术的运用、信息系统的设计与开发等都必须具有方便、易用的服务特色并以提高服务能力与水平为宗旨。信息管理也受市场规律的调节，主要表现在两个方面，一是信息产品价格受市场规律的调节，价值规律是信息商品市场的基本规律，市场这只"看不见的手"是调节信息产品与信息服务的主要力量。二是信息资源要素受市场规律调节，在信息商品市场上，信息、人员、信息服务机构、技术、信息设施等各种资源要素配置会达到某个效率的均衡点，信息产品的市场价格及其背后的社会信息需求是信息资源配置的动力。

3. 信息管理的职能

(1)信息管理的计划职能。信息管理的计划职能是围绕信息的生命周期和信息活动的整个管理过程，通过调查研究，预测未来，根据战略规划所确定的总体目标，分解出子目标和阶段任务，并规定实现这些目标的途径和方法，制订出各种信息管理计划，从而把已定的总体目标转化为全体组织成员在一定时期内的行动指南，指引组织未来的行动。信息管理计划包括信息资源计划和信息系统建设计划。信息资源计划是信息管理的主计划，包括组织信息资源管理的战略规划和常规管理计划，信息资源管理的战略规划是组织信息管理的行动纲领，规定组织信息管理的目标、方法和原则，常规管理计划是指信息管理的日常计划，包括信息收集计划、信息加工计划、信息存储计划、信息利用计划和信息维护计划等，是对信息资源管理的战略规划的具体落实。信息系统是信息管理的重要方法和手段。

信息系统建设计划是信息管理过程中一项至关重要的专项计划，是指组织关于信息系统建设的行动安排和纲领性文件，内容包括信息系统建设的工作范围、对人财物和信息等资源的需求、系统建设的成本估算、工作进度安排和相关的专题计划等。信息系统建设计划中的专题计划是信息系统建设过程中为保证某些细节工作能够顺利完成、保证工作质量而制定的，这些专题计划包括质量保证计划，配置管理计划、测试计划、培训计划、信息准备计划和系统切换计划等。

(2)信息管理的组织职能。随着经济全球化、网络化、知识化的发展与网络通信技术、计算机信息处理技术的发展，这些对人类活动的组织产生了深刻的影响，信息活动的组织也随之发展。计算机网络及信息处理技术被应用于组织中的各项工作，使组织能更好地收集情报，更快地作出决策，增强了组织的适应能力与竞争力。从而使组织信息资源管理的规模日益增大，信息管理对于组织更显重要，信息管理部门成为组织中的重要部门。信息管理部门不仅要承担信息系统组建、保障信息系统运行和对信息系统的维护更新，还要向信息资源使用者提供信息、技术支持和培训等。

综合起来,信息管理的组织职能包括信息系统研发与管理、信息系统运行维护与管理、信息资源管理与服务和提高信息管理组织的有效性4个方面。提高信息管理组织的有效性,即通过对信息管理组织的改进与变革,使信息管理组织高效率地实现信息系统的研究开发与应用、信息系统运行和维护、向信息资源使用者提供信息、技术支持和培训等服务,使信息管理组织以较低的成本满足组织利益相关者的要求,实现信息管理组织目标,成为适应环境变化的、具有积极的组织文化的、组织内部及其成员之间相互协调的、能够通过组织学习不断自我完善的、与时俱进的组织。信息管理组织利益相关者是信息管理组织内部和外部与组织业绩有利益关系的集团和个人。每个利益相关者在组织中追求不同的利益,对信息管理的要求是不同的。对企业来说信息管理组织的利益相关者包括股东、信息管理组织的工作人员、企业管理者、组织内信息用户、政府部门、债权人、供应商和客户等。

利益相关者要求信息管理组织快速地提供相关的组织信息,并对信息管理组织有不同的有效性评价标准。股东注重信息管理组织的财务收益性;组织的成员希望自我实现并有好的工资待遇;债权人、供应商希望有可靠的信用与合理的利润;企业管理者与组织内信息用户希望信息管理组织提供好的信息服务,方便地使用信息系统,并能为其决策提供良好的支持;政府部门希望信息管理组织遵守法律、法规,提供真实可靠的信息;客户希望信息管理组织提供关于产品和服务等方面的真实可靠的信息以获得相应的实惠。

(3)信息管理的领导职能。信息管理的领导职能是指信息管理领导者对组织内所有成员的信息行为进行指导或引导和施加影响,使成员能够自觉自愿地为实现组织的信息管理目标而工作的过程。其主要作用就是要使信息管理组织成员更有效、更协调地工作,发挥自己的潜力,从而实现信息管理组织的目标。信息管理的领导职能不是独立存在的,它贯穿信息管理的全过程,贯穿计划、组织和控制等职能之中。具体来说,信息管理的领导者职责包括:参与高层管理决策,为最高决策层提供解决全局性问题的信息和建议;负责制定组织信息政策和信息基础标准,使组织信息资源的开发和利用策略与管理策略保持高度一致,信息基础标准涉及信息分类标准、代码设计标准、数据库设计标准等;负责组织开发和管理信息系统,对于已经建立计算机信息系统的组织,信息管理领导者必须负责领导信息系统的维护、设备维修和管理等工作,对于未建立计算机信息系统的组织,信息管理领导者必须负责组织制订信息系统建设战略规划、决策外包开发还是自主开发信息系统、在组织内推广应用信息系统及信息系统投运后的维护和管理等;负责协调和监督组织各部门的信息工作;负责收集、提供和管理组织的内部活动信息、外部相关信息和未来预测信息。

(4)信息管理的控制职能。信息管理的控制职能是指为了确保组织的信息管理目标,以及为此而制订的信息管理计划能够顺利实现,信息管理者根据事先确定的标准或因发展需要而重新确定的标准,对信息工作进行衡量、测量和评价,并在出现偏差时进行纠正,以防止偏差继续发展或今后再度发生;或者根据组织内外环境的变化和组织发展的需要,在信息管理计划的执行过程中,对原计划进行修订或制订新的计划,并调整信息管理工作的部署。也就是说,控制工作一般分为两类:一类是纠正实际工作,减小实际工作结果与原有计划及标准的偏差,保证计划的顺利实施;另一类是纠正组织已经确定的目标及计划,使之适应组织内外环境的变化,从而纠正实际工作结果与目标和计划的偏差。

信息管理的控制工作是每个信息管理者的职责。有些信息管理者常常忽略了这一点，认为实施控制主要是上层和中层管理者的职责，基层部门的控制就不大需要了。其实，各层管理者只是所负责的控制范围各不相同，但各个层次的管理者都负有执行计划实施控制的职责。因此，所有信息管理者包括基层管理者都必须承担实施控制工作这一重要职责，尤其是协调和监督组织各部门的信息工作，保证信息获取的质量和信息利用的程度。

4. 建设工程项目信息管理的基本任务

监理工程师作为项目管理者，承担着项目信息管理的任务，负责收集项目实施情况的信息，做各种信息处理工作，并向上级、向外界提供各种信息，其信息管理任务主要包括以下内容。

(1)组织项目基本情况信息的收集并系统化，编制项目手册。项目管理的任务之一是按照项目的任务，按照项目的实施要求，设置项目实施和项目管理中的信息和信息流，确定它们的基本要求和特征并保证在实施过程中信息顺利流通。

(2)项目报告及各种资料的规定，如资料的格式、内容、数据结构要求。

(3)按照项目实施、项目组织、项目管理工作过程建立项目管理信息系统流程，在实际工作中保证这个系统正常运行，并控制信息流。

(4)文件档案管理工作。

有效的项目管理需要更多地依靠信息系统的结构和维护，信息管理影响组织和整个项目管理系统的运行效率，是人们沟通的桥梁，监理工程师应对它有足够的重视。

5. 建设工程信息管理工作的原则

对于大型项目，建设工程产生的信息数量巨大，种类繁多。为便于信息的收集、处理、储存、传递和利用，监理工程师在进行建设工程信息管理实践中逐步形成了以下基本原则。

(1)标准化原则。要求在项目的实施过程中对有关信息的分类进行统一，对信息流程进行规范，生产控制报表则力求做到格式化和标准化，通过建立健全的信息管理制度，从组织保证信息生产过程的效率。

(2)有效性原则。监理工程师所提供的信息应针对不同层次管理者的要求进行适当加工，针对不同管理层提供不同要求和浓缩程度的信息。例如，对于项目的高层管理者而言，提供的决策信息应力求精练、直观，尽量采用形象的图表来表达，以满足其战略决策的信息需要，这一原则是为了保证信息产品对于决策支持的有效性。

(3)定量化原则。建设工程产生的信息不仅是项目实施过程中产生数据的简单记录，应该是经过信息处理人员的比较与分析。采用定量工具对有关数据进行分析和比较是十分必要的。

(4)时效性原则。考虑工程项目决策过程的时效性，建设工程的成果也应具有相应的时效性。建设工程的信息都有一定的生产周期，如月报表、季度报表、年度报表等，这都是为了保证信息产品能够及时服务于决策。

(5)高效处理原则。通过采用高性能的信息处理工具(建设工程信息管理系统)，尽量缩短信息在处理过程中的延迟，监理工程师的主要精力应放在对处理结果的分析和控制措施的制订上。

(6)可预见原则。建设工程产生的信息作为项目实施的历史数据，可以用来预测未来的情况，监理工程师应通过采用先进的方法和工具为决策者制定未来目标和行动规划提供必要的信息。如通过对以往投资执行情况的分析，对未来可能发生的投资进行预测，作为采取事先控制措施的依据，这在工程项目管理中也是十分重要的。

6. 建立建设项目信息编码系统

在信息分类的基础上，可以对项目信息进行编码。建设项目信息编码也称代码设计，是给事物提供一个概念清楚的标识，用以代表事物的名称、属性和状态。代码有两个作用：一是便于对数据进行存储、加工和检索；二是可以提高数据的处理效率和精度。此外，对信息进行编码，还可以大大节省存储空间。

在建设项目管理工作中，会涉及大量的信息如文字、报表、图纸、声像等，在对数据进行处理时，都需要建立数据编码系统。这不仅在一定程度上减少项目管理工作的工作量，而且大大提高建设项目管理工作的效率。对于大中型建设项目，没有计算机辅助管理是难以想象的，而没有适当的信息系统，计算机的辅助管理作用也难以发挥。

(1)信息编码的原则。信息编码是管理工作的基础，进行信息编码时要遵循以下原则。

①唯一确定性。每个编码代表一个实体的属性和状态。

②可扩充性和稳定性。代码设计应留出适当的扩充位置，当增加新的内容时，便于直接利用源代码进行扩充，无须更改代码系统。

③标准化和通用性。国家有关编码标准是代码设计的重要依据，要严格执行国家标准及行业编码标准，以便于系统扩展。

④逻辑性和直观性。代码不仅具有一定的逻辑含义，以便于数据的统计汇总，而且要简明直观，便于识别和记忆。

⑤精练性。代码的长度不仅影响所占据的空间和处理速度，而且也会影响代码输入时出错的概率及输入输出速度，因而要适当压缩代码的长度。

(2)编码的方法。

①顺序编码法。顺序编码法简单易懂，用途广泛。但这种代码缺乏逻辑性，不宜分类。而且当增加新数据时，只能在最后进行排列，删除数据时又会出现空码。所以，此方法一般不单独使用，只用来作为其他分类编码后进行细分类的一种手段。

②分组编码法。分组编码法是在顺序编码法的基础上发展起来的，它是先将数据信息进行分组，然后对每组的信息进行顺序编码。每个组内留有后备编码，便于增加新的数据。

③十进制编码法。这种编码方法是先将数据对象分成十大类，编以 0～9 的号码，每类中再分成十小类，给以第二个 0～9 的号码，依次类推。当然，每一品种还有不同的规格，还可以通过附加顺序号码的方法加以区别。

④文字数字码。文字数字码是用文字表明数字属性，而文字一般用英文缩写或汉语拼音的声母。这种编码法直观性好，记忆使用方便，但数据较多时，单靠字母很容易使含义模糊，造成错误的理解。

⑤多面码。一个事物可能有多个属性，如果在编码中能为这些属性各规定一个位置，就形成了多面码。

7. 信息管理的方法

(1)逻辑顺序方法。信息管理就是对信息资源进行管理。对企业来说信息管理的主要任务就是将企业内外的信息资源调查清楚，并根据类别加以分析研究，以便找出那些对本企业的生存和发展有促进作用的信息资源。信息资源的管理划分为信息调查、信息分类、信息登记、信息研究 4 个基本步骤。

①进行切实的调查及摸清楚信息资源的情况是信息管理的基础。因为信息资源涉及的范围非常广泛，所以必须从使用者的需求出发，了解企业对信息方面的需求情况，做到心中有数。信息资源调查不仅要调查清楚目前明显的信息资源，而且更主要的是发现对企业未来有重要意义的潜在的信息资源。

②信息分类是信息资源管理的一个最基本的工作。收集到的信息形式可能是多种多样的，专门人员对信息实质内容的把握要清晰，所以有必要做好信息分类。分类不宜过多、过细，要便于分析和综合。目前还没有统一的信息分类原则，主要是根据企业的实际情况来考虑信息分类问题。

③信息登记是一项具体而又烦琐的工作。调研人员应该亲自对调查所收集到的企业信息资源的情况进行归纳和整理，登记在信息资源表上。然后，按信息资源分类将登记表编出目录，并按照部门编出索引，以便迅速查找。

④信息研究的目的是更好地使用信息资源。企业在信息资源方面的投入就是为了取得效益。这就需要研究每一项信息资源的供应、管理和使用情况，找出现有信息资源不能满足今后需要的问题，并采取积极有效的措施。并不是所有的信息都是资源，只有对企业的发展目标和现实生产有意义的信息资源才是企业的宝贵资源。

(2)物理过程方法。信息与世界上所有的其他事物一样，都有其发生、发展、成熟和死亡的过程。信息生命周期是信息运动的自然规律。从信息的产生到最终被使用发挥其价值，一般可分为信息的收集、传输、加工、存储、维护这几个阶段。信息管理的主要任务是识别使用者的信息需要，对数据进行收集、加工、存储，对信息的传递加以计划，将数据转化为信息，并将这些信息及时、准确、适用和经济地提供给组织的各级主管人员及其他相关人员。在生命周期的每一个阶段都有其具体工作，需要相应的管理。这里将信息生命周期的管理概括为以下四个方面：信息需求与服务、信息收集与加工、信息存储与检索、信息传递与反馈。信息需求与服务一方面是信息规划的问题，目的是明确信息的用途、范围和要求；另一方面就是要为用户提供信息，让他们利用信息进行管理决策。信息收集与加工主要是通过已有的渠道或建立新的渠道去收集所需要的数据，将收集到的数据按照规定的要求进行处理，这时的数据才成为真正的信息。信息存储与检索就是将处理后的信息按照科学的方式存储起来以便用户检索使用，存储并不是目的，而只是手段，检索才是存储的目的。信息传递与反馈反映了信息的作用在于被用户所接受和采用。

(3)企业系统规划方法。企业系统规划法(Business System Planning，BSP)是由 IBM 公司提出的，主要是基于信息支持企业运行的思想。该方法的应用帮助企业改善了对信息和数据资源的使用，满足了企业近期和长期的信息需求，从而成为开发企业信息系统的有效方法之一。企业系统规划方法是通过全面调查，分析企业信息需求，确定信息结构的一种方法。只有对组织整体具有彻底的认识，才能明确企业或各部门的信息需求。BSP方法的基本原则有 5 个，即信息系统必须支持企业的战略目标；信息系统的战略应当表达出企业各个管理层次的需求；信息系统应该向整个企业提供一致信息；信息系统应是先"自上而下"识别，再"自下而上"设计；信息系统应该经得起组织机构和管理体制的变化。

（4）战略数据规划方法。战略数据规划法是美国著名学者詹姆斯·马丁（James Martin）提出的。他曾明确指出，系统规划的基础性内容有企业的业务战略规划、企业信息技术战略规划、企业战略数据规划3个方面。其中，战略数据规划是系统规划的核心。

7.3 建设工程监理信息管理流程

7.3.1 建设工程信息流程概述

建设工程是一个由多个单位、多个部门组成的复杂系统，这是建设工程的复杂性决定的。参加建设的各方要能够实现随时沟通，必须规范相互之间的信息流程，组织合理的信息流。各方需要数据和信息时，能够从相关的部门、人员处及时得到，而且数据和信息是按照规范的形式提供的。相应地，有关各方也必须在规定的时间内提供规定形式的数据和信息给其他需要的部门和使用的人，达到信息管理的规范化。监理工程师应时刻想到：何时，提供什么形式的数据和信息给谁；何时，从什么部门、什么人处得到什么形式的数据和信息。

建设工程项目信息流结构如图7-1所示。它反映了工程建设项目建设设计单位、物资供应单位、施工单位、建设单位和工程建设监理组织之间的关系。

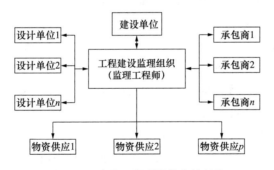

图7-1 建设工程项目信息流结构

建设工程项目管理组织内部存在着三种信息流，如图7-2所示。这三种信息流要畅通无阻，以保证项目管理工作的顺利实施。

建设工程的信息流由建设各方各自的信息流组成，监理单位的信息系统作为建设工程系统的一个子系统，监理的信息流仅仅是其中的一部分信息流。在监理单位内部，也有一个信息流程，监理单位的信息系统更偏重于公司内部管理和对所监理的建设工程项目监理部的宏观管理，对具体的某个工程项目监理部，也要组织必要的信息流程，加强项目数据和信息的微观管理，了解建设工程项目各参建方之间正确的信息流程，目的是组建建设工程项目的合理信息流，保证工程数据的真实性和信息的及时产生。

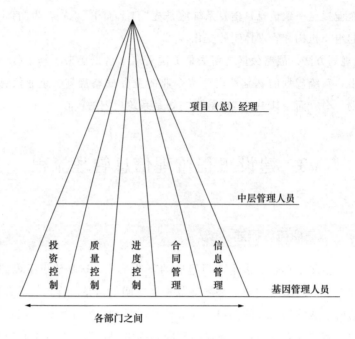

图 7 - 2　建设工程项目管理组织信息流

7.3.2　建设工程信息管理的基本环节

建设工程信息管理贯穿建设工程全过程，衔接建设工程各个阶段、各个参建单位和各个方面。其基本环节有信息的收集、加工、整理、检索、分发、存储。

1. 数据和信息的收集

建设工程参建各方对数据和信息的收集是不同的，有不同的来源，不同的角度，不同的处理方法，但要求与各自相同的数据和信息应该规范。建设工程参建各方在不同的时期对数据和信息收集也是不同的，侧重点有不同，但也要规范信息行为。

从监理的角度，建设工程的信息收集由介入阶段不同，决定收集不同的内容。监理单位介入的阶段有项目决策阶段、项目设计阶段，项目施工招标投标阶段、项目施工阶段等多个阶段；各不同阶段与建设单位签订的监理合同内容也不尽相同，因此，收集信息要根据具体情况决定。

(1)项目决策阶段的信息收集。在项目决策阶段，其他国家监理单位就已介入，因为该阶段对建设工程的效益影响最大。我国则因为过去管理体制和人才能力的局限，人为地分为前期咨询和施工阶段监理。今后监理单位将同时进行建设工程各阶段的技术服务，进入工程咨询领域，进行项目决策阶段相关信息的收集，该阶段主要收集外部宏观信息，要收集历史、现代和未来三个时态的信息，具有较多的不确定性。

在项目决策阶段，信息收集从以下几个方面进行。

①项目相关市场方面的信息，如产品预计进入市场后的市场占有率、社会需求量、预计产品价格变化趋势、影响市场渗透的因素、产品的生命周期等。

②项目资源相关方面的信息，如资金筹措渠道、方式，原辅料、矿藏来源，劳动力、水、电、气供应等。

③自然环境相关方面的信息，如城市交通、运输、气象、地质、水文、地形地貌、废料处理可能性等。

④新技术、新设备、新工艺、新材料，专业配套能力方面的信息。

⑤政治环境，社会治安状况，当地法律、政策、教育的信息。

这些信息的收集是为了帮助建设单位避免决策失误，进一步开展调查和投资机会研究，编写可行性研究报告，进行投资估算和工程建设经济评价。

(2)项目设计阶段的信息收集。设计阶段是工程建设的重要阶段，在设计阶段决定了工程规模，建筑形式，工程概算，技术先进性、适用性，标准化程度等一系列具体的要素。目前，监理已经由施工监理向设计监理前移。因此，了解该阶段应该收集什么信息，有利于监理工程师开展好设计监理。

监理单位在设计阶段的信息收集主要从以下几处进行。

①可行性研究报告，前期相关文件资料，存在的疑点和建设单位的意图，建设单位前期准备和项目审批完成的情况。

②同类工程相关信息：建筑规模，结构形式，造价构成，工艺、设备的选型，地质处理方式及实际效果，建设工期，采用新材料、新工艺、新设备、新技术的实际效果及存在的问题，技术经济指标。

③拟建工程所在地相关信息：地质、水文情况，地形地貌、地下埋设和人防设施情况，城市拆迁政策和拆迁户数，青苗补偿，周围环境(水、电、气、道路等的接入点，周围建筑、交通、学校、医院、商业、绿化、消防、排污)。

④勘察、测量、设计单位相关信息：同类工程完成情况，实际效果，完成该工程的能力，人员构成，设备投入，质量管理体系完善情况，创新能力，收费情况，施工期技术服务主动性和处理发生问题的能力，设计深度和技术文件质量，专业配套能力，设计概算和施工图预算编制能力，合同履约情况，采用设计新技术、新设备能力等。

⑤工程所在地政府相关信息：国家和地方政策、法律、法规、规范规程、环保政策、政府服务情况和限制等。

⑥设计中的设计进度计划、设计质量保证体系、设计合同执行情况、偏差产生的原因、纠偏措施、专业间设计交接情况，执行规范、规程、技术标准，特别是强制性规范执行的情况，设计概算和施工图预算结果，了解超限额的原因，了解各设计工序对投资的控制等。

设计阶段信息的收集范围广泛、来源较多、不确定因素较多、外部信息较多、难度较大，要求信息收集者要有较高的技术水平和较广的知识面，又要有一定的设计相关经验、投资管理能力和信息综合处理能力，才能完成该阶段的信息收集。

(3)项目施工招标投标阶段的信息收集。在施工招标投标阶段的信息收集，有助于协助建设单位编写好招标书，有助于帮助建设单位选择好施工单位和项目经理、项目班子，有利于签订好施工合同，为保证施工阶段监理目标的实现打下良好基础。

施工招标投标阶段信息的收集从以下几个方面进行。

①工程地质、水文地质勘察报告，施工图设计及施工图预算、设计概算，设计、地质勘察、测绘的审批报告等方面的信息，特别是该建设工程有别于其他同类工程的技术要求、材料、设备、工艺、质量要求的有关信息。

②建设单位建设前期报审文件：立项文件，建设用地、征地、拆迁文件。

③工程造价的市场变化规律及所在地区的材料、构件、设备、劳动力差异。

④当地施工单位管理水平，质量保证体系、施工质量、设备、机具能力。

⑤本工程适用的规范、规程、标准，特别是强制性规范。

⑥所在地与招标投标有关的法规、规定，国际招标、国际贷款指定适用的范本，本工程适用的建筑施工合同范本及特殊条款精髓所在。

⑦所在地招标投标代理机构的能力、特点，所在地招标投标管理机构及管理程序。

⑧该建设工程采用的新技术、新设备、新材料、新工艺，投标单位对"四新"的处理能力和了解程度、经验、措施。

在施工招标投标阶段，要求信息收集人员充分了解施工设计和施工图预算，熟悉法律法规，熟悉招标、投标程序，熟悉合同示范范本，特别要求在了解工程特点和工程量分解上有一定能力，才能为建设方决策提供必要的信息。

(4)项目施工阶段的信息收集。目前，我国的监理大部分在施工阶段进行，有比较成熟的经验和制度，各地对施工阶段信息规范化也提出了不同深度的要求，建设工程竣工验收规范也已经配套，建设工程档案制度也比较成熟。但是，由于我国施工管理水平所限，目前在施工阶段信息收集上，建设工程参与各方信息传递上，施工信息标准化、规范化上都需要加强。

施工阶段的信息收集可从施工准备期、施工实施期、竣工保修期三个子阶段分别进行。

施工准备期是指从建设工程合同签订到项目开工这个阶段，在施工招标投标阶段监理未介入时，本阶段是施工阶段监理信息收集的关键阶段，监理工程师应该从以下几点入手收集信息。

①监理大纲；施工图设计及施工图预算，特别要掌握结构特点，掌握工程难点、要点、特点，掌握工业工程的工艺流程特点、设备特点，了解工程预算体系(按单位工程、分部工程、分项工程分解)；了解施工合同。

②施工单位项目经理部组成，进场人员资质；进场设备的规格型号、保修记录；施工场地的准备情况；施工单位质量保证体系及施工单位的施工组织设计，特殊工程的技术方案，施工进度网络计划图表；进场材料、构件管理制度；安全保安措施；检测和检验、试验程序和设备；承包单位和分包单位的资质等施工单位信息。

③建设工程场地的地质、水文、测量、气象数据；地上、地下管线，地下洞室，地上原有建筑物及周围建筑物、树木、道路；建筑红线、标高、坐标；水、电、气管道的引入标志；地质勘察报告、地形测量图及标桩等环境信息。

④施工图的会审和交底记录；开工前的监理交底记录；对施工单位提交的施工组织设计按照项目监理部要求进行修改的情况；施工单位提交的开工报告及实体准备情况。

⑤本工程需遵循的相关建筑法律、法规和规范、规程，有关质量检验、控制的技术法规和质量验收标准。

在施工准备期，信息的来源较多、较杂，由于对各方相互了解还不够，信息渠道没有建立，收集有一定困难。因此，更应该组建并确定合理的工程信息流程，规范各方的信息行为，建立必要的信息秩序。

在施工实施期，信息来源相对比较稳定，主要是施工过程中随时产生的数据，由施工单位层层收集上来，比较单纯，容易实现规范化。目前，建设主管部门对施工阶段信息的收集和整理有明确的规定，施工单位也有一定的管理经验和处理程序，随着建设管理部门加强行业管理，相对容易实现信息管理的规范化，关键是施工单位和监理单位、建设单位在信息形式上和汇总上不统一。因此，统一建设各方的信息格式，实现标准化、代码化、规范化是我国目前建设工程必须解决的问题。目前，各地虽都有地方规程，但大多数没有实现施工、建设、监理的统一格式，给工程建设档案和各方数据交换带来一定的麻烦，仅少数地方规定对施工、建设、监理各方信息加以统一，较好地解决了信息的规范化、标准化。

施工实施期收集的信息应该分类并由专门的部门或专人分级管理，项目监理部可从下列方面收集信息。

①施工单位人员、设备、水、电、气等能源的动态信息。

②施工实施期气象的中长期趋势及同期历史数据，每天不同时段动态信息，特别在气候对施工质量影响较大的情况下，更要加强收集气象数据。

③建筑原材料、半成品、成品、构配件等工程物资的进场、加工、保管、使用等信息。

④项目经理部管理程序；质量、进度、投资的事前、事中、事后控制措施；数据采集来源及采集、处理、存储、传递方式；工序间交接制度；事故处理制度；施工组织设计及技术方案执行的情况；工地文明施工及安全措施等。

⑤施工中需要执行的国家和地方规范、规程、标准；施工合同执行情况。

⑥施工中发生的工程数据，如地基验槽及处理记录，工序间交接记录，隐蔽工程检查记录等。

⑦建筑材料必是项目有关信息，如水泥、砖、砂石、钢筋、外加剂、混凝土、防水材料、回填土、饰面板、玻璃幕墙等。

⑧设备安装的试运行和测试项目有关信息，如电气接地电阻、绝缘电阻测试，管道通水、通气、通风试验，电梯施工试验，消防报警、自动喷淋系统联动试验等。

⑨施工索赔相关信息，索赔程序、索赔依据、索赔证据、索赔处理意见等。

竣工保修期的信息是建立在施工实施期日常信息积累的基础上，传统工程管理和现代工程管理最大的区别在于传统工程管理不重视信息的收集和规范化，数据不能及时收集整理，往往采取事后补填或做"假数据"应付了事。现代工程管理则要求数据实时记录，真实反映施工过程，真正做到积累在平时，竣工保修期只是建设各方最后的汇总和总结。该阶段要收集的信息如下。

①工程准备阶段文件，如立项文件，建设用地、征地、拆迁文件，开工审批文件等。

②监理文件，如监理规划、监理实施细则、有关质量问题和质量事故的相关记录、监理工作总结及监理过程中各种控制和审批文件等。

③施工资料：分为建筑安装工程和市政基础设施工程两大类分别收集。

④竣工图：分为建筑安装工程和市政基础设施工程两大类分别收集。

⑤竣工验收资料，如工程竣工总结、竣工验收备案、电子档案等。

在竣工保修期，监理单位按照《建设工程文件归档规范（2019年版）》（GB/T 50328—2014）收集监理文件并协助建设单位督促施工单位完善全部资料的收集、汇总和归类整理。

2. 建设工程信息的加工、整理、分发、检索和存储

建设工程信息的加工、整理和存储是数据收集后的必要过程。收集的数据经过加工、整理后产生信息。信息是指导施工和工程管理的基础，要把管理由定性分析转到定量管理，信息是不可或缺的要素。

(1)信息的加工、整理。信息的加工就是把建设各方得到的数据和信息进行鉴别、选择、核对、合并、排序、更新、计算、转储，生成不同形式的数据和信息，提供给不同需求的各类管理人员使用。

在信息加工时，往往要求按照不同的需求，分层进行加工。不同的使用角度，加工方法是不同的。监理人员对数据的加工从鉴别开始，一种数据是自己收集的，可靠度较高；而对由施工单位提供的数据就要从数据采样系统是否规范，采样手段是否可靠，提供数据的人员素质如何，数据的精度是否达到所要求的精度入手，对施工单位提供的数据要加以选择、核对，加以必要的汇总，对动态的数据要及时更新，对于施工中产生的数据要按照单位工程、分部工程、分项工程组织在一起，每个单位、分部、分项工程又把数据分为进度、质量、造价三个方面分别组织。

信息处理包括信息的加工、整理和存储。信息的加工、整理和存储流程是信息系统流程的主要组成部分。信息系统的流程图有业务流程图、数据流程图，一般先找到业务流程图，通过绘制的业务流程图再进一步绘制数据流程图，通过绘制业务流程图可以了解到具体处理事务的过程，发现业务流程的问题和不完善处，进而优化业务处理过程。数据流程图则把数据在内部流动的情况对象化，独立考虑数据的传递、处理、存储是否合理，发现和解决数据流程中的问题。

(2)信息的分发和检索。在通过对收集的数据进行分类加工处理产生信息后，要及时提供给需要使用数据和信息的部门，信息和数据的分发要根据需要来分发，信息和数据的检索则要建立必要的分级管理制度，一般使用软件来保证实现数据和信息的分发、检索，关键是要决定分发和检索的原则。分发和检索的原则是需要的部门和使用人，有权在需要的第一时间，方便地得到所需要的、以规定形式提供的一切信息和数据，而保证不向不该知道的部门（人）提供任何信息和数据。

(3)信息的存储。经收集和整理后的大量信息资料，应当存档以备将来使用。为了便于管理和使用监理信息，必须在监理组织内部建立完善的信息资料存储制度。

信息的存储，可汇集信息，建立信息库，有利于进行检索，可以实现监理信息资源的共享，促进监理信息的重复利用，便于信息的更新和剔除。

监理信息存储的主要载体是文件、报告报表、图纸、音像材料等。监理信息的存储，主要就是将这些材料按不同的类别，进行详细的登录、存放，建立资料归档系统。该系统应简单和易于保存，但内容应足够详细，以便很快查出任何已归档的资料。因此资料的文档管理工作（具体而微小且烦琐）就显得非常重要。

监理资料归档，一般按以下几类进行。

①一般函件：与业主、承包商和其他有关部门来往的函件按日期归档，监理工程师主持或出席的所有会议记录按日期归档。

②监理报告：各种监理报告按次序归档。

③计量与支付资料：每月计量与支付证书，连同其所附资料每月按编号归档；监理人员每月提供的计量与支付有关的资料应按月份归档；物价指数的来源等资料按编号归档。

④合同管理资料：承包商对延期、索赔和分包的申请，批准的延期、索赔和分包文件按编号归档；变更的有关资料编号归档；现场监理人员为应急发出的书面指令及最终指令应按项目归档。

⑤图纸：按分类编号存放归档。

⑥技术资料：现场监理人员每月汇总上报的现场记录及检验报表按月归档，承包商提供的竣工资料分项归档。

⑦试验资料：监理人员所完成的试验资料分类归档，承包商所报试验资料分类归档。

⑧工程照片：各类工程照片，诸如反映工程实际进度的，反映现场监理工作的，反映工程质量事故及处理情况的，以及其他照片，如工地会议和重要监理活动的都要按类别和日期归档。

7.4　建设工程文件档案资料管理

7.4.1　建设工程文件档案资料管理概述

1. 建设工程文件档案资料概念与特征

(1)建设工程文件。建设工程文件是指在工程建设过程中形成的各种形式的信息记录，包括工程准备阶段文件、监理文件、施工文件、竣工图和竣工验收文件，也可简称为工程文件。

①工程准备阶段文件：工程开工以前，在立项、审批、征地、勘察、设计、招标投标等工程准备阶段形成的文件。

②监理文件：监理单位在工程设计、施工等阶段监理过程中形成的文件。

③施工文件：施工单位在工程施工过程中形成的文件。

④竣工图：工程竣工验收后，真实反映建设工程项目施工结果的图样。

⑤竣工验收文件：建设工程项目竣工验收活动中形成的文件。

(2)建设工程档案。建设工程档案是指在工程建设活动中直接形成的具有归档保存价值的文字、图表、声像等各种形式的历史记录，也可简称为工程档案。

(3)建设工程文件档案资料。建设工程文件和档案组成建设工程文件档案资料。

(4)建设工程文件档案资料载体。

①纸质载体：以纸张为基础的载体形式。

②缩微品载体：以胶片为基础，利用缩微技术对工程资料进行保存的载体形式。

③光盘载体：以光盘为基础，利用计算机技术对工程资料进行存储的形式。

④磁性载体：以磁性记录材料（磁带、磁盘等）为基础，对工程资料的电子文件、声音、图像进行存储的方式。

（5）建设工程文件档案资料特征。建设工程文件档案资料有以下几个方面的特征。

①分散性和复杂性。建设工程周期长，生产工艺复杂，建筑材料种类多，建筑技术发展迅速，影响建设工程因素多种多样，工程建设阶段性强并且相互穿插。由此导致了建设工程文件档案资料的分散性和复杂性。这个特征决定了建设工程文件档案资料是多层次、多环节、相互关联的复杂系统。

②继承性和时效性。随着建筑技术、施工工艺、新材料及建筑企业管理水平的不断提高和发展，文件档案资料可以被继承和积累新的工程，在施工过程中可以吸取以前的经验，避免重犯以往的错误。同时，建设工程文件档案资料有很强的时效性，文件档案资料的价值会随着时间的推移而衰减，有时文件档案资料一经生成，就必须传达到有关部门，否则会造成严重后果。

③全面性和真实性。建设工程文件档案资料只有全面反映项目的各类信息，才更有实用价值，必须形成一个完整的系统，有时只言片语地引用往往会起到误导作用，另外，建设工程文件档案资料必须真实反映工程情况，包括发生的事故和存在的隐患。真实性是对所有文件档案资料的共同要求，但在建设领域对这方面的要求更为迫切。

④随机性。建设工程文件档案资料产生于工程建设的整个过程中，工程开工、施工、竣工等各个阶段、各个环节都会产生各种文件档案资料。部分建设工程文件档案资料的产生有规律性（如各类报批文件），但还有相当一部分文件档案资料的产生是由具体工程事件引发的，因此，建设工程文件档案资料是有随机性的。

⑤多专业性和综合性。建设工程文件档案资料依附于不同的专业对象而存在，又依赖不同的载体而流动。涉及建筑、市政、公用、消防、保安等多种专业，也涉及电子、力学、声学、美学等多种学科，并同时综合了质量、进度、造价、合同、组织协调等多方面内容。

（6）工程文件归档范围。

①对与工程建设有关的重要活动、记载工程建设主要过程和现状、具有保存价值的各种载体的文件，均应收集齐全，整理立卷后归档。

②工程文件的具体归档范围按照《建设工程文件归档规范（2019年版）》（GB/T 50328—2014）中建设工程文件归档范围和保管期限执行。

2.建设工程文件档案资料管理职责

建设工程文件档案资料的管理涉及建设单位、监理单位、施工单位等以及地方城建档案管理部门。对于一个建设工程而言，归档的含义是建设、勘察、设计、施工、监理等单位将本单位在工程建设过程中形成的文件向本单位档案管理机构移交；勘察、设计、施工、监理等单位将本单位在工程建设过程中形成的文件向建设单位档案管理机构移交；建设单位按照《建设工程文件归档规范（2019年版）》（GB/T 50328—2014）要求，将汇总的该建设工程文件档案向地方城建档案管理部门移交。具体如下：

(1)各参建单位通用职责。工程各参建单位文档管理的通用职责主要有以下几个方面。

①工程各参建单位填写的建设工程档案应以施工及验收规范、工程合同、设计文件、工程施工质量验收统一标准等为依据。

②工程档案资料应随工程进度及时收集、整理，并应按专业归类，认真书写，字迹清楚，项目齐全、准确、真实，并无未了事项。表格应采用统一格式，特殊要求需增加的表格应统一归类。

③工程档案资料进行分级管理，工程建设项目各单位技术负责人负责本单位工程档案资料的全过程组织工作并负责审核，各相关单位档案管理员负责工程档案资料的收集、整理工作。

④对工程档案资料进行涂改、伪造、随意抽撤或损毁、丢失等，应按有关规定予以处罚，情节严重的应依法追究法律责任。

(2)建设单位的职责。工程建设单位文档管理的职责主要有以下几个方面。

①在工程招标及与勘察、设计、监理、施工等单位签订协议、合同时，应对工程文件的套数、费用、质量、移交时间等提出明确要求。

②负责组织、监督和检查勘察、设计、施工、监理等单位的工程文件的形成、积累和立卷归档工作；也可委托监理单位监督、检查工程文件的形成、积累和立卷归档工作。

③在组织工程竣工验收前，应提请当地城建档案管理部门对工程档案进行预验收；未取得工程档案验收的认可文件，不得组织工程竣工验收。

④收集和汇总勘察、设计、施工、监理等单位立卷归档的工程档案。

⑤收集和整理工程准备阶段、竣工验收阶段形成的文件，并应进行立卷归档。

⑥必须向参与工程建设的勘察设计、施工、监理等单位提供与建设工程有关的原始资料，原始资料必须真实、准确、齐全。

⑦可委托承包单位、监理单位组织工程档案的编制工作；负责组织竣工图的绘制工作，也可委托承包单位、监理单位、设计单位完成，收费标准按照所在地相关文件执行。

⑧对列入当地城建档案管理部门接收范围的工程，工程竣工验收三个月内，应向当地城建档案管理部门移交一套符合规定的工程文件。

(3)监理单位的职责。工程监理单位文档监理的职责主要有以下几个方面。

①应设专人负责监理资料的收集、整理和归档工作。在项目监理部，监理资料的管理应由总监理工程师负责，并指定专人具体实施，监理资料应在各阶段监理工作结束后及时整理归档。

②监理资料必须及时整理、真实完整、分类有序。在设计阶段，对勘察、测绘、设计单位工程文件的形成、积累和立卷归档进行监督、检查；在施工阶段，对施工单位的工程文件的形成、积累、立卷归档进行监督、检查。

③可以按照委托监理合同的约定，接受建设单位的委托，监督、检查工程文件的形成、积累和立卷归档工作。

④编制监理文件的套数、提交内容、提交时间，应按照《建设工程文件归档规范(2019年版)》(GB/T 50328—2014)和各地城建档案管理部门的要求，编制移交清单，双方签字、盖章后，及时移交建设单位，由建设单位收集和汇总。监理公司档案部门需要的监理档案，按照《建设工程监理规范》(GB/T 50319—2013)的要求，及时由项目监理部提供。

（4）施工单位的职责。工程施工单位文档管理的职责主要有以下几个方面。

①实行技术负责人负责制，逐级建立、健全施工文件管理岗位责任制，配备专职档案管理员，负责施工资料的管理工作。工程项目的施工文件应设专门的部门（专人）负责收集和整理。

②建设工程实行总承包的，总承包单位负责收集、汇总各分包单位形成的工程档案，各分包单位应将本单位形成的工程文件整理、立卷后及时移交总承包单位。工程建设项目由几个单位承包的，各承包单位负责收集、整理、立卷其承包项目的工程文件，并应及时向建设单位移交。各承包单位应保证归档文件的完整、准确、系统，能够全面反映工程建设活动的全过程。

③按要求在竣工前将施工文件整理汇总完毕，再移交建设单位进行工程竣工验收。

④可以按照施工合同的约定，接受建设单位的委托进行工程档案的组织、编制工作。

⑤负责编制的施工文件的套数不得少于地方城建档案管理部门要求，但应有完整施工文件移交建设单位及自行保存，保存期可根据工程性质以及地方城建档案管理部门的有关要求确定。

（5）地方城建档案管理部门的职责。地方城建档案管理部门的职责主要有以下几个方面。

①负责接收和保管所辖范围应当永久和长期保存的工程档案和有关资料。

②负责对城建档案工作进行业务指导，监督和检查有关城建档案法规的实施。

③列入向本部门报送工程档案范围的工程项目，其竣工验收应由本部门参加并负责对移交的工程档案进行验收。

3. 建设工程监理文件资料编制要求

监理文件应随工程建设同步形成，不得事后补编，每项建设工程应编制一套电子档案，随纸质档案一并移交城建档案管理机构。

建设工程监理文件资料归档内容、组卷方式及建设工程监理档案验收、移交和管理工作，应根据《建设工程监理规范》（GB/T 50319—2013）、《建设工程文件归档规范（2019 年版）》（GB/T 50328—2014）以及工程所在地有关部门的规定执行。

对于建设工程监理文件资料编制要求如下：

①归档的纸质文件资料应为原件。

②文件资料的内容及其深度须符合国家有关工程勘察、设计、施工、监理等标准的规定。

③文件资料的内容必须真实、准确，应与工程实际相符合。

④文件资料应采用耐久性强的书写材料，如碳素墨水、蓝黑墨水等，不得使用易褪色的书写材料，如红色墨水、纯蓝墨水、圆珠笔、复写纸、铅笔等；计算机输出文字和图件应使用激光打印机，不应使用色带打印机、水性墨打印机和热敏打印机。

⑤文件资料应字迹清楚，图样清晰，图表整洁，签字盖章手续完备。

⑥文件资料中文字材料幅面尺寸规格宜为 A4 幅面（297 mm×210 mm）；纸张应采用能够长时间保存的韧力大、耐久性强的纸张。

⑦归档的电子文件应采用规范规定的开放式文件格式或通用格式进行存储，专用软件产生的非通用格式的电子文件应转换成通用格式。

⑧归档的电子文件应采用电子签名等手段，所载内容应真实、可靠。

⑨归档的电子文件的内容必须与其纸质档案一致。

⑩存储移交电子档案的载体应经过检测，应无病毒、无数据读写故障，并应确保接收方能

通过适当设备读出数据。

4. 建设工程档案验收与移交

(1)验收。

①列入城建档案管理部门档案接收范围的工程，建设单位在组织工程竣工验收前，应提请城建档案管理部门对工程档案进行预验收。建设单位未取得城建档案管理部门出具的认可文件，不得组织工程竣工验收。

②城建档案管理部门在进行工程档案预验收时，应重点验收以下内容。

a. 工程档案分类齐全、系统完整。

b. 工程档案的内容真实、准确地反映工程建设活动和工程实际状况。

c. 工程档案已整理立卷，立卷符合《建设工程文件归档规范(2019年版)》(GB/T 50328—2014)的规定。

d. 竣工图绘制方法、图式及规格等符合专业技术要求，图面整洁，盖有竣工图章。

e. 文件的形成、来源符合实际，要求单位或个人签章的文件，其签章手续完备。

f. 文件材质、幅面、书写、绘图、用墨、托裱等符合要求。

工程档案由建设单位进行验收，属于向地方城建档案管理部门报送工程档案的工程项目还应会同地方城建档案管理部门共同验收。

③国家、省市重点工程项目或一些特大型、大型的工程项目的预验收和验收，必须有地方城建档案管理部门参加。

④为确保工程档案的质量，各编制单位、地方城建档案管理部门、住房城乡建设管理部门等要对工程档案进行严格检查、验收。编制单位、制图人、审核人、技术负责人必须进行签字或盖章。对不符合技术要求的，一律退回编制单位进行改正、补齐，问题严重者可令其重做。不符合要求者，不能交工验收。

⑤凡报送的工程档案，如验收不合格将其退回建设单位，由建设单位责成责任者重新进行编制，待达到要求后重新报送。检查验收人员应对接收的档案负责。

⑥地方城建档案管理部门负责工程档案的最后验收，并对编制报送工程档案进行业务指导、督促和检查。

(2)移交。

①列入城建档案管理部门接收范围的工程，建设单位在工程竣工验收后3个月内向城建档案管理部门移交一套符合规定的工程档案。

②停建、缓建工程的工程档案，暂由建设单位保管。

③对改建、扩建和维修工程，建设单位应当组织设计单位、监理单位、施工单位据实修改、补充和完善工程档案。对改变的部位，应当重新编写工程档案，并在工程竣工验收后3个月内向城建档案管理部门移交。

④建设单位向城建档案管理部门移交工程档案时，应办理移交手续填写移交目录，双方签字、盖章后交接。

⑤施工单位、监理单位等有关单位应在工程竣工验收前将工程档案按合同或协议规定的时间、套数移交给建设单位，办理移交手续。

7.4.2 建设工程监理文件档案资料管理

1. 建设工程监理文件档案资料管理的基本概念

(1)文件档案资料管理的基本概念。所谓建设工程监理文件档案资料的管理，是指监理工程师受建设单位委托，在进行建设工程监理的工作期间，对建设工程实施过程中形成的与监理相关的文件和档案进行收集积累、加工整理、立卷归档和检索利用等一系列工作。建设工程监理文件档案资料管理的对象是监理文件档案资料，它们是工程建设监理信息的主要载体之一。

(2)监理文件档案资料管理的意义。

①对监理文件档案资料进行科学管理，可以为建设工程监理工作的顺利开展创造良好的前提条件。建设工程监理的主要任务是进行工程项目的目标控制，而控制的基础是信息。如果没有信息，监理工程师就无法实施有效的控制。在建设工程实施过程中产生的各种信息，经过收集、加工和传递，以监理文件档案资料的形式进行管理和保存，会成为有价值的监理信息资源，它是监理工程师进行建设工程目标控制的客观依据。

②对监理文件档案资料进行科学管理，可以极大地提高监理工作效率。监理文件档案资料经过系统、科学的整理归类，形成监理文件档案资料库，当监理工程师需要时，就能及时有针对性地提供完整的资料，从而迅速地解决监理工作中的问题。反之，如果文件档案资料分散管理，就会导致混乱，甚至散失，最终影响监理工程师的正确决策。

③对监理文件档案资料进行科学管理，可以为建设工程档案的归档提供可靠保证。监理文件档案资料的管理，是把监理过程中各项工作中形成的全部文字、声像、图纸及报表等文件资料进行统一管理和保存，从而确保文件和档案资料的完整性。一方面，在项目建成竣工以后，监理工程师可将完整的监理资料移交建设单位，作为建设项目的工程监理档案；另一方面，完整的工程监理文件档案资料是建设工程监理单位具有重要历史价值的资料，监理工程师可从中获得宝贵的监理经验，有利于不断提高建设工程监理工作水平。

(3)工程建设监理文件档案资料的传递流程。项目监理部的信息管理部门是专门负责建设工程项目信息管理工作的，其中包括监理文件档案资料的管理。因此，在工程全过程中形成的所有资料，都应统一归口传递到信息管理部门，进行集中加工、收发和管理。

在监理组织内部，所有文件档案资料都必须先送交信息管理部门，进行统一整理分类，归档保存，然后由信息管理部门根据总监理工程师或其授权监理工程师的指令和监理工作的需要，分别将文件档案资料传递给有关监理工程师。当然任何监理人员都可以随时自行查阅经整理分类后的文件和档案。其次，在监理组织外部，在发送或接收建设单位、设计单位、施工单位、材料供应单位及其他单位的文件档案资料时，也应由信息管理部门负责进行，这样，使所有的文件档案资料只有一个进出口通道，从而在组织上保证监理文件档案资料的有效管理。

文件档案资料的管理和保存，主要由信息管理部门中的资料管理人员负责。作为资料管理人员，必须熟悉各项监理业务，通过分析研究监理文件档案资料的特点和规律，对其进行系统、科学的管理，使其在建设工程监理工作中得到充分利用。除此之外，监理资料管理人员还应全面了解和掌握工程建设进展与监理工作开展的实际情况，结合对文件档案资料的整理分析，编写有关专题材料，对重要文件资料进行摘要综述，包括编写监理工作月报、工程建设周报等。

2. 建设工程监理文件档案资料管理

建设工程监理文件档案资料管理主要内容有监理文件档案资料收、发文与登记；监理文件档案资料传阅；监理文件档案资料分类存放；监理文件档案资料归档、借阅、更改与作废。

(1)监理文件和档案收文与登记。所有收文应在收文登记上进行登记(按监理信息分类进行登记)。应记录文件名称、文件摘要信息、文件的发放单位(部门)、文件编号及收文日期，必要时应注明接收文件的具体时间，最后由项目监理部负责收文人员签字。

监理信息在有追溯性要求的情况下，应注意核查所填部分内容是否可追溯，如材料报审表中是否明确注明该材料所使用的具体部位，以及该材料质保证明的原件保存处等。

如不同类型的监理信息之间存在相互对照或追溯关系时(如监理工程师通知单和监理工程师通知回复单)，在分类存放的情况下，应在文件和记录上注明相关信息的编号和存放处。

资料管理人员应检查文件档案资料的各项内容填写和记录真实完整，签字认可人员应为符合相关规定的责任人员，并且不得以盖章和打印代替手写签认。文件档案资料及存储介质质量应符合要求，所有文件档案必须使用符合档案归档要求的碳素墨水填写或打印生成，以适应长时间保存的要求。

有关工程建设照片及声像资料等应注明拍摄日期及所反映工程建设部位等摘要信息。收文登记后应交给项目总监或由其授权的监理工程师进行处理，重要文件内容应在监理日记中记录。

部分收文如涉及建设单位的工程建设指令或设计单位的技术核定单及其他重要文件，应将复印件在项目监理部专栏内予以公布。

(2)监理文件档案资料传阅与登记。由建设工程项目监理部总监理工程师或其授权的监理工程师确定文件、记录是否需传阅，如需传阅应确定传阅人员名单和范围，并注明在文件传阅纸上，随同文件和记录进行传阅。也可按文件传阅纸样式刻制方形图章，盖在文件空白处，代替文件传阅纸。每位传阅人员阅后应在文件传阅纸上签名，并注明日期。文件和记录传阅期限不应超过该文件的处理期限。传阅完毕后，文件原件应交还信息管理人员归档。

(3)监理文件资料发文与登记。发文由总监理工程师或其授权的监理工程师签名，并加盖项目监理部图章，对盖章工作应进行专项登记。如为紧急处理的文件，应在文件首页标注"急件"字样。

所有发文按监理信息资料分类和编码要求进行分类编码，并在发文登记表上登记。登记内容包括文件资料的分类编码、发文文件名称、摘要信息、接收文件的单位(部门)名称、发文日期(强调时效性的文件应注明发文的具体时间)。收件人收到文件后应签名。

发文应留有底稿，并附一份文件传阅纸，信息管理人员根据文件签发人指示确定文件责任人和相关传阅人员。在文件传阅过程中，每位传阅人员阅后应签名并注明日期。发文的传阅期限不应超过其处理期限。重要文件的发文内容应在监理日记中予以记录。

项目监理部的信息管理人员应及时将发文原件归入相应的资料柜(夹)中，并在目录清单中予以记录。

(4)监理文件档案资料分类存放。建设工程监理文件资料经收、发文、登记和传阅工作程序后，必须进行科学的分类方法后进行存放。这样既可以满足工程项目实施过程中查阅、求证的需要，又便于项目工程竣工后文件资料的归档和移交。项目监理机构应备有存放监理文件资料的专用柜和用于监理文件资料分类归档存放的专用资料夹。大中型工程项目监理信息应采用计算机对监理信息进行辅助管理。

建设工程监理文件资料的分类原则应根据工程特点及监理与相关服务内容确定，工程监理单位的技术管理部门应明确本单位文件档案资料管理的基本原则，以便统一管理并体现建设工程监理企业的特色。建设工程监理文件资料应保持清晰，不得随意涂改记录，保存过程中应保持记录介质的清洁和不破损。

建设工程监理文件资料的分类应根据工程项目的施工顺序、施工承包体系、单位工程的划分以及工程质量验收程序等，并结合项目监理机构自身的业务工作开展情况进行。原则上可按施工单位、专业施工部位、单位工程等进行分类，以保证建设工程监理文件资料检索和归档工作的顺利进行。项目监理机构信息管理部门应注意建立适宜的文件资料存放地点，防止文件资料受潮霉变或受虫害侵蚀。

资料夹装满或工程项目某一分部或单位工程结束时，相应的文件资料应转存至档案袋，袋面应以相同编号予以标识。

(5)监理文件档案资料归档。归档是指文件形成部门或形成单位完成其工作任务后，将形成的文件整理组卷后，按规定向本单位档案室或向城建档案管理机构移交的过程。建设工程监理文件资料的编制不得少于两套，一套由建设单位保管，一套(原件)应移交当地城建档案管理机构保存。

监理单位应在工程竣工验收前，将形成的监理文件档案向建设单位归档。勘察、设计、施工单位在收齐工程文件并整理组卷后，建设单位、监理单位应根据城建档案管理机构的要求，对归档文件完整、准确、系统情况和案卷质量进行审查。审查合格后方可向建设单位移交。

监理单位需要向本单位归档的文件，应按国家规定和《建设工程文件归档规范(2019 年版)》(GB/T 50328—2014)的要求组卷归档。

监理文件档案资料的归档保存中应严格按照保存原件为主、复印件为辅和按照一定顺序归档的原则。如在监理实践中出现作废和遗失等情况，应明确地记录作废和遗失原因、处理的过程。

如采用计算机对监理信息进行辅助管理，当相关的文件和记录经相关责任人员签字确定、正式生效并已存入项目部相关资料夹中时，计算机管理人员应将储存在计算机中的相关文件和记录改变其文件属性为"只读"，并将保存的目录记录在书面文件上以便于进行查阅。在项目文件档案资料归档前不得将计算机中保存的有效文件和记录删除。

按照《建设工程文件归档规范(2019 年版)》(GB/T 50328—2014)，监理文件有 10 大类 27个，要求存不同的单位归档保存，现分述如下。

①监理规划。

a. 监理规划(建设单位长期保存，监理单位短期保存，送城建档案管理部门保存)。

b. 监理实施细则(建设单位长期保存,监理单位短期保存,送城建档案管理部门保存)。

c. 监理部总控制计划等(建设单位长期保存,监理单位短期保存)。

②监理月报中的有关质量问题(建设单位长期保存,监理单位长期保存,送城建档案管理部门保存)。

③监理会议纪要中的有关质量问题(建设单位长期保存,监理单位长期保存,送城建档案管理部门保存)。

④进度控制。

a. 工程开工、复工审批表(建设单位长期保存,监理单位长期保存,送城建档案管理部门保存)。

b. 工程开工、复工暂停令(建设单位长期保存,监理单位长期保存,送城建档案管理部门保存)。

⑤质量控制。

a. 不合格项目通知(建设单位长期保存,监理单位长期保存,送城建档案管理部门保存)。

b. 质量事故报告及处理意见(建设单位长期保存,监理单位长期保存,送城建档案管理部门保存)。

⑥造价控制。

a. 预付款报审与支付(建设单位短期保存)。

b. 月付款报审与支付(建设单位短期保存)。

c. 设计变更、洽商费用报审与签认(建设单位长期保存)。

d. 工程竣工决算审核意见书(建设单位长期保存,送城建档案管理部门保存)。

⑦分包资质。

a. 分包单位资质材料(建设单位长期保存)。

b. 供货单位资质材料(建设单位长期保存)。

c. 试验等单位资质材料(建设单位长期保存)。

⑧监理通知。

a. 有关进度控制的监理通知(建设单位、监理单位长期保存)。

b. 有关质量控制的监理通知(建设单位、监理单位长期保存)。

c. 有关造价控制的监理通知(建设单位、监理单位长期保存)。

⑨合同与其他事项管理。

a. 工程延期报告及审批(建设单位永久保存,监理单位长期保存,送城建档案管理部门保存)。

b. 费用索赔报告及审批(建设单位、监理单位长期保存)。

c. 合同争议、违约报告及处理意见(建设单位永久保存,监理单位长期保存,送城建档案管理部门保存)。

d. 合同变更材料(建设单位、监理单位长期保存,送城建档案管理部门保存)。

⑩监理工作总结。

(6)监理文件档案资料借阅、更改与作废。项目监理部存放的文件和档案原则上不得外借,如政府部门、建设单位或施工单位确有需要，应经过总监理工程师或其授权的监理工程师同意，并在信息管理部门办理借阅手续。监理人员在项目实施过程中需要借阅文件和档案时，应填写文件借阅单，并明确归还时间。信息管理人员办理有关借阅手续后，应在文件夹的内附目录上作特殊标记，避免其他监理人员查阅该文件时，因找不到文件而引起工作混乱。

监理文件档案的更改应由原制定部门相应责任人执行，涉及审批程序的，由原审批责任人执行。若指定其他责任人进行更改和审批，新责任人必须获得所依据的背景资料。监理文件档案更改后，由信息管理部门填写监理文件档案更改通知单，并负责发放新版本文件。发放过程中必须保证项目参建单位中所有相关部门都得到相应文件的有效版本。文件档案换发新版时，应由信息管理部门负责将原版本收回作废。考虑到日后有可能出现追溯需求，信息管理部门可以保存作废文件的样本以备查阅。

7.4.3 建设工程监理表格体系和主要文件档案

1. 监理工作的基本表式

根据《建设工程监理规范》（GB/T 50319—2013）的规定，建设工程监理基本表式分为三大类，即 A 类表—工程监理单位用表（共 8 个表）；B 类表—施工单位报审、报验用表（共 14 个表）；C 类表—通用表（共 3 个表）。

（1）工程监理单位用表（A 类表）。

①总监理工程师任命书（表 A.0.1），建设工程监理合同签订后，工程监理单位法定代表人要通过《总监理工程师任命书》委派具有类似建设工程监理经验的注册监理工程师担任总监理工程师。《总监理工程师任命书》需要由工程监理单位法定代表人签字，并加盖单位公章。

②工程开工令（表 A.0.2），建设单位代表在施工单位报送的《开工报审表》（表 B.0.2）上签字同意开工后，总监理工程师可签发《工程开工令》，指令施工单位开工。《工程开工令》需要由总监理工程师签字，并加盖执业印章。《工程开工令》中应明确具体开工日期，并作为施工单位计算工期的起始日期。

③监理通知（表 A.0.3），《监理通知》是项目监理机构在日常监理工作中常用的指令性文件。项目监理机构在建设工程监理合同约定的权限范围内，针对施工单位出现的各种问题所发出的指令、提出的要求等，除另有规定外，均应采用《监理通知》。监理工程师现场发出的口头指令及要求，也应采用《监理通知》予以确认。

施工单位发生下列情况时，项目监理机构应发出监理通知：

a. 在施工过程中出现不符合设计要求、工程建设标准、合同约定。

b. 使用不合格的工程材料、构配件和设备。

c. 在工程质量、造价、进度等方面存在违规等行为。

《监理通知》可由总监理工程师或专业监理工程师签发，对于一般问题可由专业监理工程师签发，对于重大问题应由总监理工程师或经其同意后签发。

④监理报告（表 A.0.4），当项目监理机构对工程存在安全事故隐患发出《监理通知》或《工程暂停令》，而施工单位拒不整改或不停止施工时，项目监理机构应及时向有关主管部门报送《监

理报告》。项目监理机构报送《监理报告》时，应附相应《监理通知》或《工程暂停令》等证明监理人员履行安全生产管理职责的相关文件资料。

⑤工程暂停令（表 A.0.5），建设工程施工过程中出现《建设工程监理规范》（GB/T 50319－2013）规定的下列情形时，总监理工程师应签发《工程暂停令》。

a. 建设单位要求暂停施工且工程需要暂停施工的。

b. 施工单位未经批准擅自施工或拒绝项目监理机构管理的。

c. 施工单位未按审查通过的工程设计文件施工的。

d. 施工单位未按批准的施工组织设计、（专项）施工方案施工或违反工程建设强制性标准的。

e. 施工存在重大质量、安全事故隐患或发生质量、安全事故的。

总监理工程师签发工程暂停令应征得建设单位同意，在紧急情况下未能事先报告的，应在事后及时向建设单位作出书面报告。《工程暂停令》中应注明工程暂停的原因、部位和范围、停工期间应进行的工作等。《工程暂停令》需要由总监理工程师签字，并加盖执业印章。

⑥旁站记录（表 A.0.6），项目监理机构监理人员对关键部位、关键工序的施工质量进行现场跟踪监督时，需要填写《旁站记录》。"旁站的关键部位、关键工序施工情况"应记录所旁站部位（工序）的施工作业内容、主要施工机械、材料、人员和完成的工程数量等内容及监理人员检查旁站部位施工质量的情况；"旁站的问题及处理情况"应说明旁站所发现的问题及其采取的处置措施。

⑦工程复工令（表 A.0.7），当导致工程暂停施工的原因消失、具备复工条件时，建设单位代表在《复工报审表》（表 B.0.3）上签字同意复工后，总监理工程师应签发《工程复工令》指令施工单位复工；或者工程具备复工条件而施工单位未提出复工申请的，总监理工程师应根据工程实际情况直接签发《工程复工令》指令施工单位复工。《工程复工令》需要由总监理工程师签字，并加盖执业印章。

⑧工程款支付证书（表 A.0.8），项目监理机构收到经建设单位签署审批意见的《工程款支付申请表》（表 B.0.11）后，总监理工程师应向施工单位签发《工程款支付证书》，同时抄报建设单位。《工程款支付证书》需要由总监理工程师签字，并加盖执业印章。

（2）施工单位报审、报验用表（B类表）。

①施工组织设计或（专项）施工方案报审表（表 B.0.1），施工单位编制的施工组织设计、施工方案、专项施工方案经其技术负责人审查后，需要连同《施工组织设计或（专项）施工方案报审表》一起报送项目监理机构。先由专业监理工程师审查后，再由总监理工程师审核签署意见。《施工组织设计或（专项）施工方案报审表》需要由总监理工程师签字，并加盖执业印章。对于超过一定规模的危险性较大的分部分项工程专项施工方案，还需要报送建设单位审批。

②开工报审表（表 B.0.2），单位工程具备开工条件时，施工单位需要向项目监理机构报送《开工报审表》。同时满足条件时，由总监理工程师签署审查意见，并报建设单位批准后，总监理工程师方可签发《工程开工令》。《开工报审表》需要由总监理工程师签字，并加盖执业印章。

③复工报审表（表 B.0.3），当导致工程暂停施工的原因消失、具备复工条件时，施工单位

需要向项目监理机构报送《复工报审表》，总监理工程师签署审查意见，并报建设单位批准后，总监理工程师方可签发《工程复工令》。

④分包单位资格报审表(表 B.0.4)，施工单位按施工合同约定选择分包单位时，需要向项目监理机构报送《分包单位资格报审表》及相关证明材料。《分包单位资格报审表》由专业监理工程师提出审查意见后，由总监理工程师审核签认。

⑤施工控制测量成果报验表(表 B.0.5)，施工单位完成施工控制测量并自检合格后，需要向项目监理机构报送《施工控制测量成果报验表》及施工控制测量依据资料和成果表。专业监理工程师审查合格后予以签认。

⑥工程材料/设备/构配件报审表(表 B.0.6)，施工单位在对工程材料、设备、构配件自检合格后，应向项目监理机构报送《工程材料/设备/构配件报审表》及相关质量证明材料和自检报告。专业监理工程师审查合格后予以签认。

⑦____报验/报审表(表 B.0.7)，该表主要用于隐蔽工程、检验批、分项工程的报验，也可用于为施工单位提供服务的试验室的报审。专业监理工程师审查合格后予以签认。

⑧分部工程报验表(表 B.0.8)，分部工程所包含的分项工程全部自检合格后，施工单位应向项目监理机构报送《分部工程报验表》及分部工程质量控制资料。在专业监理工程师验收的基础上，由总监理工程师签署验收意见。

⑨监理通知回复单(表 B.0.9)，施工单位在收到《监理通知》(表 A.0.3)后，按要求进行整改、自查合格后，应向项目监理机构报送《监理通知回复单》。项目监理机构收到施工单位报送的《监理通知回复单》后，一般可由原发出《监理通知》的专业监理工程师进行核查，认可整改结果后予以签认。重大问题可由总监理工程师进行核查签认。

⑩单位工程竣工验收报审表(表 B.0.10)，单位(子单位)工程完成后，施工单位自检符合竣工验收条件后，应向项目监理机构报送《单位工程竣工验收报审表》及相关附件，申请竣工验收。总监理工程师在收到《单位工程竣工验收报审表》及相关附件后，应组织专业监理工程师进行审查并签署预验收意见。《单位工程竣工验收报审表》需要由总监理工程师签字，并加盖执业印章。

⑪工程款支付申请表(表 B.0.11)，该表适用于施工单位工程预付款、工程进度款或竣工结算款等的支付申请。项目监理机构对施工单位的申请事项进行审核并签署意见，经建设单位批准后方可作为总监理工程师签发《工程款支付证书》(表 A.0.8)的依据。

⑫施工进度计划报审表(表 B.0.12)，该表适用于施工总进度计划、阶段性施工进度计划的报审。施工进度计划在专业监理工程师审查的基础上，由总监理工程师审核签认。

⑬费用索赔报审表(表 B.0.13)，施工单位索赔工程费用时，需要向项目监理机构报送《费用索赔报审表》。项目监理机构对施工单位的申请事项进行审核并签署意见，经建设单位批准后方可作为支付索赔费用的依据。《费用索赔报审表》需要由总监理工程师签字，并加盖执业印章。

⑭工程临时/最终延期报审表(表 B.0.14)，施工单位申请工程延期时，需要向项目监理机构报送《工程临时/最终延期报审表》。项目监理机构对施工单位的申请事项进行审核并签署意见，经建设单位批准后方可延长合同工期。《工程临时/最终延期报审表》需要由总监理工程师签

字，并加盖执业印章。

(3)通用表(C类表)。

①工作联系单(表 C.0.1)，该表用于项目监理机构与工程建设有关方(包括建设、施工、监理、勘察、设计等单位和上级主管部门)之间的日常工作联系。有权签发《工作联系单》的负责人有建设单位现场代表、施工单位项目经理、工程监理单位项目总监理工程师、设计单位本工程设计负责人及工程项目其他参建单位的相关负责人等。

②工程变更单(表 C.0.2)，施工单位、建设单位、工程监理单位提出工程变更时，应填写《工程变更单》，由建设单位、设计单位、监理单位和施工单位共同签认。

③索赔意向通知书(表 C.0.3)，施工过程中发生索赔事件后，受影响的单位依据法律法规和合同约定，向对方单位声明或告知索赔意向时，需要在合同约定的时间内报送《索赔意向通知书》。

2. 监理规划

《建设工程监理规范》(GB/T 50319—2013)明确规定，监理规划的内容包括：工程概况；监理工作的范围、内容、目标；监理工作依据；监理组织形式、人员配备及进场计划、监理人员岗位职责；监理工作制度；工程质量控制；工程造价控制；工程进度控制；安全生产管理职责；合同与信息管理；组织协调；监理工作设施共 12 项。

监理规划应在签订委托监理合同，收到施工合同、施工组织设计(技术方案)、设计图纸文件后一个月内，由总监理工程师组织完成该工程项目的监理规划编制工作，经监理公司技术负责人审核批准后，在监理交底会前报送建设单位。

监理规划的内容应有针对性，做到控制目标明确、措施有效、工作程序合理、工作制度健全、职责分工清楚，对监理实践有指导作用。监理规划应有时效性，在项目实施过程中，应根据情况的变化作必要的调整、修改，经原审批程序批准后，再次报送建设单位。

监理规划审核的内容主要包括以下几个方面。

(1)监理范围、工作内容及监理目标的审核。依据监理招标文件和建设工程监理合同，审核是否理解建设单位的工程建设意图，监理范围、监理工作内容是否已包括全部委托的工作任务，监理目标是否与建设工程监理合同要求和建设意图相一致。

(2)项目监理机构的审核。

①组织机构方面。组织形式、管理模式等是否合理，是否已结合工程实施特点，是否能够与建设单位的组织关系和施工单位的组织关系相协调等。

②人员配备方面。人员配备方案应从以下几个方面审查：

a. 派驻监理人员的专业满足程度。应根据工程特点和建设工程监理任务的工作范围，不仅要考虑专业监理工程师(如土建监理工程师、安装监理工程师等)是否能够满足开展监理工作的需要，而且还要看其专业监理人员是否覆盖了工程实施过程中的各种专业要求，以及高、中级职称和年龄结构的组成。

b. 人员数量的满足程度。主要审核从事监理工作人员在数量和结构上的合理性。按照我国已完成监理工作的工程资料统计测算，在施工阶段，大中型建设工程每年完成 100 万元的工程量所需监理人员为 0.6～1 人，专业监理工程师、一般监理人员和行政文秘人员的结构比例为

0.2：0.6：0.2。专业类别较多的工程的监理人员数量应适当增加。

c.专业人员不足时采取的措施是否恰当。大中型建设工程由于技术复杂、涉及的专业面宽，当工程监理单位的技术人员不足以满足全部监理工作要求时，对拟临时聘用的监理人员的综合素质应认真审核。

d.派驻现场人员计划表。对于大中型建设工程，不同阶段对所需要的监理人员在人数和专业等方面的要求不同，应对各阶段所派驻现场监理人员的专业、数量计划是否与建设工程进度计划相适应进行审核。还应平衡正在其他工程上执行监理业务的人员，是否能按照预定计划进入本工程参加监理工作。

(3)工作计划的审核。在工程进展中各个阶段的工作实施计划是否合理、可行，审查其在每个阶段中如何控制建设工程目标以及组织协调方法。

(4)工程质量、造价、进度控制方法的审核。对三大目标控制方法和措施应重点审查，看其如何应用组织、技术、经济、合同措施保证目标的实现，方法是否科学、合理、有效。

(5)对安全生产管理监理工作内容的审核。主要是审核安全生产管理的监理工作内容是否明确；是否制定了相应的安全生产管理实施细则；是否建立了对施工组织设计、专项施工方案的审查制度；是否建立了对现场安全隐患的巡视检查制度；是否建立了安全生产管理状况的监理报告制度；是否制定了安全生产事故的应急预案等。

(6)监理工作制度的审核。主要审查项目监理机构内、外工作制度是否健全有效。

3. 监理实施细则

对于技术复杂、专业性强的工程项目应编制"监理实施细则"，监理实施细则应符合监理规划的要求，并结合专业特点，做到详细、具体、具有可操作性，监理实施细则也要根据实际情况的变化进行修改、补充和完善。《建设工程监理规范》(GB/T 50319—2013)明确规定了监理实施细则应包含的内容，即专业工程特点、监理工作流程、监理工作要点以及监理工作方法与措施。

监理实施细则审核的内容主要包括以下几个方面：

(1)编制依据、内容的审核。监理实施细则的编制是否符合监理规划的要求，是否符合专业工程相关的标准，是否符合设计文件的内容，与提供的技术资料是否相符合，是否与施工组织设计、(专项)施工方案使用的规范、标准、技术要求相一致。监理的目标、范围、内容是否与监理合同和监理规划相一致，编制的内容是否涵盖专业工程的特点、重点和难点，内容是否全面、翔实、可行，是否能确保监理工作质量等。

(2)项目监理人员的审核。

①组织方面。组织方式、管理模式是否合理，是否结合了专业工程的具体特点，是否便于监理工作的实施，制度、流程上是否能保证监理工作，是否与建设单位和施工单位相协调等。

②人员配备方面。人员配备的专业满足程度、数量等是否满足监理工作的需要、专业人员不足时采取的措施是否恰当、是否有操作性较强的现场人员计划安排表等。

(3)监理工作流程、监理工作要点的审核。监理工作流程是否完整、翔实，节点检查验收的内容和要求是否明确，监理工作流程是否与施工流程相衔接，监理工作要点是否明确、清晰，目标值控制点设置是否合理、可控等。

（4）监理工作方法和措施的审核。监理工作方法是否科学、合理、有效，监理工作措施是否具有针对性、可操作性、安全可靠，是否能确保监理目标的实现等。

（5）监理工作制度的审核。针对专业建设工程监理，其内、外监理工作制度是否能有效保证监理工作的实施，监理记录、检查表格是否完备等。

4. 监理日志

监理日志是项目监理机构在实施建设工程监理过程中，每日对建设工程监理工作及施工进展情况所做的记录，由总监理工程师根据工程实际情况指定专业监理工程师负责记录。每天填写的监理日志内容必须真实、力求详细，主要反映监理工作情况。如涉及具体文件资料，应注明相应文件资料的出处和编号。

监理日志的主要内容包括：天气和施工环境情况；当日施工进展情况，包括工程进度情况、工程质量情况、安全生产情况等；当日监理工作情况，包括旁站、巡视、见证取样、平行检验等情况；当日存在的问题及协调解决情况；其他有关事项。

5. 监理例会会议纪要

监理例会是履约各方沟通情况，交流信息、协调处理、研究解决合同履行中存在的各方面问题的主要协调方式。会议纪要由项目监理部根据会议记录整理，主要内容如下。

（1）会议地点及时间。

（2）会议主持人。

（3）与会人员姓名、单位、职务。

（4）会议主要内容、议决事项及其负责落实单位、负责人和时限要求。

（5）其他事项。

例会上意见不一致的重大问题，应将各方的主要观点，特别是相互对立的意见记入"其他事项"中。会议纪要的内容应准确如实，简明扼要，经总监理工程师审阅，与会各方代表会签，发至合同有关各方，并应有签收手续。

6. 监理月报

监理月报是项目监理机构每月向建设单位和本监理单位提交的建设工程监理工作及建设工程实施情况等分析总结报告。监理月报既要反映建设工程监理工作及建设工程实施情况，也能确保建设工程监理工作的可追溯性。监理月报由总监理工程师组织编写、签认后报送建设单位和本监理单位。报送时间由监理单位与建设单位协商确定，一般在收到施工单位报送的工程进度，汇总本月已完工程量和本月计划完成工程量的工程量表、工程款支付申请表等相关资料后，在协商确定的时间内提交。

监理月报应包括以下主要内容。

（1）本月工程实施情况。

①工程进展情况。实际进度与计划进度的比较，施工单位人、机、料进场及使用情况，本期在施部位的工程照片等。

②工程质量情况。分部分项工程验收情况，工程材料、设备、构配件进场检验情况，主要施工、试验情况，本月工程质量分析。

③施工单位安全生产管理工作评述。

④已完工程量与已付工程款的统计及说明。

(2)本月监理工作情况。

①工程进度控制方面的工作情况。

②工程质量控制方面的工作情况。

③安全生产管理方面的工作情况。

④工程计量与工程款支付方面的工作情况。

⑤合同及其他事项管理工作情况。

⑥监理工作统计及工作照片。

(3)本月工程实施的主要问题分析及处理情况。

①工程进度控制方面的主要问题分析及处理情况。

②工程质量控制方面的主要问题分析及处理情况。

③施工单位安全生产管理方面的主要问题分析及处理情况。

④工程计量与工程款支付方面的主要问题分析及处理情况。

⑤合同及其他事项管理方面的主要问题分析及处理情况。

(4)下月监理工作重点。

①工程管理方面的监理工作重点。

②项目监理机构内部管理方面的工作重点。

7. 监理工作总结

当监理工作结束时,项目监理机构应向建设单位和工程监理单位提交监理工作总结。监理工作总结由总监理工程师组织项目监理机构监理人员编写,由总监理工程师审核签字,并加盖工程监理单位公章后报建设单位。

监理工作总结应包括以下内容:

(1)工程概况。

(2)项目监理机构。监理过程中如有变动情况,应予以说明。

(3)建设工程监理合同履行情况。包括监理合同目标控制情况,监理合同履行情况,监理合同纠纷的处理情况等。

(4)监理工作成效。项目监理机构提出的合理化建议并被建设、设计、施工等单位采纳;发现施工中的差错,通过监理工作避免了工程质量事故、生产安全事故、累计核减工程款及为建设单位节约工程建设投资等事项的数据(可举典型事例和相关资料)。

(5)监理工作中发现的问题及其处理情况。监理过程中产生的监理通知单、监理报告、工作联系单及会议纪要等所提出问题的简要统计。

(6)说明与建议。由工程质量、安全生产等问题所引起的今后工程合理、有效使用的建议等。

7.5 建设工程项目管理软件的应用

7.5.1 建设工程项目管理软件应用概述

建设工程项目管理软件是指在项目管理过程中使用的各类软件，这些软件主要用于收集、综合和分发项目管理过程的输入和输出的信息。传统的项目管理软件包括时间进度计划、成本控制、资源调度和图形报表输出等功能模块，但从项目管理的内容出发，项目管理软件还应该包括合同管理、采购管理、风险管理、质量管理、索赔管理、组织管理等功能，如果将这些软件的功能集成，整合在一起，即构成了建设工程项目管理信息系统。

1. 建设工程项目软件分类

(1)从项目管理软件适用的各个阶段进行划分。

①适用于某个阶段特殊用途的管理软件。这一类软件种类繁多，软件定位的使用对象和使用范围被限制在一个比较窄的范围内，注重实用性。例如，用于项目建议书和可行性研究工作的项目评估与经济分析软件、房地产开发评估软件、用于设计和招(投)标阶段的概预算软件、招(投)标管理软件、快速报价软件等。按具体阶段又可划分为工程量计算软件、概预算软件、招投标软件、工程项目管理软件、图档管理软件等。

②对各阶段进行集成的管理软件。工程项目建设的各个阶段是紧密联系的，每个阶段的工作都是对上一阶段工作的细化和补充，同时，又受到上一阶段所确定框架的制约，很多管理软件的应用过程就体现了这样一种阶段间的相互控制、相互补充的关系。例如，一些高水平费用管理软件能清晰地体现投标报价(概预算)形成—合同价核算与确定—工程结算、费用比较分析与控制—工程决算的整个过程，并可以自动将这一过程的各个阶段关联在一起。

(2)按照建设工程项目管理软件提供的功能划分。建设工程管理软件提供的基本功能，主要包括进度计划管理、费用管理、资源管理、风险管理、交流管理、图档管理、合同管理、采购管理、质量管理、索赔管理、组织管理、行业管理和过程管理等。在这些基本功能中，有些独立构成一个软件，而大部分则是与其他某个或某几个功能集成构成一个软件。

①进度计划管理。进度计划管理软件应提供的功能包括定义作业(也称为任务、活动)，并将这些作业用一系列的逻辑关系连接起来；作业代码编码、作业分类编码；计算关键路径；时间进度分析；资源平衡；实际的计划执行状况；编制双代号网络计划和单代号网络计划、多阶网络；输出报告，包括甘特图和网络图等。

②费用管理。费用管理软件应提供的功能包括投标报价、预算管理、费用预测、实际投资与预算对比分析、费用控制、绩效检测和差异分析及多种项目投资报表。

③资源管理。资源管理软件应提供的功能包括拥有完善的资源库，能通过与其他功能(如进度计划管理)的配合提供资源需求，能对资源需求和供给的差异进行分析，能自动或协助用户通过不同途径解决资源冲突问题，计算资源利用费用和提供多种项目资源报表。

④风险管理。风险管理软件应提供的功能包括进度计划模拟、投资模拟、减少风险的计划管理、消除风险的计划管理等。目前的风险管理软件包有些是独立使用的，有些是和上述其他功能集成使用的。

⑤交流管理。目前，流行的大部分管理软件都集成了交流管理的功能，交流管理软件所提供的功能包括进度报告发布、需求文档编制、项目文档管理、电子邮件、项目组成员之间及其与外界的通信与交流、公告板和信息触发式的管理交流等。

⑥过程管理。过程管理的工具能够帮助项目组织的管理方法和管理过程实现电子化和知识化。项目负责人可以为其所管理的项目确定适当的过程，项目管理团队在项目的执行过程中也可以随时对其应完成任务进行深入的了解。

(3)按照项目管理软件适用的工程对象划分。

①面向大型、复杂建设工程项目的项目管理软件。

②面向中小型项目和企业事务管理的项目管理软件。

除以上的划分方式外，还包括从项目管理软件的用户角度划分的方式等。

2. 常用的项目管理软件

自 1982 年第一个基于 PC 的项目管理软件出现至今，项目管理软件已经历了 20 多年的发展。据统计，目前国内外正在使用的项目管理软件已有 2 000 多种，限于篇幅，这里将简要按照综合进度控制管理软件、合同及费用控制管理软件两大类别介绍几种国内外较为流行的项目管理软件。

(1)综合进度计划管理软件。

①Primavera Project Planner。在国内外为数众多的大型项目管理软件中，美国 Primavera 公司开发的 Primavera Project Planner(简称 P3)普及程度和占有率是最高的。国内的大型和特大型建设工程项目几乎都采用了 P3。目前国内广泛使用的 P3 进度计划管理软件主要是指项目级的 P3。

Primavera 公司在项目级的 P3 后又推出的项目管理套件 Primavera Enterprise，该套件的核心是 Primavera Project Planner for Enterprise，又称 P3e，与原 P3 相比有了很大的变化。集成该软件的套装软件 Primavera Enterprise，除核心部分外，还包括 Primavision（辅助决策信息定制与采集，可以从管理人员、项目经理和专业人员自定义的视角为其提供项目的综合信息）、Primavera Progress Reporter(基于网络、采集进度/工时数据的工具软件)、Primavera Portfolio Analyst（多项目调度/分析工具软件）和 Primavera Mobile Manager（为手持式移动设备提供相关服务的终端工具软件，可以将手持设备与项目数据直接连接，实现双向数据传输），该套装软件所涵盖的管理内容较之以前推出的项目管理软件更广、功能更强大，充分体现了当今项目管理软件的发展趋势。

②Microsoft Project。由 Microsoft 公司推出的 Microsoft Project 是到目前为止在全世界范围内应用最为广泛的、以进度计划为核心的项目管理软件，Microsoft Project 可以帮助项目管理人员编制进度计划、管理资源的分配、生成费用预算，也可以绘制商务图表，形成图文并茂的报告。

借助 Microsoft Project 和其他辅助工具，可以满足一般要求不是很高的项目管理的需求；但如果项目比较复杂，或对项目管理的要求很高，那么该软件可能很难让人满意，这主要是因为该软件在处理复杂项目的管理方面还存在一些不足的地方，例如，资源层次划分上的不足、费用管理方面的功能太弱等，但就其市场定位和低廉的价格来说，Microsoft Project 是一款比较好的项目管理软件。

(2)合同及费用控制管理软件。Primavera Expedition 合同管理软件是由 Primavera 公司开发的合同管理软件，Expedition 以合同为主线，通过对合同执行过程中发生的诸多事务进行分类、处理和登记，并与相应的合同有机地关联，使用户可以对合同的签订、预付款、进度款和工程变更进行控制；同时可以对各项工程费用进行分摊和反检索分析；可以有效处理合同各方的事务，跟踪有多个审阅回合和多人审阅的文件审批过程，加快事务的处理进程；可以快速检索合同事务文档。Expedition 可用于工程项目管理的全过程。该软件同时也具有很强的拓展能力，用户可以利用软件本身的工具进行二次开发，进一步增强该软件的适用性，以达到适应工程项目建设要求的目的。

Expedition 的基本功能可以归纳为合同与采购订单管理、变更的跟踪管理、费用管理、交流管理、记事和项目概况等。

除 Primavera Expedition 合同管理软件外，还有 Meridian 公司开发的以合同事务管理为主线的项目管理软件 Prolog Manager，该软件可以处理项目管理中除进度计划管理外的大部分事务。该软件的典型功能包括合同管理、费用管理、采购管理、文档管理、工程事务管理、标准化管理和兼容性等。

另外，还有由 Welcom 公司开发的 Cobra 成本控制软件，该软件的功能特点包括费用分解结构、费用计划、实际执行反馈、执行情况评价/赢得值、预测分析、进度集成、开放的数据结构等。

7.5.2 建设工程项目管理软件的应用意义

建设工程项目管理软件在我国工程建设领域的应用经历从无到有、从简单到复杂、从局部应用向全面推广、从单纯引进或自行开发到引进与自主开发相结合的过程，到目前为止，在工程建设领域应该使用项目管理软件已经成为共识，在一个项目的管理过程中是否使用了项目管理软件已成为衡量项目管理水平高低的标志之一，一个监理公司能否熟练使用项目管理软件完成建设工程项目的监理工作，能否协助业主利用项目管理软件对建设工程项目实施有效的管理，监理公司内部是否拥有较为完善的信息管理系统也已成为考察监理能力、适应市场化竞争的要求。建设工程项目管理软件的应用可以达到以下目的。

(1)提升企业的核心竞争力，适应市场化竞争的要求。

(2)缩短建筑企业的服务时间，提高建筑企业的客户满意度，及时地获取客户需求，实现对市场变化的快速响应。

(3)可以有效提高企业的决策水平，项目管理软件的应用使企业在获取、传递、利用信息资源方面更加灵活、快捷和开放，可以极大地增强决策者的信息处理能力和方案评价选择能力，拓展了决策者的思维空间，延伸了决策者的智力，最大限度地减少了决策过程中的不确定性、随意性和主观性，增强了决策的合理性、科学性及快速反应，提高了决策的效益和效率。

(4)有效降低企业成本。项目管理软件的应用可以直接影响建筑企业价值链的任何一环的成本改变和改善成本结构。

(5)有助于理顺建筑企业内部的各种信息，提高建筑企业的管理水平。

(6)加速知识在建筑企业中的传播，同时，在企业内部营造出一个重视知识、重视人才的环境。

(7)加速信息在建筑企业内部和建设工程项目建设的各个参与方之间的流动，实现信息的有效整合和利用，减少信息损耗。

(8)通过项目管理软件及其所代表的现代项目管理思想在项目管理中的应用，可以提高建设工程项目的管理水平，提高建设工程项目各个参与方的管理水平，提高建设工程项目的整体效益，从而最终增强国家的综合实力。

(9)有利于建筑相关行业适应加入WTO后的国际化竞争。在全球知识经济和信息化高速发展的今天，作为项目管理工作中重要的知识管理工具，项目管理软件的应用已经成为决定建筑企业成败的关键因素，也是建筑企业实现跨地区、跨国经营的重要前提。

7.5.3 建设工程项目管理软件的应用现状

项目管理软件在建设工程项目管理中的应用是建设工程管理现代化的主要标志之一。项目的管理是动态过程，在这一过程中有大量的数据和信息需要处理，需要各种图表，需要在施工前做好规划、编制好计划，需要在项目执行过程中反馈真实的记录，需要执行过程中对计划进行不断的调整。这些具体工作的实现过程，同时，也是项目管理水平提高的过程，是项目管理软件的应用过程。没有计算机系统的应用，就谈不上高水平的项目管理，对于大型建筑工程项目尤其如此。

目前，在项目管理软件的应用过程中，存在以下几种形式。

(1)以业主为主导的统一的项目管理软件应用形式。采用这类形式的往往是大型或特大型建设工程项目。在这类项目的实施过程中业主或聘请专业的咨询单位或人员为建设工程项目提供涉及项目管理全过程的咨询，或者自行建立相应的部门专门从事这方面的工作，无论采用哪种方式，都需要做到事前针对项目的特点和业主自身的具体情况对项目管理软件(或项目管理信息系统)的应用进行详细的规划。

(2)项目的某个参与方单独或各自单独应用项目管理软件的形式。这种项目管理软件的应用形式目前在建设工程项目管理中普遍存在。由于建设工程项目的各个参与方对项目管理软件应用的认识程度存在很大差距，只要业主没有对项目管理软件在项目管理中的应用进行统一布置，则往往是工程参与中的先知先觉者会单独选用适用于自己的项目管理软件或使用自己完善的面向企业管理和项目管理的信息系统，使使用项目管理软件的参与方比其他未使用项目管理软件的参与方有更高的效率，能掌握更多的信息，能更早地预知风险，能对出现的问题作出快速响应，在各个参与方之间处于一种有利的地位。各自单位使用建设工程项目管理软件，又会带来诸多的不协调，从整体上看应用效果不如前一种形式。

7.5.4 建设工程项目软件应用规划

1. 建设工程项目管理软件应用的步骤

建设工程项目管理软件应用的步骤：确定项目管理软件应用的目标；确定项目管理软件应用的范围；确定项目管理软件应用的需求；项目管理软件的选择；项目管理软件应用规划；项目管理软件应用实施。

2. 建设工程项目管理软件应用规划设计的内容

从严格的意义上来说，上面介绍的建设工程项目管理软件应用步骤中的前五个步骤都属于系统规划设计的范畴，下面仅就项目管理软件的选择和项目管理软件应用规划设计两个步骤所涉及的部分问题进行说明。

以下所涉及的项目管理软件应用系统的设计前提是从监理工程师的角度对单一建设工程项目的进度、资源和费用进行控制。

(1)项目管理软件的选择。目前市场上项目管理软件的种类很多，功能各不相同，价格的差别也很大，在实际选择时应根据建设工程项目管理的具体情况，并兼顾未来的应用来选择项目管理软件。显然，前面所确定的项目管理软件应用的目标和范围是选择项目管理软件所应考虑的重要因素。

(2)项目管理软件应用规划设计的主要内容。项目管理软件应用规划设计的主要内容包括以下四项。

①确定项目计划的层次和作业、组织、资源、费用的划分原则，应根据项目管理的需要来划分项目计划的层次；在确定了项目计划的层次后，就可以确定作业、组织、资源、费用的划分原则。

②根据划分原则确定并建立项目管理软件的编码系统。

③建立项目管理软件应用的管理办法和相关细则，这些办法和细则包括与项目管理软件应用配套的招标文件和合同条件、实施时的管理措施、管理流程和使用方法、奖励和惩罚机制等。

④项目管理软件实施前的准备工作，项目管理软件实施前最重要的准备工作是人员的培训工作。项目管理软件的应用能否成功，最终在于项目管理人员能否在日常的项目管理工作中理解、接受并贯彻项目管理软件所带来的新思想，能否熟练地操作和使用软件。因此，应对项目管理人员进行分层次、有针对性的培训。

7.5.5 项目管理软件应用时应注意解决的问题

(1)信息的标准化问题。随着项目管理软件和以项目管理软件为核心的项目管理信息系统应用的不断深入，信息的标准化问题已成为当前需要解决的首要问题。不同软件和系统公司，建设工程项目各个参与方面的数据信息不能共享，设计、施工、监理生产的数据不能进行交流，数据出现脱节，导致在软件应用过程中发生诸如信息的重复输入、信息存在不一致等问题，使各个参与方在对项目管理软件的应用上举棋不定、难于决断。这种情况的存在，严重阻碍了项目管理软件应用或建设工程项目管理信息化的进程。显然，解决此类问题的关键是在软件的技术方面，即软件厂商间的标准统一问题，更重要的是在项目管理中加强信息的标准化管理，制定统一的信息规范。

（2）管理观念方面的问题。项目管理软件和以项目管理软件为核心的项目管理信息系统的应用能否取得成功，关键是要将先进的项目管理观念同项目管理实际结合在一起。

（3）建立应用的整体观念。项目管理软件和以项目管理软件为核心的项目管理信息系统的应用是一项系统工程，项目的各个参与方应树立以管理技术和管理基础为先导、选择适用的项目管理软件或系统实施、培训并重的整体观念，事前系统性的整体规划，是整个应用过程实现的技术途径。

（4）单元软件和管理信息系统的问题。在项目管理软件应用的初期，往往注重对具有某些特定功能的项目管理软件的投入，但随着应用水平的不断提高，用户应逐渐地把重点转向各种功能软件和信息的集成和整合方面，即建设工程项目信息管理系统构建，不应过分集中在对单一软件的应用。

（5）决策层应高度重视项目管理软件和项目管理信息系统的应用问题。对项目管理软件和项目管理信息系统的应用，不仅是企业或项目的最高领导参与主持，还该包括整个决策层的参与决策。

 思考题

1. 建设工程监理信息有哪些特征？

2. 什么是数据？什么是信息？它们有什么关系？

3. 建设工程项目信息分类方法有哪些？如何分类？

4. 信息管理的职能有哪些？

5. 监理工程师进行建设工程项目信息管理的基本任务是什么？

6. 建设工程信息管理的基本环节有哪些？

7. 什么是建设工程文件？包括哪些内容？

8. 对于建设工程文件档案资料管理，监理单位有哪些职责？

9. 什么是文件档案资料管理？建设工程监理文件档案资料管理主要内容有哪些？

10. 建设工程监理单位用表主要有哪些？

11. 监理工作总结编写的主要内容有哪些？

12. 建设工程项目管理软件应用规划设计的内容有哪些？

13. 项目管理软件应用时应注意的问题有哪些？

第8章

建设工程安全生产监理

本章要点

本章主要了解安全生产与安全监理的一般概念；熟悉建设工程安全监理的性质和任务；掌握相关法律、法规对建设工程各方责任主体安全责任的规定；掌握建设工程安全监理的主要工作内容和程序。

8.1 安全生产与安全监理概述

党的十八大以来，以习近平同志为核心的党中央坚持以人民为中心的发展思想，高度重视安全生产工作。习近平总书记站在党和国家发展全局的战略高度，多次就安全生产、防灾减灾救灾工作发表重要讲话，作出重要指示批示，系统回答了如何认识安全生产工作与防灾减灾救灾工作、如何做好安全生产工作与防灾减灾救灾工作等重大理论和现实问题。

在党的二十大报告中，习近平总书记指出："坚持安全第一，预防为主，完善公共安全体系"，"提高防灾减灾救灾和重大突发公共事件处置保障能力"，"以新安全格局保障新发展格局"，再次为安全生产管理工作指明了方向，提供了根本遵循。安全生产工作是事关人民福祉、事关经济有序平稳发展的大事，因此，在建设工程生产过程中必须牢固树立安全生产理念，坚持"安全第一、预防为主、综合治理"的基本方针，落实安全生产责任制，切实做好建设工程安全生产监理工作。

8.1.1 安全生产概述

1. 安全生产的基本概念

（1）安全生产。安全生产是指在生产过程中保障人身安全和设备安全，有两个方面的含义：一是在生产过程中保护职工的安全和健康，防止工伤事故和职业病危害；二是在生产过程中防止其他各类事故的发生，确保生产设备的连续、稳定、安全运转，保护国家财产不受损失。

（2）安全生产管理。安全生产管理是指住房城乡建设主管部门、建设工程安全监督机构、建筑施工企业及有关单位对建设工程生产过程进行计划、组织、指挥、控制、监督等一系列的管理活动。

（3）危险源。危险源是指可能造成人员伤害、疾病、财产损失、作业环境破坏或这些情况组合的危险因数和有害因数。具体分为第一类危险源和第二类危险源，第一类危险源是指可能发生意外释放能量的载体或危险物质及自然状况。它包括动力源和能量载体及具有危害性的物质本身，是事故发生的前提和事故的主体，决定事故的严重程度。第二类危险源是指造成约束、限制能量措施失效或破坏的各种不安全因素。它包括人、物、环境、管理4个方面，是第一类危险源导致事故的必要条件，决定事故发生的可能性大小。

①第一类危险源从以下几个方面进行辨识。

a. 产生、供给能量的装置、设备。如变电所、供热锅炉等。

b. 使人体或物体具有较高势能的装置、设备、场所。如起重、提升机械、高度差较大的场所等。

c. 能量载体。如运动中的车辆、机械的运动部件、带电的导体等。

d. 一旦失控可能产生巨大能量的装置、设备、场所。如充满爆炸性气体的空间等。

e. 一旦失控可能发生能量突然释放的装置、设备、场所。如各种压力容器、受压设备，容易发生静电蓄积的装置、场所等。

f. 危险物质。除干扰人体与外界能量交换的有害物质外，也包括具有化学能的危险物质。具有化学能的危险物质分为可燃烧爆炸危险物质和有毒、有害危险物质两类。前者是指能够引起火灾、爆炸的物质，按其物理化学性质分为可燃气体、可燃液体、易燃固体、可燃粉尘、易爆化合物、自燃性物质、忌水性物质和混合危险物质8类；后者是指直接加害于人体，造成人员中毒、致病、致畸、致癌等的化学物质。

g. 生产、加工、储存危险物质的装置、设备、场所。如炸药的生产、加工、储存设施等。

h. 人体一旦与之接触将导致人体能量意外释放的物体。如物体的棱角、工件的毛刺、锋利的刃等。

②第二类危险源按场所的不同初步可分为施工现场危险源与临建设施危险源两类，从人的因素、物的因素、环境因素和管理因素4个方面进行辨识。

a. 与人的因素有关的危险源主要是人的不安全行为，集中表现在"三违"，即违章指挥、违章作业、违反劳动纪律。

b. 与物的因素有关的危险源主要存在于分部、分项工艺过程、施工机械运行过程和物料等危险源中。

c. 与环境因素有关的危险源主要是指生产作业环境中的温度、湿度、噪声、振动、照明或通风换气等方面的问题。

d. 与管理因素有关的危险源主要表现为管理缺陷，具体有制度不健全、责任不分明、有法不依、违章指挥、安全教育不够、处罚不严、安全技术措施不全面、安全检查不够等。

(4)风险。某一特定危险情况发生的可能性和后果的组合。

风险的不确定性：发生时间的不确定性。从总体上看，有些风险是必然要发生的，但何时发生却是不确定的。例如，在生命风险中，死亡是必然发生的，这是人生的必然现象，但是具体到某一个人何时死亡，在其健康时却是不可能确定的。风险的客观性：风险是一种不以人的意志为转移，独立于人的意识之外的客观存在。因为无论是自然界的物质运动，还是社会发展的规律，都由事物的内部因素所决定，由超过人们主观意识所存在的客观规律所决定。

风险具有普遍性、客观性、损失性、不确定性和社会性。

风险的构成要素如下。

①风险因素。风险因素是风险事故发生的潜在原因，是造成损失的内在或间接原因。根据性质不同，风险因素可分为实质风险因素、道德风险因素（故意）和心理风险因素（过失、疏忽、无意）3种类型。

②风险事故。风险事故是造成损失的直接的或外在的原因，是损失的媒介物，即风险只有通过风险事故的发生才能导致损失。就某一事件来说，如果它是造成损失的直接原因，那么它就是风险事故；而在其他条件下，如果它是造成损失的间接原因，那么它便成为风险因素。

③损失。在风险管理中，损失是指非故意的、非预期的、非计划的经济价值的减少。通常将损失分为两种形态，即直接损失和间接损失。

风险构成要素之间的关系：风险是由风险因素、风险事故和损失三者构成的统一体。

(5)隐患。隐患是指未被事先识别或未采取必要防护措施的，可能导致事故发生的各种因素。

(6)事故。事故是指任何造成疾病、伤害、死亡，财产、设备、产品或环境的损坏或破坏。施工现场安全事故包括物体打击、车辆伤害、机械伤害、起重伤害、触电事故、淹溺、灼烫、火灾、高处坠落、坍塌、放炮、火药爆炸、化学爆炸、物理性爆炸、中毒和窒息及其他伤害。

(7)应急救援。应急救援是指在安全生产措施控制失效的情况下，为避免或减少可能引发的伤害或其他影响而采取的补救措施和抢救行为。它是安全生产管理的内容，是项目经理部实行施工现场安全生产管理的具体要求，也是监理工程师审核施工组织设计与施工方案中安全生产的重要内容。

(8)应急救援预案。应急救援预案是指针对可能发生的、需要进行紧急救援的安全生产事故，事先制订好应对补救措施和抢救方案，以便及时救助受伤的和处于危险状态中的人员、减少或防止事态进一步扩大，并为善后工作创造好的条件。

(9)本质安全。本质安全是指设备、设施或技术工艺含有内在的能够从根本上防止发生事故的功能。具体包括以下两个方面的内容。

①失误-安全功能。失误-安全功能是指操作者即使操作失误，也不会发生事故或伤害，或是设备、设施和技术工艺本身具有自动防止人的不安全行为的功能。

②故障-安全功能。故障-安全功能是指设备、设施或技术工艺发生故障或损坏时，还能暂时维持正常工作或自动转变为安全状态。

上述两种安全功能应该是设备、设施和技术工艺本身固有的，即在他们的规划设计阶段就被纳入其中，而不是事后补偿的。本质上是以安全生产预防为主的根本体现，也是安全生产管理的最高境界。实际上由于技术、资金和人们对事故的认识等原因，到目前还很难做到本质安全，只能作为全社会为之奋斗的目标。

(10)高处作业。凡在坠落基准面2 m或2 m以上有可能坠落的高处进行作业，该项作业即称为高处作业。

(11)悬空作业。在周边临空状态下，无立足点或无牢靠立足点的条件下进行的高空作业，称为悬空作业。悬空作业通常在吊装、钢筋绑扎、混凝土浇筑、模板支拆，以及门窗安装和油漆等作业中较为常见。一般情况下，对悬空作业采取的安全防护措施主要是搭设操作平台，佩戴安全带、张挂安全网等措施。

(12)临边作业。在施工现场任何场所，当高处作业中工作面的边沿并无维护设施或虽有围护设施，但其高度小于80 cm时，这种作业称为临边作业。

(13)洞口作业。建筑物或构筑物在施工过程中，常会出现各种预留洞口、通道口、上料口、楼梯口、电梯井口，在其附近工作，称为洞口作业。

(14)交叉作业。凡在不同层次中，处于空间贯通状态下同时进行的高空作业称为交叉作业。施工现场进行交叉作业是不可避免的，交叉作业会给不同的作业人员带来不同的安全隐患，因此，进行交叉作业时必须遵守安全规定。

2. 安全生产的基本原则

(1)管生产必须管安全。"管生产必须管安全"的原则是施工项目必须坚持的基本原则。项目各级领导和全体员工在施工过程中，必须坚持在抓生产的同时抓好安全工作，要抓好生产与安全的"五同时"，即在计划、布置、检查、总结、评比生产工作的同时计划、布置、检查、总结、评比安全工作。

"管生产必须管安全"的原则体现了生产和安全的统一，生产和安全是一个有机的整体，两者不能分割更不能对立起来，应将安全寓于生产之中。生产组织者在生产技术实施过程中，应从组织上、制度上将这一原则固定，并具体落实到每个员工的岗位责任制上，以保证该原则的实施。

(2)安全生产具有否决权。安全工作是衡量项目管理的一项基本内容，在对项目各项指标考核、评优创先时，首先必须考虑安全指标的完成情况。安全指标没有实现，尽管其他指标顺利完成，仍无法实现项目的最优化，因此安全生产具有一票否决的权力。

此外，安全否决权还应表现在：施工企业资质不符合国家规定，不准参加施工；建设区域位置的环境安全不合格，不得投资动工；某项工程或设备不符合安全要求，不准使用等。

(3)职业安全卫士"三同时"。"三同时"原则是一切生产性的基本建设和技术改造工程项目，必须符合国家的职业安全卫士方面的法规和标准。职业安全卫士技术措施及设施应与主体工程同时设计、同时施工、同时投产使用，以确保项目投产后符合职业安全卫士要求，保障劳动者在生产过程中的安全与健康。

编制或审定工程项目设计任务书时，必须编制或审定劳动安全卫生技术要求和采取相应的措施方案。竣工验收时，必须有劳动安全卫生设施完成情况及其质量评估报告，并经安全生产主管部门、卫生部门和工会组织参加验收签字后，方准投产使用。

(4)事故处理坚持"四不放过"。根据国家有关法律及法规规定，建筑企业一旦发生事故，在处理时必须坚持"四不放过"的原则。所谓"四不放过"，是指在因工伤事故的调查处理中，必须坚持：事故原因分析不清不放过；事故责任者和群众没受到教育不放过；没有整改预防措施不放过；事故责任者和责任领导不处理不放过。

3. 安全生产的控制途径

(1)从立法和组织上加强安全生产的科学管理，例如，贯彻国家关于施工安全管理方面的方针、政策、规程、制度、条例，制定安全生产管理的规章制度或安全操作规程。

(2)建立各级、各部门、各系统的安全生产责任制,使全体职工在安全生产中各负其责,人人参加安全生产控制。

(3)加强对全体职工进行安全生产知识教育和安全技术培训。

(4)加强安全生产管理和监督检查工作,对生产存在的不安全因素,及时采取各种措施加以排除,防止事故的发生。对于已发生的事故,及时进行调查分析,采取处理措施。

(5)改善劳动条件,加强劳动保护,增进职工身体健康。对施工生产中有损职工身心健康的各种职业病和职业性中毒,应采取相应的防范措施,变有害作业为安全作业。

4. 安全生产方针的内容

建设工程安全生产必须坚持"安全第一、预防为主、综合治理"的基本方针。要求在生产过程中,必须坚持"以人为本"的原则和安全发展的理念。

在生产与安全的关系中,一切以安全为重,安全必须排列在第一位。必须预先分析危险源,预测和评价危险、有害因素,掌握危险出现的规律和变化,采取相应的预防措施,将危险和安全隐患消灭在萌芽状态。施工企业的各级管理人员,坚持"管生产必须管安全"和"谁主管、谁负责"的原则,全面履行安全生产责任。

(1)安全生产的重要性。生产过程中的安全是生产发展的客观需要,特别是现代化生产,更不允许有所忽视,必须强化安全生产,在生产活动中把安全工作放在第一位,尤其当生产与安全发生矛盾时,生产要服从安全,这是安全生产第一的含义。

(2)安全与生产的辩证关系。在生产建设中,必须用辩证统一的观点去处理好安全与生产的关系。这就是说,项目领导者必须善于安排好安全工作与生产工作,特别是生产任务繁忙的情况下,安全工作与生产工作发生矛盾时,更应处理好两者的关系,不要把安全工作"挤掉"。越是生产任务忙,越要重视安全,把安全工作搞好。否则,就会导致工伤事故,既妨碍生产,又影响企业信誉,这是多年来生产实践证明了的一条重要经验。

(3)安全生产工作必须强调预防为主。安全生产工作以预防为主是现代生产发展的需要。"安全第一、预防为主"两者是相辅相成、互相促进的。"预防为主"是实现"安全第一"的基础。要做到安全第一,首先要搞好预防措施。预防工作做好了,就可以保证安全生产,实现安全第一,否则安全第一就是一句空话,这也是在实践中所证明了的一条重要经验。

5. 安全生产管理的目标

安全生产管理目标是建设工程项目管理机构制定的施工现场安全生产保证体系所要达到的各项基本安全指标。安全生产管理目标的主要内容如下。

(1)杜绝重大伤亡、设备安全、管线安全、火灾和环境污染等事故。

(2)一般事故频率控制目标。

(3)安全生产标准化工地创建目标。

(4)文明施工创建目标。

(5)其他目标。

6. 安全生产的三级教育

新作业人员上岗前必须进行"三级"安全教育,即公司(企业)、项目部和班组三级安全生产教育。

（1）施工企业的安全生产培训教育的主要内容有安全生产基本知识，国家和地方有关安全生产的方针、政策、法规、标准、规范，企业的安全生产规章制度、劳动纪律，施工作业场所和工作岗位存在危险因素、防范措施及事故应急措施，事故案例分析。

（2）项目部的安全生产培训教育的主要内容有本项目的安全生产状况和规章制度，本项目作业场所和工作岗位存在危险因素、防范措施及事故应急措施，事故案例分析。

（3）班组安全培训教育的主要内容有本岗位安全操作规程，生产设备、安全装置、劳动防护用品（用具）的正确使用方法，事故案例分析。

8.1.2 安全监理概述

1. 安全监理的概念

安全监理是指对工程建设中的人、机、环境及施工全过程进行安全评价、监控和督察，并采取法律、经济、行政和技术手段，保证建设行为符合国家安全生产、劳动保护法律、法规和有关政策，制止建设行为中的冒险性、盲目性和随意性，有效地把建设工程安全控制在允许的风险度范围以内，以确保建设工程的安全性。安全监理是对建筑施工过程中安全生产状况所实施的监督管理，行使委托方赋予的职权，属于安全技术服务，通过各种控制措施，实施评价、监控和监督，降低风险度。

（1）安全监理实施的前提。《中华人民共和国建筑法》规定："建设单位与其委托的工程监理单位应当订立书面监理合同"。同样，建设工程安全监理的实施也需要建设单位的委托和授权。工程监理单位应根据委托监理合同和有关建设工程合同的规定实施建设工程安全监理。

建设工程安全监理只有在建设单位委托的情况下才能进行，并与建设单位订立书面委托监理合同，明确了安全监理的范围、内容、权利、义务、责任等，工程监理单位才能在规定的范围内行使监督管理权，合法地开展建设工程安全监理。工程监理单位在委托安全监理的工程中拥有一定的监督管理权限，是建设单位授权的结果。

（2）安全监理的行为主体。《中华人民共和国建筑法》规定："实行监理的建筑工程，由建设单位委托具有相应资质条件的工程监理单位监理。"这是我国建设工程监理制度的一项重要规定。建设工程安全监理是建设工程监理的重要组成部分，因此，它只能由具有相应资质的工程监理单位来开展监理，建设工程安全监理的行为主体是工程监理单位。

建设工程安全监理不同于建设行政主管部门安全生产监督管理。后者的行为主体是政府部门，它具有明显的强制性，是行政性的安全生产监督管理，它的任务、职责、内容不同于建设工程安全监理。

（3）安全监理的依据。

①国家、地方有关安全生产、劳动保护、环境保护、消防等法律、法规及方针、政策。

②国家、地方有关建设工程安全生产标准规范及规范性文件。

③政府批准的建设工程文件及设计文件。

④建设工程监理合同和其他建设工程合同等。

（4）安全监理与企业内部安全监督的区别。从安全监理和企业内部安全监督的工作内容和任务上看，两者没有多大差异，目标是一致的。但两者所处的位置和角度不同，管理的力度就不同，最终达到的效果也不同。

①安全控制范围不同。安全监理是以宏观安全控制为主。从招标投标开始实施全方位过程的安全控制，对承包商的选用、施工进度的控制和安全费用的使用监督等，起着举足轻重的制约性效用。安全监督是以微观安全控制为主，只能侧重于施工过程中的事故预防，对施工进度的控制和安全费用使用的监督显得力不从心。

②安全控制效果不同。安全监理单位同被监理单位是完全独立的两个法人经济实体，其关系是监督与被监督的关系，监理人员的个人得失和利益与被监理单位无关。监理单位为了履约合同，提高信誉打开市场，必须严格按合同要求认真执行安全规程和规范，避免和减少各类事故的发生。再者，安全监理是对被监理单位的领导人员、组织机构、规章制度直至具体的实施落实情况进行全过程的安全监理，各级领导也是被监理被监督的对象。由于是异体管理，有着强有力的制约机制，因而不存在不买账的问题。因此，停工整改、结算签单、停工待检、复工报验等整套管理程序都能真正发挥作用。管理力度增强，使安全文明施工的大环境变得更好。

③工程监理制度是国家以法规的形式强制实施的硬性制度，对承包商和业主都有同样的制约力。就总体而言，对较高层次的机构和人员的管理制约力度，安全监理要比安全监督大得多。

④安全监督人员是企业内部自己培养提拔的专业人员，其提升、任免、工资、奖金、福利待遇、人际关系等都与本企业紧密不可分割。因此，安全监督人员在工作中难免要考虑到企业和自己的得失，工作中难免出现畏首畏尾不坚持原则。

(5)安全监理与传统"三控制"的关系。随着控制安全成为建设监理的一项重要工作内容，安全监理应融入传统的建设监理目标管理的"三控制"(质量控制、进度控制、投资控制)中而成为目标管理"四控制"。两者有紧密的联系和许多共同点：同属于合同环境条件下的社会监理范畴；安全事故与质量事故的产生有相同的内部机理；安全与质量两者之间相辅相成，往往同时出现，且相互诱发。其不同之处："三控制"实际上是以产品为中心，安全监理一般以作业者的人身安全与健康为重点；"三控制"主要是维护业主的利益，安全监理面向社会大众，维护承包商及作业人员的利益，解脱业主的社会压力；质量事故可以补救，人身伤害事故无法补救；质量事故有较长的潜伏期，安全事故则是突发性的。

2. 安全监理的作用

(1)有利于防止或减少生产安全事故，保障人民群众生命和财产安全。我国建设工程规模逐步扩大，建设领域安全事故起数和伤亡人数一直居高不下，个别地区施工现场安全生产情况仍然十分严峻，安全事故时有发生，导致群死、群伤恶性事件，给广大人民群众的生命和财产带来巨大损失。实行建设工程安全监理，监理工程师及时发现建设工程实施过程中出现的安全隐患，并要求施工单位及时整改、消除，从而有利于防止或减少生产安全事故的发生，也就保障了广大人民群众的生命和财产安全，保障了国家公共利益，维护了社会安定团结。

建设工程的安全生产不仅关系到人民群众的生命和财产安全，而且关系到国家经济发展和社会的全面进步。我国一直非常重视建设工程的安全生产工作。《中华人民共和国建筑法》对建筑工程安全生产管理作出了明确的规定。《中华人民共和国安全生产法》进一步明确了生产经营单位的安全生产责任。这两部法律的颁布、施行，为建设工程安全生产提供了重要的法律依据，营造了良好的法律环境。

目前，我国的安全生产基础非常脆弱，而全社会对安全生产的重视程度还不够，安全专项整治工作发展不平衡，个别地方安全生产工作责任不落实、工作不到位。在对各类安全生产事故的原因进行汇总、分析的基础上，可以看出建设工程安全生产管理中存在的主要问题包括以下几个方面。

①工程建设各方主体的安全责任不够明确。工程建设涉及的主体较多，有建设单位、勘察单位、设计单位、施工单位、工程监理单位及其他，如设备租赁单位、拆装单位等，对这些主体的安全生产责任缺乏明确规定。有的企业在工程分包和转包过程中，同时转移安全风险，甚至签订生死合同，置人民群众的生命、国家财产于不顾，影响极其恶劣。

②建设工程安全的投入不足。一些建设单位和施工单位挤扣安全生产经费，导致在工程投入中用于安全生产的资金过少，不能保证正常安全生产措施的需要，导致生产安全事故不断发生。例如，有的企业片面追求经济利益，急功近利思想严重，冒险蛮干。在机制转换的经济作用下，许多建设者(或业主)都是想少投入多产出，在投标中往往是低价中标，而中标者在低标的施工中又往往想多赢利，所以不发生事故是侥幸，发生事故是正常的。

③建设工程安全生产监督管理制度不健全。建设工程安全生产的监督管理仅停留在突击性的安全生产大检查上，缺少日常的具体监督管理制度和措施。有的企业虽然制定了一些规章制度，但往往是墙上挂挂、口上讲讲，并没有真正落实，特别是对施工现场的监督管理不到位、责任不落实，有令不行、有禁不止；有的企业存在家庭作坊式管理，主观随意性大；还有的企业缺乏对施工专业人员的保障措施，劳动保护用品得不到保障；一些管理人员和操作人员没有进行有关安全生产的教育培训，缺乏应有的安全技术常识，违章指挥、违章作业、违反劳动纪律的现象十分突出，存在严重的事故隐患。

④生产安全事故的应急救援制度不健全。一些施工单位没有制订应急救援预案，发生生产安全事故后得不到及时的救助和处理，致使生命和财产受到损失。

(2)有利于规范工程建设参与各方主体的安全生产行为，提高安全生产责任意识。在建设工程安全监理实施过程中，监理工程师采用事前、事中和事后控制相结合的方式，对建设工程安全生产的全过程进行动态监督管理，可以有效地规范各施工单位的安全生产行为，最大限度地避免不当安全生产行为的发生。即使出现不当安全生产行为，也能够及时加以制止，最大限度地减少事故可能的不良后果。此外，由于建设单位不了解建设工程安全生产等有关的法律法规、管理程序等，也可能发生不当安全生产行为。为避免建设单位发生的不当安全生产行为，监理工程师可以向建设单位提出适当的建议，从而也有利于规范建设单位的安全生产行为。

(3)有利于促使施工单位保证建设工程施工安全，提高整体施工行业安全生产管理水平。实行建设工程安全监理，监理工程师通过对建设工程施工生产的安全监督管理，以及监理工程师的审查、督促和检查等手段，促使施工单位进行安全生产，改善劳动作业条件，提高安全技术措施等，保证建设工程施工安全，提高施工单位自身施工安全生产管理水平，从而提高整体施工行业安全生产管理水平。

实行建设工程安全监理可以将建设单位、地方安全监督部门和施工承包单位的安全管理有效地结合起来。事实上，在工程建设中，往往是建设单位没有专职安全管理人员或专业不懂，主要依靠地方安全监督部门和施工承包单位自己管理，而地方安全监督部门面对庞大的地方基本建设，对施工现场的日常安全管理不可能面面俱到，这样，施工现场的安全管理实际上就是施工承包单位自己在管理自己。施工承包单位由于多方面的原因，在安全的投入上、队伍的选择上等各有不同，加上建设单位和投资者在工期上又追得紧，安全工作往往就形成了说起来重要、做起来不重要的工作。出了事就大事化小、小事化了，能瞒就瞒、瞒不了只好报，这种安全管理确实弊端不少。实际上也可以说在安全管理中这是一块不可忽视的空白。实行建设工程安全监理后，安全监理可在施工现场上按照与建设单位签订的安全监理合同，认真履行国家、政府、行业颁发的安全生产规范标准，扎扎实实的监控施工现场安全生产动态，代表建设单位进行管理，这都是现场安全管理与地方安全监督部门管理之间的补白。

（4）有利于构建和谐社会，为社会发展提供安全、稳定的社会和经济环境。做好建设工程安全生产工作，切实保障人民群众生命和国家财产安全，是全面建设小康社会、统筹经济社会全面发展的重要内容，也是建设活动各参与方必须履行的法定职责。工程建设监理单位要充分认识到当前安全生产形势的严峻性，深入领会国家关于安全监理的方针和政策，牢固树立"责任重于泰山"的意识，切实履行安全生产相关的职责，增强抓好安全生产工作的责任感和紧迫感，督促施工单位加强安全生产管理，促进工程建设顺利开展，为构建和谐社会，为社会发展提供安全、稳定的社会和经济环境发挥应有的作用。

（5）有利于提高建设工程安全生产管理水平。在过去几年里，工程界对安全监理的看法不同，导致安全监理工作薄弱甚至没有进行安全监理，工程监理在施工安全上监控的效果未能充分发挥出来，施工现场因违章指挥、违章作业而发生的伤亡事故局面未能得到有效的控制。实行建设工程安全监理制，通过建立工程师对建设工程施工生产的安全监督管理，以及监理工程师的审查、检查、督促整改等手段，促使施工单位进行安全生产，改善劳动作业条件，提高安全技术措施等，保证建设工程施工安全，提高施工单位自身施工安全生产管理水平，从而提高整体施工行业安全生产管理水平。

3．安全监理的职责

（1）审查施工单位的安全资质并进行确认。审查施工单位的安全生产管理网络；安全生产的规章制度和安全操作规程；特种作业人员和安全管理人员持证上岗情况，以及进入现场的主要施工机电设备安全状况。考核结论意见与国家及各省、自治区、直辖市的有关规定相对照，对施工单位的安全生产能力和业绩进行确认和核准。

（2）监督安全生产协议书的签订与实施。要求由法人代表或其授权的代理人监督安全生产协议书的签订，其内容必须符合法律、法规和行业规范性文件的规定，采用规范的书面形式，并与工程承发（分）包合同同时签订，同时生效。对协议书约定的安全生产职责，双方的权利和义务的实际履行，监理工程师要实施全过程的监督。

（3）审核施工单位编制的安全技术措施，并监督实施。审核施工单位编制的安全技术措施是否符合国家、部委和行业颁发制定的标准规范；现场资源配置是否恰当并应符合工程项目的安全需要；对风险性较大和专业性较强的工程项目有没有进行过安全论证和技术评审；施工设备、操作法的改变及新工艺的应用是否采取了相应的防护措施和符合安全保障要求；因工程项目的特殊性而需补充的安全操作规定或作业指导书是否具有针对性和可操作性。监理工程师要对施工安全有关计算数据进行复核，按合同要求对施工单位安全费用的使用进行监督，同时，制定安全监理大纲，以及和施工工艺流程相对应的安全监理程序，来保证现场的安全技术措施实施到位。

(4)监督施工单位按规定配置安全设施。对配置的安全设施进行审查；对所选用的材料是否符合规定要求进行验证；对主要结构关键工序、特殊部位是否符合设计计算数据进行专门抽验和安全测试；对施工单位的现场设施搭设的自检、记录和挂牌施工进行监督。

(5)监督施工过程中的人、机、环境的安全状态，督促施工单位及时消除隐患。对施工过程中暴露出的安全设施的不安全状态、机械设备存在的安全缺陷、人的违章操作、指挥的不安全行为，实施动态的跟踪监理并开具安全监督指令书，督促施工单位按照"三定"(定人、定时、定措施)要求进行处理和整改消项，并复查验证。

(6)检查分部、分项工程施工安全状况，并签署安全评价意见。审查施工单位提交的关于工序交接检查和分部、分项工程安全自检报告，以及相应的预防措施和劳动保护要求是否履行了安全技术交底与签字手续，并验证施工人员是否按照安全技术防范措施和规程操作，签署监理工程师对安全性的评价意见。

(7)参与工程伤亡事故调查，督促安全技术防范措施的实施和验收。监理工程师对工程发生的人身伤亡事故要参与调查、分析和处理，并监督事故现场的保护，用照片和录像进行记录。同时，与事故调查组一起分析、查找事故发生的原因，确定预防和纠正措施，确定实施程序的负责部门和负责人员，并确保措施的正确实施和措施可行性、有效性的验证活动的落实。

4. 安全监理工作开展的步骤

安全监理工作的开展主要是通过落实责任制，建立完善制度，使监理单位做好安全监理工作。

(1)健全监理单位安全监理责任制理。监理单位法定代表人应对本企业监理工程项目的安全监理全面负责。

(2)完善监理单位安全生产管理制度。在健全审查核验制度、检查验收制度和督促整改制度的基础上，完善工地例会制度及资料归档制度。定期召开工地例会，针对薄弱环节，提出整改意见，并督促落实；指定专人负责建立内业资料的整理、分类及立卷归档。

(3)建立健全人员安全生产教育培训制度。监理单位的总监理工程师和安全监理人员需经安全生产教育培训后方可上岗，其教育培训情况记入个人继续教育档案。

建设主管部门和有关主管部门应当加强建设工程安全生产管理工作的监督检查，督促监理单位落实安全生产监理责任，对监理单位实施安全监理给予支持和指导，共同督促施工单位加强安全生产管理，防止安全事故的发生。

8.2 建设工程安全生产监理概述

8.2.1 建设工程安全生产监理的特点与意义

1. 建设工程安全生产监理的特点

建设工程事故频发是由其自身的特点所决定的,只有了解其特点,才可有效防治。

(1)工程建设的产品具有产品固定、体积大、生产周期长的特点。无论是房屋建筑、市政工程、公路工程、铁路工程、水利工程等,只要工程项目选址确定后,就在这个地点施工作业,而且要集中大量的机械、设备、材料、人员,连续几个月或几年才能完成建设任务,发生安全事故的可能性会增加。

(2)工程建设活动大部分是在露天空旷的场地上完成的,严寒酷暑都要作业,劳动强度大,工人的体力消耗大,尤其是高空作业,如果工人的安全意识不强,在体力消耗的情况下,经常会造成安全事故。

(3)施工队伍流动性大。建设工地上施工队伍大多由外来务工人员组成,因此,造成管理难度的增大。很多建筑工人来自农村,文化水平不高,自我保护能力和安全意识较弱,如果施工承包单位不重视岗前培训,往往会形成安全事故频发状态。

(4)建筑产品的多样性决定了施工过程变化大,一个单位工程有许多道工序,每道工序施工方法不同,人员不同,相关的机械设备不同,作业场地不同,工作时间不同,各工序交叉作业很多都加大了管理难度,如果管理稍有疏忽,就会造成安全事故。

综上所述,安全事故很容易发生,因此,"安全第一、预防为主"的指导思想就显得非常重要。做到"安全第一、预防为主"就可以减少安全事故的发生,提高生产效率,进而达到工程建设的目标。

2. 建设工程安全生产监理的意义

《建设工程安全生产管理条例》针对建设工程安全生产中存在的主要问题,确立了建设企业安全生产和政府监督管理的基本制度,规定了参与建设活动各方主体的安全责任,明确了建筑工人安全与健康的合法权益,是一部全面规范建设工程安全生产的专门法规,可操作性强,对规范建设工程安全生产必将起到重要的作用。对提高工程建设领域安全生产水平、确保人民生命财产安全、促进经济发展、维护社会稳定都具有十分重要的意义。

8.2.2 建设工程安全生产监理的性质

建设工程监理是市场经济的产物,是一种特殊的工程建设活动,它具有以下性质。

1. 服务性

服务性是工程建设安全监理的重要特征之一。首先,监理单位是智力密集型的单位,它本身不是建设产品的直接生产者和经营者,它为建设单位提供的是智力服务。监理单位拥有一批来自各学科、各行业，长期从事工程建设工作，有着丰富实践经验，精通技术与管理，通晓经济与法律的高层次专门人才。一方面，监理单位的监理工程师通过工程建设活动进行组织、协调、监督和控制，保证建设合同的顺利实施，达到建设单位的建设意图；另一方面，监理工程师在工程建设合同的实施过程中，有权监督建设单位和承包单位必须严格遵守国家有关建设标准与规范，贯彻国家的建设方针和政策，维护国家利益和公众利益。从这一意义上理解，监理工程师的工作也是服务性的。其次，监理单位的劳动与相应的报酬是技术服务性的。监理单位与工程承包公司、房屋开发公司、建筑施工企业不同，它不像这类企业那样承包工程造价，不参与工程承包的赢利分配，它是按其支付脑力劳动量的多少取得相应的监理报酬。

2. 独立性

独立性是工程建设安全监理的又一重要特征，表现在以下几个方面。

(1)监理单位在人际关系、业务关系和经济关系上必须独立，其单位和个人不得参与工程建设的各方发生利益关系，我国建设监理有关规定指出，监理单位的"各级监理负责人和监理工程师不得是施工、设备制造和材料供应单位的合伙经营者，或与这些单位发生经营性隶属关系，不得承包施工和建材销售业务，不得在政府机关、施工、设备制造和材料供应单位任职"。之所以这样规定，正是为了避免监理单位和其他单位之间有利益牵制，从而保持自己的独立性和公正性，这也是国际惯例。

(2)监理单位与建设单位的关系是平等的合同约定关系。监理单位所承担的任务不是由建设单位随时指定，而是由双方事先按平等协商的原则确立于合同之中，监理单位可以不承担合同以外建设单位随时指定的任务。如果实际工作中出现这种需要，双方必须通过协商，并以合同形式对增加的工作加以确定。监理委托合同一经确定，建设单位不得干涉监理工程师的正常工作。

(3)监理单位在实施监理的过程中，是处于工程承包合同签约双方，即建设单位和承建单位之外的独立一方，它以自己的名义，行使依法成立的监理委托合同所确认的职权，承担相应的职业道德责任和法律责任。

3. 公正性

公正性是指监理单位和监理工程师在实施工程建设安全监理活动中，排除各种干扰，以公正的态度对待委托方和被监理方，以有关法律、法规和双方所签订的工程建设合同为准绳，站在第三方立场上公正地加以解决和处理，做到"公正地证明、决定或行使自己的处理权"。

公正性是监理单位和监理工程师顺利实施其职能的重要条件。监理成败的关键在很大程度上取决于能否与承包商及业主进行良好的合作、相互支持、互相配合。而这一切都以监理的公正性为基础。

公正性也是监理制对工程建设监理进行约束的条件。实施建设监理制的基本宗旨是建立适合社会主义市场经济的工程建设新秩序，为开展工程建设创造安定、协调的环境，为业主和承包商提供公平竞争的条件。建设监理制的实施，使监理单位和监理工程师在工程项目建设中具有重要的地位。所以，为了保证建设监理制的实施，就必须对监理单位和监理工程师制定约束条件。公正性要求就是重要的约束条件之一。

公正性是监理制的必然要求，是社会公认的职业准则，也是监理单位和监理工程师的基本职业道德准则。公正性必须以独立性为前提。

4. 科学性

科学意味着先进，先进也就代表着有效益。科学性是监理单位区别于其他一般服务性组织的重要特征，也是其赖以生存的重要条件。监理单位必须具有发现和解决工程设计和承建单位所存在的技术与管理方面问题的能力，能够提供高水平的专业服务，所以它必须具有科学性。科学性必须以监理人员的高素质为前提，按照国际惯例，监理单位的监理工程师，都必须具有相当的学历，并有长期从事工程建设工作的丰富实践经验，精通技术与管理，通晓经济与法律，经权威机构考核合格并经政府主管部门登记注册，发给证书，才能取得公认的合法资格。监理单位不拥有一定数量这样的人员，就不能正常开展业务，也是没有生命力的。社会监理单位的独立性和公正性也是科学性的基本保证。

8.2.3 建设工程安全生产监理的任务

建设工程安全监理的任务主要是贯彻落实国家有关安全生产的方针、政策，督促施工承包单位按照建筑施工安全生产的法规和标准组织施工，落实各项安全生产的技术措施，消除施工中的冒险性、盲目性和随意性，减少不安全的隐患，杜绝各类伤亡事故的发生，实现安全生产。

8.2.4 建设工程安全生产监理的法律依据

建设工程安全生产监理的法律依据主要包括《中华人民共和国建筑法》《中华人民共和国安全生产法》《建设工程安全生产管理条例》《工程建设标准强制性条文》《安全生产许可证条例》《生产安全事故报告和调查处理条例》《公路工程施工监理规范》、（JTG G10—2016）、《公路工程施工安全技术规范》(JTG F90—2015)等。

8.3 建设工程安全生产责任

《中华人民共和国安全生产法》规定，生产经营单位必须遵守本法和其他有关安全生产的法律、法规，加强安全生产管理，建立、健全安全生产责任制度，完善安全生产条件，确保安全生产。生产经营单位的主要负责人对本单位的安全生产工作全面负责。《建设工程安全生产管理条例》对建设单位、勘察单位、设计单位、施工单位、工程监理单位及其他与建设工程安全生产有关单位的安全生产责任都做了具体规定。

8.3.1 建设单位的安全责任

(1)建设单位应当向施工单位提供施工现场及毗邻区域内供水、排水、供电、供气、供热、通信、广播电视等地下管线资料，气象和水文观测资料，相邻建筑物和构筑物、地下工程的有关资料，并保证资料的真实、准确、完整。建设单位因建设工程需要，向有关部门或单位查询前款规定的资料时，有关部门或单位应当及时提供。

(2)建设单位不得对勘察、设计、施工、工程监理等单位提出不符合建设工程安全生产法律、法规和强制性标准规定的要求，不得压缩合同约定的工期。

(3)建设单位在编制工程概算时，应当确定建设工程安全作业环境及安全施工措施所需费用。

(4)建设单位不得明示或暗示施工单位购买、租赁、使用不符合安全施工要求的安全防护用具、机械设备、施工机具及配件、消防设施和器材。

(5)建设单位在申请领取施工许可证时，应当提供建设工程有关安全施工措施的资料。依法批准开工报告的建设工程，建设单位应当自开工报告批准之日起15日内，将保证安全施工的措施报送建设工程所在地的县级以上地方人民政府住房城乡建设主管部门或其他有关部门备案。

(6)建设单位应当将拆除工程发包给具有相应资质等级的施工单位。建设单位应当在拆除工程施工15日前，将下列资料报送建设工程所在地的县级以上地方人民政府住房城乡建设主管部门或其他有关部门备案。

①施工单位资质等级证明。

②拟拆除建筑物、构筑物及可能危及毗邻建筑的说明。

③拆除施工组织方案。

④堆放、清除废弃物的措施。实施爆破作业的，应当遵守国家有关民用爆炸物品管理的规定。

8.3.2 施工单位的安全责任

(1)施工单位从事建设工程的新建、扩建、改建和拆除等活动，应当具备国家规定的注册资本、专业技术人员、技术装备和安全生产等条件，依法取得相应等级的资质证书，并在其资质等级许可的范围内承揽工程。

(2)施工单位主要负责人依法对本单位的安全生产工作全面负责。施工单位应当建立健全安全生产责任制度和安全生产教育培训制度，制定安全生产规章制度和操作规程，保证本单位安全生产条件所需资金的投入，对所承担的建设工程进行定期和专项安全检查，并做好安全检查记录。

施工单位的项目负责人应当由取得相应执业资格的人员担任，对建设工程项目的安全施工负责，落实安全生产责任制度、安全生产规章制度和操作规程，确保安全生产费用的有效使用，并根据工程的特点组织制订安全施工措施，消除安全事故隐患，及时、如实报告生产安全事故。

(3)施工单位对列入建设工程概算的安全作业环境及安全施工措施所需费用，应当用于施工安全防护用具及设施的采购和更新、安全施工措施的落实、安全生产条件的改善，不得挪作他用。

(4)施工单位应当设立安全生产管理机构，配备专职安全生产管理人员。专职安全生产管理人员负责对安全生产进行现场监督检查。发现安全事故隐患，应当及时向项目负责人和安全生产管理机构报告；对违章指挥、违章操作的，应当立即制止。

(5)建设工程实行施工总承包的，由总承包单位对施工现场的安全生产负总责。总承包单位应当自行完成建设工程主体结构的施工。总承包单位依法将建设工程分包给其他单位的，分包合同中应当明确各自的安全生产方面的权利、义务。总承包单位和分包单位对分包工程的安全生产承担连带责任。分包单位应当服从总承包单位的安全生产管理，分包单位不服从管理导致生产安全事故的，由分包单位承担主要责任。

（6）垂直运输机械作业人员、安装拆卸工、爆破作业人员、起重信号工、登高架设作业人员等特种作业人员，必须按照国家有关规定经过专门的安全作业培训，并取得特种作业操作资格证书后，方可上岗作业。

（7）施工单位应当在施工组织设计中编制安全技术措施和施工现场的临时用电方案，对下列达到一定规模的危险性较大的分部分项工程编制专项施工方案，并附具安全验算结果，经施工单位技术负责人、总监理工程师签字后实施，由专职安全生产管理人员进行现场监督。

①基坑支护与降水工程。

②土方开挖工程。

③模板工程。

④起重吊装工程。

⑤脚手架工程。

⑥拆除、爆破工程。

⑦国务院住房城乡建设主管部门或其他有关部门规定的其他危险性较大的工程。

对前面所列工程中涉及深基坑、地下暗挖工程、高大模板工程的专项施工方案，施工、单位还应当组织专家进行论证、审查。

⑧建设工程施工前，施工单位负责项目管理的技术人员应当对有关安全施工的技术要求向施工作业班组、作业人员作出详细说明，并由双方签字确认。

⑨施工单位应当在施工现场入口处、施工起重机械、临时用电设施、脚手架、出入通道口、楼梯口、电梯井口、孔洞口、桥梁口、隧道口、基坑边沿、爆破物及有害危险气体和液体存放处等危险部位，设置明显的安全警示标志。安全警示标志必须符合国家标准。施工单位应当根据不同施工阶段和周围环境及季节、气候的变化，在施工现场采取相应的安全施工措施。施工现场暂时停止施工的，施工单位应当做好现场防护，所需费用由责任方承担，或者按照合同约定执行。

⑩施工单位应当将施工现场的办公、生活区与作业区分开设置，并保持安全距离；办公、生活区的选址应当符合安全性要求。职工的膳食、饮水、休息场所等应当符合卫生标准。施工单位不得在尚未竣工的建筑物内设置员工集体宿舍。施工现场临时搭建的建筑物应当符合安全使用要求。施工现场使用的装配式活动房屋应当具有产品合格证。

⑪施工单位对因建设工程施工可能造成损害的毗邻建筑物、构筑物和地下管线等，应当采取专项防护措施。施工单位应当遵守有关环境保护法律、法规的规定，在施工现场采取措施，防止或减少粉尘、废气、废水、固体废物、噪声、振动和施工照明对人和环境的危害和污染。在城市市区内的建设工程，施工单位应当对施工现场实行封闭围挡。

⑫施工单位应当在施工现场建立消防安全责任制度，确定消防安全责任人，制定用火、用电、使用易燃易爆材料等各项消防安全管理制度和操作规程，设置消防通道、消防水源，配备

消防设施和灭火器材，并在施工现场入口处设置明显标志。

⑬施工单位应当向作业人员提供安全防护用具和安全防护服装，并书面告知危险岗位的操作规程和违章操作的危害。作业人员有权对施工现场的作业条件、作业程序和作业方式中存在的安全问题提出批评、检举和控告，有权拒绝违章指挥和强令冒险作业。在施工中发生危及人身安全的紧急情况时，作业人员有权立即停止作业或在采取必要的应急措施后撤离危险区域。

⑭作业人员应当遵守安全施工的强制性标准、规章制度和操作规程，正确使用安全防护用具、机械设备等。

⑮施工单位采购、租赁的安全防护用具、机械设备、施工机具及配件，应当具有生产（制造）许可证、产品合格证，并在进入施工现场前进行查验。施工现场的安全防护用具、机械设备、施工机具及配件必须由专人管理，定期进行检查、维修和保养，建立相应的资料档案，并按照国家有关规定及时报废。

⑯施工单位在使用施工起重机械和整体提升脚手架、模板等自升式架设设施前，应当组织有关单位进行验收，也可以委托具有相应资质的检验检测机构进行验收；使用承租的机械设备和施工机具及配件的由施工总承包单位、分包单位、出租单位和安装单位共同进行验收。验收合格的方可使用。《特种设备安全监察条例》规定的施工起重机械，在验收前应当经有相应资质的检验检测机构监督检验合格。施工单位应当自施工起重机械和整体提升脚手架、模板等自升式架设设施验收合格之日起30日内，向住房城乡建设主管部门或其他有关部门登记。登记标志应当置于或附着于该设备的显著位置。

⑰施工单位的主要负责人、项目负责人、专职安全生产管理人员应当经住房城乡建设主管部门或其他有关部门考核合格后方可任职。施工单位应当对管理人员和作业人员每年至少进行一次安全生产教育培训，其教育培训情况记入个人工作档案。安全生产教育培训考核不合格的人员，不得上岗。

⑱作业人员进入新的岗位或新的施工现场前，应当接受安全生产教育培训。未经教育培训或教育培训考核不合格的人员，不得上岗作业。施工单位在采用新技术、新工艺、新设备、新材料时，应当对作业人员进行相应的安全生产教育培训。

⑲施工单位应当为施工现场从事危险作业的人员办理意外伤害保险。意外伤害保险费由施工单位支付。实行施工总承包的，由总承包单位支付意外伤害保险费。意外伤害保险期限自建设工程开工之日起至竣工验收合格止。

8.3.3 监理单位的安全责任

工程监理单位应当审查施工组织设计中的安全技术措施或专项施工方案是否符合工程建设强制性标准。

工程监理单位在实施监理过程中，发现存在安全事故隐患的，应当要求施工单位整改；情况严重的，应当要求施工单位暂时停止施工，并及时报告建设单位。施工单位拒不整改或不停止施工的，工程监理单位应当及时向有关主管部门报告。

工程监理单位和监理工程师应当按照法律、法规和工程建设强制性标准实施监理，并对建设工程安全生产承担监理责任。

工程监理单位有下列行为之一的，责令限期改正；逾期未改正的，责令停业整顿，并处10万元以上30万元以下的罚款；情节严重的，降低资质等级，直至吊销资质证书；造成重大安全事故，构成犯罪的，对直接责任人员，依照刑法有关规定追究刑事责任；造成损失的，依法承担赔偿责任。

(1)未对施工组织设计中的安全技术措施或专项施工方案进行审查的。

(2)发现安全事故隐患未及时要求施工单位整改或暂时停止施工的。

(3)施工单位拒不整改或不停止施工，未及时向有关主管部门报告的。

(4)未依照法律、法规和工程建设强制性标准实施监理的。

8.3.4　勘察单位的安全责任

勘察单位应当按照法律、法规和工程建设强制性标准进行勘察，提供的勘察文件应当真实、准确，满足建设工程安全生产的需要。

勘察单位在进行勘察作业时，应当严格执行操作规程，采取措施保证各类管线、设施和周边建筑物、构筑物的安全。

8.3.5　设计单位的安全责任

设计单位应当按照法律、法规和工程建设强制性标准进行设计，防止因设计不合理导致生产安全事故的发生。设计单位和注册建筑师等注册执业人员应当对其设计负责。设计单位应当考虑施工安全操作和防护的需要，对涉及施工安全的重点部位和环节在设计文件中注明，并对防范生产安全事故提出指导意见。

对于采用新结构、新材料、新工艺的建设工程和特殊结构的建设工程，设计单位应在设计中提出保障施工作业人员安全和预防生产安全事故的措施建议。

8.4　建设工程安全监理的主要内容和程序

8.4.1　建设工程安全监理的主要工作内容

安全监理作为建设监理的重要组成部分，应划分为施工招投标、施工准备、施工实施、竣工验收4个阶段的安全监理，或者把施工招投标和施工准备合并为施工准备阶段，则为施工准备、施工实施、竣工验收3个阶段的安全监理。

1. 施工准备阶段安全监理的主要工作内容

(1)施工招标投标阶段审查总包单位、专业分包和劳务分包等施工单位资质与安全生产许可证是否合法有效；协助建设单位办理建设工程安全报监备案手续，协助建设单位与施工单位签订建设工程项目安全生产协议书。

（2）施工准备阶段应根据《建设工程安全生产管理条例》的规定，按照工程建设强制性标准《建设工程监理规范》（GB/T 50319—2013）和相关行业监理规范的要求，编制包括安全监理内容的项目监理大纲、项目监理规划等安全监理工作文件，明确安全监理的范围、内容、工作程序和制度措施，以及人员配备计划和职责等。

（3）对中型及以上项目和《建设工程安全生产管理条例》第二十六条规定的危险性较大的分部分项工程，监理单位应当单独编制安全监理实施细则。

（4）审查审批施工单位编制的施工组织设计中的安全技术措施和危险性较大的分部分项工程安全专项施工方案是否符合工程建设强制性标准要求。主要审查以下内容。

①施工单位编制的地下管线保护措施方案是否符合强制性标准要求。

②基坑支护与降水、土方开挖与边坡防护、模板、起重吊装、脚手架、拆除、爆破等分部分项工程的专项施工方案是否符合强制性要求。

③施工现场临时用电施工组织设计或安全用电技术措施和电气防火措施是否符合强制性标准要求。

④冬季、雨季等季节性施工方案的制订是否符合强制性标准要求。

⑤施工总平面布置图是否符合安全生产要求，办公室、宿舍、食堂、道路等临时设施及排水、防火措施是否符合强制性要求。

对于施工安全风险较大的工程，监理企业应当根据专家组织论证审查的意见完善安全监理实施细则，督促施工单位按照专家组论证的安全专项施工方案组织施工，并予以审查签认。必须经专家组论证的分部分项工程如下。

①深基坑工程。开挖深度超过 5 m（含 5 m）或地下室 3 层以上（含 3 层），或深度虽未超过 5 m（含 5 m），但地质条件和周围环境和地下线管极其复杂的工程。

②地下暗挖工程。地下暗挖及遇有溶洞、暗河、瓦斯、岩爆、涌泥、断层等地质复杂的隧道。

③高大模板工程。水平混凝土构件模板支撑系统，高度超过 8 m 或跨度超过 18 m，施工总荷载大于 10 kN/m，或集中荷载大于 15 kN/m 的模板支撑系统。

④30 m 及以上高空作业的工程。

⑤大江、大河中深水作业工程。

⑥城市房屋拆除爆破和其他土石方爆破工程。

⑦施工安全难度较大的起重吊装工程。

（5）检查施工单位在工程项目上的安全责任制、安全生产规章制度和安全管理保证体系（安全管理网络）与安全监管机构的建立、健全及专职安全生产管理人员配备情况，督促施工单位检查各分包单位的安全生产规章制度的建立情况。

检查施工单位是否制定确保安全生产的各项规章制度如下。

①安全生产资金保障制度。

②安全生产教育培训制度。

③安全检查制度。

④安全生产事故报告处理制度。

⑤施工组织设计和专项安全技术方案编制审批制度。

⑥安全技术交底。

⑦施工机械设备安全管理制度。

⑧特种设备登记检验检测准用制度。

⑨从业人员安全教育持证上岗制度。

⑩安全生产例会制度。

⑪安全生产奖惩制度。

⑫安全生产目标责任考核制度。

⑬职业危害防治措施制度。

⑭重大危险源登记公示制度等。

(6)审查项目经理和专职安全生产管理人员等"三类"人员的安全生产培训考核情况是否具备合法资格，是否与投标文件一致。

(7)审核电工、焊工、架子工、起重机械工、塔式起重机司机及指挥人员、爆破工等特种作业人员的特种作业操作资格证书是否合法有效。

(8)审核施工单位是否针对施工现场实际制订应急救援预案、安全防护措施费用使用和施工现场作业人员意外伤害保险办理情况。

(9)检查施工现场的实际安全施工前提条件。例如，施工围墙、场地道路硬化、已达施工现场的材料、工具机械设备的检验证明和安全状态。

2. 施工阶段安全监理的主要工作内容

(1)监督施工单位落实施工组织设计中的安全技术措施和专项施工方案，及时制止违规施工作业。

(2)对施工现场安全生产情况进行巡视检查，定期巡视检查施工过程中的危险性较大工程作业情况，加强施工现场外脚手架、洞口、临边、安全网架设、施工用电的动态巡视检查，督促施工单位落实《建筑施工安全检查标准》(JGJ 59—2011)等项目安全规范和标准。

督促施工单位项目经理部定期或不定期组织项目管理人员及作业人员学习国家和行业现行的安全生产法规与施工安全技术规范、规程、标准；抓好工人入场"三级安全教育"。

督促施工单位在每道工序施工前，认真进行书面和口头的安全技术交底，并办理签名手续；根据工程进度并针对事故多发季节，组织施工方召开工作专题会议，鼓励其开展各种形式的安全教育活动。

(3)应用危险控制技术，对关键部位、关键工序和易发生事故的重点分项分部工程实施旁站监理。

控制事故隐患是安全监理的最终目的，系统危险的辨别预测、分析评价都是危险控制技术。危险控制技术分宏观控制技术和微观控制技术两大类。宏观控制技术是以整个工程项目为对象，对危险进行控制。采用的技术手段有法制手段(政策、法令、规章)、经济手段(奖、惩、罚)和教育手段(入场安全教育、特殊工种教育)，安全监理则以法律和教育手段为主。微观控制技术是以具体的危险源为控制对象，以系统工程为原理，对危险进行控制。所采用的手段主要是工程技术措施和管理措施，安全监理则以管理措施为主，加强有关的安全检查和技术方案审核工作。

(4)检查施工现场施工起重机械、整体提升脚手架、模板等自升式架设设施的验收或检验、检测手续。对整体提升脚手架、模板、塔式起重机、机具应要求施工单位在安装后组织验收，严格办理合格使用移交手续，防止防护措施不足及带病运转使用。对塔吊等起重机械还要检查是否按《特种设备安全监察条例》的规定，经有资格的检验检测机构检验检测合格。

(5)检查施工现场各种安全标志和安全防护措施是否符合强制性标准要求，并检查安全生产费用的使用情况。

(6)监督施工单位使用合格的安全防护用品。对安全网、安全帽、安全带、漏电保护开关、标准配电箱、脚手架连接件等要进行材料报审工作，确保采购符合国家标准要求的产品。施工单位按规定使用前要进行检查和检测，严禁使用劣质、失效或国家命令淘汰产品，以保证防护用品的安全使用。

(7)督促施工单位进行安全自查工作(班组检查、项目部检查、公司检查)，并对施工单位自查情况进行抽查，参加建设单位组织的安全生产专项检查。督促施工方在狠抓安全检查的同时及时落实安全隐患的整改工作。

(8)对工程参与各方履行安全职责行为的检查。监理单位除对施工单位加强安全监理外，还有权对建设、勘察、设计、机械设备安装等工程参与各方履行其安全责任的行为进行监督，对违反有关条文规定或拒不履行其相应职责而可能严重影响施工安全的行为，通报政府有关建设工程安全监督部门，以确保工程施工安全。

(9)发生重大安全事故或突发性事件时，应当立即下达暂时停工令，并督促施工单位立即向当地住房城乡建设主管部门(安全监督机构)和有关部门报告，并积极配合有关部门、单位做好应急救援和现场保护工作。

以房屋建筑施工阶段安全监理为例，监理企业应按施工准备阶段、地基与基础处理施工阶段、土方开挖工程施工阶段、主体结构工程施工阶段、装饰工程施工阶段、竣工验收阶段编制监理要求和监理工作程序，指导项目监理组工作，监理人员应严格按期要求开展安全监理工作。

3．竣工验收阶段安全监理的主要工作内容

(1)工程竣工后，监理单位应将有关安全生产的技术文件、验收记录、监理规划、监理实施细则、监理月报、监理会议纪要及相关书面通知等按规定立卷归档。

①要求建立和收集安全监理全过程工程资料，并做到以下事项。

a．监理企业应当建立严格的安全监理资料管理制度，规范资料管理工作。

b．安全监理资料必须真实、完整，能够反映监理企业及监理人员依法履行安全监理职责的全貌。在实施安全监理过程中应当以文字材料作为传递、反馈记录各类信息的凭证。

c．监理人员应当在监理日志中记录当天施工现场安全生产和安全监理工作情况、记录发现和处理的安全问题。总监理工程师应当定期审阅并签署意见。

d．监理月报应包含安全监理内容。对当月施工现场的安全施工状况和安全监理工作作出评述，报建设单位。

②安全监理内业资料主要包括以下内容。

a．管理性文件。

(a)监理大纲、施工现场监理部安全管理的程序文件及项目部监理规划、目标、相关细则、体系、安全监理网络和安全监理机构。

（b）建设单位与施工承包单位的安全管理合同与监理单位的安全管理合同或协议书。

（c）建设和工程施工现场安全生产管理文件、管理体系、安全机构和现场安全生产委员会的建立。

（d）施工承包单位项目部安全生产管理机构、网络和安全生产、文明施工、环境健康管理制度。

b. 审批资料。

（a）施工承包单位企业（包括分包单位）资质等资料。

（b）进场施工机械、设备和起重设施报验资料（包括大型机械设备进场安装后的验收资料）。

（c）项目经理、技术负责人、专职安全人员、特种作业人员报验资料（需提供证件复印件）。

（d）进场安全防护用品、材料等采购的相关报验资料。

（e）施工承包单位对工程建设重大危险源及控制措施的分析和预评价。

（f）审批单位工程开工报告记录。

c. 审核文件。

（a）施工组织设计和施工现场临时用电施工组织设计。

（b）进场施工机械、设备和起重设施报验资料（包括大型机械设备进场安装后的验收资料）。

（c）重大项目或危险作业项目编制的专项安全施工措施或方案。

（d）应急救援预案。

d. 施工现场监控资料。

（a）安全检查总结。

（b）定期、不定期安全、文明是施工与环境健康检查记录。

（c）隐患整改通知单。

（d）隐患整改反馈单。

（e）重大危险项目旁站记录。

（f）安全监理日志。

（g）施工现场安全、文明施工协调记录。

（h）应急救援预案演练。

e. 安全教育和培训资料。

（a）建设单位对进场施工承包单位的进场总安全交底。

（b）项目监理部内部进行人员安全教育、日常安全教育及安全技术培训。

（c）项目监理部内部和监理公司安全活动、考核记录。

（d）施工现场由建设单位或监理组织的较大的安全教育活动记录。

f. 会议纪要。

（a）安全例会记录及纪要。

（b）专题安全会议纪要。

（c）每月安全综合评价会议纪要。

g. 安全月报及事故处理资料。

(a)月事故报表。

(b)事故处理记录。

(2)督促施工单位制定安全保卫、防火制度，防止建筑产品及设备损害。

8.4.2　建设工程安全监理的工作程序

(1)监理单位按照《建设工程监理规范》(GB/T 50319—2013)和相关行业监理规范要求，编制含有安全监理内容的监理规划和监理实施细则。

(2)在施工准备阶段，监理单位审查核验施工单位提交的有关技术文件及资料，并由项目总监在有关技术文件报审表上签署意见；审查未通过的，安全技术措施及专项施工方案不得实施。

(3)在施工阶段，监理单位应对施工现场安全生产情况进行巡视检查，对发现的各类安全事故隐患，应书面通知施工单位，并督促其立即整改；情况严重的，监理单位应及时下达工程暂停令，要求施工单位停工整改，并同时报告建设单位。安全事故隐患消除后，监理单位应检查整改结果，签署复查或复工意见。施工单位拒不整改或不停工整改的，监理单位应当及时向工程所在地建设主管部门或工程项目的行业主管部门报告，以电话形式报告的，应当有通话记录，并及时补充书面报告。检查、整改、复查、报告等情况应记载在监理日志、监理月报中。监理单位应核查施工单位提交的施工起重机械、整体提升脚手架、模板等自升式架设设施和安全设施等验收记录，并由安全监理人员签收备案。

(4)工程竣工后，监理单位应将有关安全生产的技术文件、验收记录、监理规划、监理实施细则、监理月报、监理会议纪要及相关书面通知等按规定立卷归档。

8.4.3　建设工程安全监理书面检查的内容

1. 施工承包单位安全生产管理体系的检查

(1)施工承包单位应具备国家规定的安全生产资质证书，并在其等级许可范围内承揽工程。

(2)施工承包单位应成立以企业法人代表为首的安全生产管理机构，依法对本单位的安全生产工作全面负责。

(3)施工承包单位的项目负责人应当由取得安全生产相应资质的人担任，在施工现场应建立以项目经理为首的安全生产管理体系，对项目的安全施工负责。

(4)施工承包单位应当在施工现场配备专职安全生产管理人员，负责对施工现场的安全施工进行监督检查。

(5)工程实行总承包的，应由总包单位对施工现场的安全生产负总责，总包单位和分包单位应对分包工程的施工安全承担连带责任，分包单位应当服从总包单位的安全生产管理。

2. 施工承包单位安全生产管理制度的检查

(1)安全生产责任制。安全生产责任制是企业安全生产管理制度中的核心，是上至总经理下至每个生产工人对安全生产所应负的职责。

(2)安全技术交底制度。施工前由项目的技术人员将有关安全施工的技术要求向施工作业班组、作业人员作出详细说明，并由双方签字落实。

（3）安全生产教育培训制度。施工承包单位应当对管理人员、作业人员，每年至少进行一次安全教育培训，并把教育培训情况记入个人工作档案。

（4）施工现场文明管理制度。

（5）施工现场安全防火、防爆制度。

（6）施工现场机械设备安全管理制度。

（7）施工现场安全用电管理制度。

（8）班组安全生产管理制度。

（9）特种作业人员安全管理制度。

（10）施工现场门卫管理制度。

3. 工程项目施工安全监督机制的检查

（1）施工承包单位应当制定切实可行的安全生产规章制度和安全生产操作规程。

（2）施工承包单位的项目负责人应当落实安全生产的责任制和有关安全生产的规章制度和操作规程。

（3）施工承包单位的项目负责人应根据工程特点，组织制订安全施工措施，消除安全隐患，及时如实报告施工安全事故。

（4）施工承包单位应对工程项目进行定期与不定期的安全检查，并做好安全检查记录。

（5）在施工现场应采用专检和自检相结合的安全检查方法、班组间相互安全监督检查的方法。

（6）施工现场的专职安全生产管理人员在施工现场发现安全事故隐患时，应当及时向项目负责人和安全生产管理机构报告，对违章指挥、违章操作的行为应当立即制止。

4. 施工承包单位安全教育培训制度落实情况的检查

（1）施工承包单位主要负责人、项目负责人、专职安全管理人员应当经住房城乡建设主管部门进行安全教育培训，并经考核合格后方可上岗。

（2）作业人员进入新的岗位或新的施工现场前应当接受安全生产教育培训，未经培训或培训考核不合格的不得上岗。

（3）施工承包单位在采用新技术、新工艺、新设备、新材料时应当对作业人员进行相应的安全生产教育培训。

（4）施工承包单位应当向作业人员以书面形式，告之危险岗位的操作规程和违章操作的危害，制订出保障施工作业人员安全和预防安全事故的措施。

（5）对垂直运输机械作业人员，安装拆卸、爆破作业人员，起重信号、登高架设作业人员等特种作业人员，必须按照国家有关规定，经过专门的安全作业培训，并取得特种作业操作资格证书后，方可上岗作业。

5. 安全生产技术措施的审查

主要检查施工组织设计中有无安全措施，对下列达到一定规模的危险性较大的分部分项工程编制专项施工方案，并附有安全验算结果，经施工承包单位技术负责人、总监理工程师签字后实施，由专项安全生产管理人员进行现场监督。

(1)基坑支护与降水工程专项措施。

(2)土方开挖工程专项措施。

(3)模板工程专项措施。

(4)起重吊装工程专项措施。

(5)脚手架工程专项措施。

(6)拆除、爆破工程专项措施。

(7)高处作业专项措施。

(8)施工现场临时用电安全专项措施。

(9)施工现场的防火、防爆安全专项措施。

(10)国务院住房城乡建设主管部门或其他有关部门规定的其他危险性较大的工程。

对上述所列工程中涉及深基坑、地下暗挖工程、高大模板工程的专项施工方案，施工承包单位还应当组织专家进行论证、审查。

8.4.4 建设工程安全监理现场巡视检查的内容

巡视检查是监理工程师在施工过程中进行安全与质量控制的重要手段。在巡视检查中应该加强对施工安全的检测，防止安全事故的发生。

1. 高空作业情况

为防止高空坠落事故的发生，监理工程师应重点巡视现场，看施工组织设计中的安全措施是否落实。

(1)架设是否牢固。

(2)高空作业人员是否系保险带。

(3)是否采用防滑、防冻、防寒、防雷等措施，遇到恶劣天气不得高空作业。

(4)有无尚未安装栏杆的平台、雨篷、挑檐。

(5)孔、洞、口、沟、坎、井等部位是否设置防护栏杆，洞口下是否设置防护网。

(6)作业人员从安全通道上下楼，不得从架子攀登，不得随提升机、货运机上下。

(7)梯子底部坚实可靠，不得垫高使用，梯子上端应固定。

2. 安全用电情况

为防止触电事故的发生，监理工程师应对安全用电情况予以重视，不合格的要求整改。

(1)开关箱是否设置漏电保护。

(2)每台设备是否一机一闸。

(3)闸箱三相五线制连接是否正确。

(4)室内、室外电线、电缆架设高度是否满足规范要求。

(5)电缆埋地是否合格。

(6)检查、维修是否带电作业，是否挂标志牌。

(7)相关环境下用电电压是否合格。

(8)配电箱、电气设备之间的距离是否符合规范要求。

3. 脚手架、模板情况

为防止脚手架坍塌事故的发生，监理工程师对脚手架的安全应该引起足够重视，对脚手架的施工工序应该进行验收。主要有以下八项。

(1)脚手架用材料(钢管、卡子)质量是否符合规范要求。

(2)节点连接是否满足规范要求。

(3)脚手架与建筑物连接是否牢固、可靠。

(4)剪刀撑设置是否合理。

(5)扫地杆安装是否正确。

(6)同一脚手架用钢管直径是否一致。

(7)脚手架安装、拆除队伍是否具有相关资质。

(8)脚手架底部基础是否符合规范要求。

4. 机械使用情况

使用过程中违规操作、机械故障等，会造成人员的伤亡。因此，对于机械安全使用情况，监理工程师应该进行验收，对于不合格的机械设备，应令施工承包单位清出施工现场，不得使用，对没有资质的操作人员停止其操作行为。验收检查主要项目如下。

(1)具有相关资质的操作人员身体情况、防护情况是否合格。

(2)机械上的各种安全防护装置和警示牌是否齐全。

(3)机械用电连接等是否合格。

(4)起重机载荷是否满足要求。

(5)机械作业现场是否合格。

(6)塔式起重机安装、拆卸方案是否编制合理。

(7)机械设备与操作人员、非操作人员的距离是否满足要求。

5. 安全防护情况

有了必要的防护措施就可以大大减少安全事故的发生，监理工程师对安全防护情况的检查验收主要项目如下。

(1)防护是否到位，不同的工种应该有不同的防护装置，如安全帽、安全带、安全网、防护罩、绝缘服等。

(2)自身安全防护是否合格，如头发、衣服、身体状况等。

(3)施工现场周围环境的防护措施是否健全，如高压线、地下电缆、运输道路及沟、河、洞等对建设工程的影响。

(4)安全管理费用是否到位。能否保证安全防护的设置需求。

6. 文明施工情况检查

(1)施工承包单位应当在施工现场入口处，起重机械、临时用电设施、脚手架、出入通道口、电梯井口、楼梯口、孔洞口、基坑边沿、爆破物及有害气体和液体存放处等危险部位设置明显的安全警示标志。在市区内施工，应当对施工现场实行封闭围挡。

(2)施工承包单位应当在施工现场建立消防安全责任制度，确定消防安全责任人，制定用火、用电，使用易燃、易爆材料等各项消防安全管理制度和操作规程，设置消防通道、消防水源、配备消防设施和灭火器材，并在施工现场入口处设置明显的防火标志。

(3)施工承包单位应当根据不同施工阶段和周围环境及季节气候的变化，在施工现场采取相应的安全施工措施。

(4)施工承包单位对施工可能造成损害的毗邻建筑物、构筑物和地下管线，应当采取专项防护措施。

(5)施工承包单位应当遵守环保法律、法规，在施工现场采取措施，防止或减少粉尘、废水、废气、固体废物、噪声、振动和施工照明对人和环境的危害和污染。

(6)施工承包单位应当将施工现场的办公区、生活区和作业区分开设置，并保持安全距离。办公生活区的选址应当符合安全性要求。职工膳食、饮水应当符合卫生标准，不得在尚未完工的建筑物内设员工集体宿舍。临时建筑必须在建筑物 20 m 以外，不得建在管道煤气和高压架空线路下方。

7. 其他方面安全隐患的检查

(1)施工现场的安全防护用具、机械设备、施工机具及配件必须有专人保管，定期进行检查、维护和保养，建立相应的资料档案，并按国家有关规定及时报废。

(2)施工承包单位应当向作业人员提供安全防护用具和安全防护服装。

(3)作业人员有权对施工现场的作业条件、作业程序和作业方式中存在的安全问题提出批评、检举和控告，有权拒绝违章指挥和强令冒险作业。

(4)施工中发生危及人身安全的紧急情况时，作业人员有权立即停止作业或采取必要的紧急措施后撤离危险区域。

(5)作业人员应当遵守安全施工的强制性标准、规章制度和操作规程，正确使用安全防护用具、机械设备。

(6)施工现场临时搭建的建筑物应当符合安全使用要求，施工现场使用的装配式活动房应有产品合格证。

8.4.5 建设工程安全事故处理

安全事故发生后，应急救援工作至关重要。应急救援工作做得好，可以最大限度地减少损失，可以及时挽救事故受伤人员的生命，可以尽快使事故得到妥善的处理与处置。

1. 生产安全事故的应急救援预案

(1)县级以上地方人民政府住房城乡建设主管部门应当根据本级人民政府的要求，制订本行政区域内建设工程特大生产安全事故的应急救援预案。

(2)施工承包单位应当制订本单位生产安全事故应急救援预案，建立应急救援组织或配备应急救援人员，配备必要的应急救援器材、设备，并定期组织演练；施工现场应当根据本工程的特点、范围、对施工现场易发生重大事故的部位、环节进行监控，制订施工现场生产安全事故救援预案；实行施工总承包的，由总承包单位统一组织编制建设工程生产安全事故救援预案，工程总承包单位和分包单位按照应急救援预案各自建立应急救援组织或配备应急救援人员，配备应急救援器材、设备，并定期组织演练。

2. 生产安全事故的应急救援

安全事故发生后，监理工程师积极协助、督促施工承包单位按照应急救援预案进行紧急救助，以最大限度地减少损失，挽救事故受伤人员的生命。

3. 生产安全事故等级

根据生产安全事故（以下简称事故）造成的人员伤亡或直接经济损失，事故一般分为以下等级。

(1)特别重大事故，是指造成30人以上死亡，或者100人以上重伤(包括急性工业中毒，下同)，或者1亿元以上直接经济损失的事故。

(2)重大事故，是指造成10人以上30人以下死亡，或者50人以上100人以下重伤，或者5 000万元以上1亿元以下直接经济损失的事故。

(3)较大事故，是指造成3人以上10人以下死亡，或者10人以上50人以下重伤，或者1 000万元以上5 000万元以下直接经济损失的事故。

(4)一般事故，是指造成3人以下死亡，或者10人以下重伤，或者1 000万元以下直接经济损失的事故。

4. 生产安全事故报告制度

监理单位在生产安全事故发生后，应督促施工承包单位及时、如实地向有关部门报告，应下达停工令，并报告建设单位，防止事故的进一步扩大和蔓延。

(1)事故发生后，事故现场有关人员应当立即向本单位负责人报告；单位负责人接到报告后，应当于1小时内向事故发生地县级以上人民政府安全生产监督管理部门和负有安全生产监督管理职责的有关部门报告。当情况紧急时，事故现场有关人员可以直接向事故发生地县级以上人民政府安全生产监督管理部门和负有安全生产监督管理职责的有关部门报告。

(2)安全生产监督管理部门和负有安全生产监督管理职责的有关部门接到事故报告后，应当依照下列规定上报事故情况，并通知公安机关、劳动保障行政部门、工会和人民检察院。

①特别重大事故、重大事故逐级上报至国务院安全生产监督管理部门和负有安全生产监督管理职责的有关部门。

②较大事故逐级上报至省、自治区、直辖市人民政府安全生产监督管理部门和负有安全生产监督管理职责的有关部门。

③一般事故上报至市级人民政府安全生产监督管理部门和负有安全生产监督管理职责的有关部门。安全生产监督管理部门和负有安全生产监督管理职责的有关部门依照前款规定上报事故情况，应当同时报告本级人民政府。国务院安全生产监督管理部门和负有安全生产监督管理职责的有关部门及省级人民政府接到发生特别重大事故、重大事故的报告后，应当立即报告国务院。必要时，安全生产监督管理部门和负有安全生产监督管理职责的有关部门可以越级上报事故情况。

(3)安全生产监督管理部门和负有安全生产监督管理职责的有关部门逐级上报事故情况，每级上报的时间不得超过2小时。

(4)报告事故应当包括下列内容。

①事故发生单位概况。

②事故发生的时间、地点及事故现场情况。

③事故的简要经过。

④事故已经造成或可能造成的伤亡人数(包括下落不明的人数)和初步估计的直接经济损失。

⑤已经采取的措施。

⑥其他应当报告的情况。

5. 安全事故的调查处理

(1)事故的调查。特别是对于重大事故的调查应由事故发生地的市、县级以上住房城乡建设主管部门或国务院有关主管部门组成调查组负责进行,调查组可以聘请有关方面的专家协助进行技术鉴定、事故分析和财产损失的评估工作。调查的主要内容有:与事故有关的工程情况;事故发生的详细情况,如发生的地点、时间、工程部位、性质、现状及发展变化等;事故调查中的有关数据和资料;事故原因分析和判断;事故发生后所采取的临时防护措施;事故处理的建议方案及措施;事故涉及的有关人员及责任情况。

(2)事故的处理。首先必须对事故进行调查研究,收集充分的数据资料,广泛听取专家及各方面的意见和建议,经科学论证,决定该事故是否需要作出处理,并坚持实事求是的科学态度,制订安全、可靠、适用、经济的处理方案。

(3)事故处理报告应逐级上报。事故处理报告的内容包括:事故的基本情况;事故调查及检查情况;事故原因分析;事故处理依据;安全、质量缺陷处理方案及技术措施;实施安全、质量处理中的有关数据、记录、资料;对处理结果的检查、鉴定和验收;结论意见。

6. 法律责任

(1)事故发生单位主要负责人有下列行为之一的,处上一年年收入40%~80%的罚款;属于国家工作人员的,并依法给予处分;构成犯罪的,依法追究刑事责任。

①不立即组织事故抢救的。

②迟报或者漏报事故的。

③在事故调查处理期间擅离职守的。

(2)事故发生单位及其有关人员有下列行为之一的,对事故发生单位处100万元以上500万元以下的罚款;对主要负责人、直接负责的主管人员和其他直接责任人员处上一年年收入60%~100%的罚款;属于国家工作人员的,并依法给予处分;构成违反治安管理行为的,由公安机关依法给予治安管理处罚;构成犯罪的,依法追究刑事责任。

①谎报或者瞒报事故的。

②伪造或者故意破坏事故现场的。

③转移、隐匿资金、财产,或者销毁有关证据、资料的。

④拒绝接受调查或者拒绝提供有关情况和资料的。

⑤在事故调查中做伪证或指使他人做伪证的。

⑥事故发生后逃匿的。

(3)事故发生单位对事故发生负有责任的,依照下列规定处以罚款。

①发生一般事故的,处10万元以上20万元以下的罚款。

②发生较大事故的,处20万元以上50万元以下的罚款。

③发生重大事故的，处 50 万元以上 200 万元以下的罚款。

④发生特别重大事故的，处 200 万元以上 500 万元以下的罚款。

(4)事故发生单位主要负责人未依法履行安全生产管理职责，导致事故发生的，依照下列规定处以罚款；属于国家工作人员的，并依法给予处分；构成犯罪的，依法追究刑事责任。

①发生一般事故的，处上一年年收入 30％的罚款。

②发生较大事故的，处上一年年收入 40％的罚款。

③发生重大事故的，处上一年年收入 60％的罚款。

④发生特别重大事故的，处上一年年收入 80％的罚款。

(5)事故发生单位对事故发生负有责任的，由有关部门依法暂扣或吊销其有关证照；对事故发生单位负有事故责任的有关人员，依法暂停或撤销其与安全生产有关的执业资格、岗位证书；事故发生单位主要负责人受到刑事处罚或撤职处分的，自刑罚执行完毕或受处分之日起，5 年内不得担任任何生产经营单位的主要负责人。为发生事故的单位提供虚假证明的中介机构，由有关部门依法暂扣或吊销其有关证照及其相关人员的执业资格；构成犯罪的，依法追究刑事责任。

(6)建设单位、设计单位、施工单位、工程监理单位违反国家规定，降低工程质量标准，造成重大安全事故的，对直接责任人员，处 5 年以下有期徒刑或者拘役，并处罚金；后果特别严重的，处 5 年以上 10 年以下有期徒刑，并处罚金。

 思考题

1. 阐述安全生产和安全监理的概念。

2. 安全生产有哪些基本原则？

3. 安全生产管理的目标是什么？

4. 安全监理与传统"三控制"有哪些关系？

5. 建设工程安全监理的性质是什么？

6. 建设工程安全监理的任务是什么？

7. 建设工程安全生产的监理责任是什么？

8. 建设工程安全监理的主要工作内容和程序是什么？

第9章

建设工程风险管理

本章要点

本章简要介绍了风险管理的概念、分类及内容。重点介绍了建设工程风险管理计划、风险识别、风险评价、风险决策、风险对策、风险控制的基本思路和方法，以及监理单位和监理工程师的风险防范。通过本章的学习，要求学生熟悉并掌握建设工程风险识别、风险评价、风险回避的方法；理解风险评价的内容、风险决策的思路、风险对策策略、风险控制的内容；对建设工程风险的概念、类型，建设工程风险管理的概念、目标、过程，建设工程风险管理计划的制订有基本认识，引导学生树立工程风险防范意识、责任意识，增强作为监理工程师的责任感与使命感，培育学生良好的职业道德和职业素养。

9.1 建设工程风险管理概述

9.1.1 建设工程风险、建设工程风险管理的概念

1. 建设工程风险的概念

所谓风险，是指某一事件的发生所产生损失后果的不确定性。所谓建设工程风险就是在建设工程中存在的不确定因素，以及可能导致结果出现差异的可能性。

2. 建设工程风险管理的概念

风险管理是指人们对潜在的意外损失进行辨识、评估，并根据具体情况采取相应的措施处理的活动，其目的是主观上尽可能做到有备无患，或在客观上无法避免时也能寻求切实可行的补救措施，从而减少意外损失或化解风险为我所用。

建设工程风险管理是指参与工程项目的各方，包括发包方、承包方和勘察、设计、监理单位等在建设工程项目的筹划、设计、施工建造，以及竣工后投入使用等各阶段采取的计划、辨识、评估、处理项目风险的措施和方法。建设工程风险管理是识别和分析工程风险及采取应对措施的活动。包括将积极因素所产生的影响最大化和使消极因素产生的影响最小化两个方面内容。《中庸》中提到"凡事预则立，不预则废"，对于具有一次性特点的建设工程来说更需要有未雨绸缪的思想准备，也就是当下常说的底线思维、忧患

意识①，这也正是风险管理的意义所在。无论对于监理单位还是监理工程师来说，若具备"居安思危的战略远见，未雨绸缪的底线思维，以及坚韧不拔、攻坚克难的奋斗豪情"，也必然能勇攀高峰。

9.1.2 建设工程风险的特点

1. 建设工程风险具有多样性

在一个工程项目中存在着多种风险，如政治风险、经济风险、法律风险、自然风险、合同风险等。这些风险之间存在复杂的内在联系。

2. 建设工程风险具有普遍性

风险在整个项目生命期中都存在，而不仅在实施阶段。任何工程项目中都可能存在各种各样的风险，风险无处不在、无时不有。例如，在目标设计中可能存在构思的错误，目标优化的错误；在可行性研究中可能有方案的失误，市场分析错误；在技术设计中存在地质不确定，图纸和规范错误；施工中实施方案不完备，资金缺乏，气候条件变化；运行中市场变化，运行达不到设计能力，操作失误等。

3. 建设工程风险影响面大

在工程建设中，风险影响常常不是局部的，而是全局的。例如，反常的气候条件造成工程的停滞，则会影响整个后期计划，影响后期所有参加者的工作。它不仅会造成工期的延长，而且还会造成费用的增加，造成对工程质量的危害。即使局部的风险，其影响也会随着项目的发展逐渐扩大。例如，一个活动受到风险干扰，可能影响与它相关的许多活动，所以，在项目中风险影响随时间推移有扩大的趋势。

4. 建设工程风险具有客观性、偶然性和可变性、规律性

风险是不以人的主观意识而改变的，它是客观存在的。但是对于任何一种具体的风险而言，因其会受到诸多因素的影响，其发生是一种随机现象，是偶然的。随着建设工程的进展，有些风险因得到控制而消失，但同时也会产生一些新的风险，在整个寿命期里，各种风险发生的可能性也在发生着变化。因此，监理工程师需要用动态的、发展的眼光看待风险，尤其是不同时期、不同阶段可能产生的风险，才能发现问题、分析问题从而解决问题。

从建设工程项目整体和实施周期来看，其环境变化、项目的实施有一定的规律性，所以，风险的发生和影响也具有一定的规律性，可以事先进行预测。更为重要的是要有风险意识，重视风险，对风险进行有效的控制，才能做到"防患于未然"。

5. 建设工程风险管理对工程方面的专业知识要求较高

建设工程风险的识别首先需要具备工程方面的专业知识。如土方工程中经常发生挖方边坡滑坡、塌方、地基扰动、回填土沉陷、冻胀、融陷或出现橡皮土等情况，需要凭借专业经验识

---

① "于安思危，于治忧乱。"党的二十大报告提出："我们必须增强忧患意识，坚持底线思维，做到居安思危、未雨绸缪，准备经受风高浪急甚至惊涛骇浪的重大考验。"一以贯之增强忧患意识、坚持底线思维，主动识变应变求变、主动防范化解风险，这是新时代全面建设社会主义现代化国家、全面推进中华民族伟大复兴的必然要求。"生于忧患，死于安乐。"党的百年奋斗历程表明，忧患意识越强烈，底线思维越牢固，就越能有效预判和防范可能出现的困难挑战。

别相应风险。建设工程风险的估计和评价也需要工程专业知识，需要对风险发生概率的大小和风险可能给整体工程造成的经济损失进行准确估计。

6. 建设工程风险的承担者具有综合性

建设工程往往涉及建设单位、承包商、监理、勘查方、设计方、材料供应商、最终用户等众多责任方，因此，建设工程风险事故的发生通常有多个风险承担者。

9.1.3 建设工程风险的类型

工程建设项目投资巨大、工期漫长、参与者众多，整个过程都存在着各种各样的风险，按不同的依据，风险可划分为不同的类型。

1. 按风险造成的后果划分

(1)纯风险。纯风险是指只会造成损失而不会带来收益的风险。其后果只有损失或无损失两种，不会带来收益，如自然灾害、违规操作等。

(2)投机风险。投机风险是指既存在造成损失的可能性，也存在获得收益的可能性的风险。其后果有造成损失、无损失和收益三种结果，即存在三种不确定状态，如某工程项目中标后，其实施的结果可能会造成亏本、保本和盈利。

2. 按风险产生的根源划分

(1)自然风险。如地震，风暴，异常恶劣的雨、雪、冰冻天气等；未能预测到的特殊地质条件，如泥石流、河塘、流沙、泉眼等；恶劣的施工现场条件等。

(2)社会风险。社会风险包括宗教信仰的影响和冲击、社会治安的稳定性、社会的禁忌、劳动者的素质、社会风气等。

(3)经济风险。经济风险是指在经济实力、经济形势及解决经济问题的能力等方面潜在的不确定因素构成经营方面的可能后果。有些经济风险是社会性的，对各个行业的企业都产生影响，如经济危机和金融危机、通货膨胀或通货紧缩、汇率波动等。有些经济风险的影响范围仅限于建筑行业内的企业，如国家基本建设投资总量的变化、房地产市场的销售行情、建材和人工费的涨落。还有的经济风险是伴随工程承包活动而产生的，仅影响具体施工企业，如业主的履约能力、支付能力等。

(4)法律风险。法律风险如法律不健全，有法不依、执法不严，相关法律内容发生变化；可能对相关法律未能全面、正确理解；环境保护法规的限制等。

(5)政治风险。政治风险通常表现为政局的不稳定性，战争、动乱、政变的可能性，国家的对外关系，政策及政策的稳定性，经济的开放程度等。

(6)管理风险。管理风险是指人们在经营过程中，因不能适应客观形势的变化或因主观判断失误或对已经发生的事件处理不当而造成的威胁。包括施工企业对承包项目的控制和服务不力、项目管理人员水平低不能胜任自己的工作、投标决策失误等。

2. 按风险涉及的当事人划分

按风险涉及的当事人，可将建设工程项目风险划分为业主的风险、承包商的风险。

（1）业主的风险。

①人为风险。人为风险包括管理体系和法规不健全，资金筹措不力，不可预见事件，合同条款不严谨，承包商缺乏合作诚意，以及履约不力或违约，材料供货商履约不力或违约，设计有错误，监理工程师失职等。

②经济风险。经济风险包括宏观经济形势不利，投资环境恶劣，通货膨胀幅度过大，投资回收期长，基础设施落后，资金筹措困难等。

③自然风险。自然风险主要是指恶劣的自然条件，恶劣的气候和环境，恶劣的现场条件，以及不利的地理环境等。

（2）承包商的风险。

①决策错误风险。决策错误风险主要包括信息取舍失误或信息失真风险、中介与代理风险、报价失误风险等。

②缔约和履约风险。在缔约时，合同条款中存在不平等条款，合同中的定义不准确，合同条款有遗漏；在合同履行过程中，协调工作不力，管理手段落后等。

③责任风险。责任风险主要包括职业责任风险、法律责任风险、替代责任风险。

3．按风险可否管理划分

（1）可管理风险。可管理风险是指用人的智能、知识等可以预测和控制的风险。

（2）不可管理风险。不可管理风险是指用人的智能、知识等无法预测和控制的风险。风险可否管理不仅取决于风险自身的特点，还取决于所收集资料的多少和掌握管理技术的水平。

4．按风险影响范围划分

（1）局部风险。局部风险是指某个特定因素导致的风险，其损失的影响范围较小。

（2）总体风险。总体风险影响的范围大，其风险因素往往无法控制，如经济、政治等因素。

9.1.4　建设工程风险管理的重要性

1．风险管理事关建设工程项目各方的生死存亡

建设工程项目需要耗费大量人力、物力和财力。如果建设单位或其他各方忽视风险管理或风险管理不善，轻则工期迟延，增加各方支出，重则导致项目难以继续进行，使巨额投资无法收回。

2．风险管理直接影响有关单位的经济效益

通过有效的风险管理，有关单位可以对自己的资金、物资等资源进行更加合理的安排，从而提高其经济效益。例如，在工程建设中，承包商往往需要库存部分建材以防备建材涨价的风险。但若承包商在承包合同中约定建材价格按实结算或根据市场价格予以调整，则有关价格风险将转移，承包商便无须耗费大量资金库存建材，而节省出的流动资金将成为其新的利润来源。

3．风险管理有助于项目建设顺利进行，化解各方可能发生的纠纷

对于某一特定的建设工程项目风险，通过平衡、分配，由最适合的当事方进行风险管理，并负责、监督风险的预防和处理工作，将大大降低发生风险的可能性，减少风险带来的损失。同时，通过明确各类风险的责任方，也有助于在风险发生后明确责任，及时解决善后事宜，避免互相推诿，导致进一步纠纷。

作为新时代的监理工程师，在风险管理的一系列工作中，应当恪守职业道德，严格执行有关工程建设的法律、法规、规范、标准和制度，履行监理合同规定的义务和职责，践行公正、法治、敬业、诚信的社会主义核心价值观[①]，切实维护国家的荣誉和利益，为全面建设社会主义现代化国家贡献工程监理人的智慧和力量。

9.1.5 建设工程风险管理目标

建设工程风险管理主要包括投资风险、进度风险、质量风险、安全风险和可持续性风险五个方面的管理。其管理目标如下。

(1)实际投资不超过计划投资。

(2)实际工期不超计划工期。

(3)实际质量满足设计预期的质量要求。

(4)工程安全可靠、工地平安，无安全事故。

(5)对社会、对生态具有积极的影响。

9.1.6 建设工程风险管理过程与内容

建设工程风险管理过程包括风险管理计划、风险识别、风险评价、风险决策、风险对策实施、效果检查六个方面，如图9-1所示。

图9-1 建设工程风险管理过程

建设工程风险管理贯穿于项目的进度、成本、质量、合同控制全过程中，是项目控制中不可缺少的重要环节，也影响着项目实施的最终结果。

在建设工程的实施过程中，要不断地收集和分析各种信息与动态，捕捉风险的前奏信号，以便更好地准备和采取有效的风险对策，以对抗可能发生的风险。并且对于各项风险对策的执行情况需要不断地进行检查，并评价各项风险对策的执行效果。

在风险发生时，需要及时采取措施以控制风险的影响。在有些风险状态下，依然必须保证建设工程的顺利实施，如迅速恢复生产，按原计划保证完成预定的目标，防止工程中断和成本超支，从而对已发生和还可能发生的风险进行良好的控制，并争取获得风险的赔偿，如向保险单位、风险责任者提出索赔，以尽可能地减少风险带来的损失。

---

① 社会主义核心价值观是当代中国精神的集中体现，凝结着全体人民共同的价值追求。培育和践行社会主义核心价值观关系社会和谐稳定，关系国家长治久安，是新时代坚持和发展中国特色社会主义的重大任务，也是提高人民思想境界、增强人民精神力量、丰富人民精神世界的内在要求。党的二十大提出，要"广泛践行社会主义核心价值观"，强调"社会主义核心价值观是凝聚人心、汇聚民力的强大力量。弘扬以伟大建党精神为源头的中国共产党人精神谱系，用好红色资源，深入开展社会主义核心价值观宣传教育，深化爱国主义、集体主义、社会主义教育，着力培养担当民族复兴大任的时代新人。"

9.2　建设工程风险管理计划

风险管理计划制订的方法通常是采用建设工程风险管理计划会议的形式。任何相关的责任者与实施者等都在需要参与之列。所使用的工具是建设工程风险管理模板，将模板具体应用到当前建设工程项目之中。在全面分析评估风险因素的基础上，制订有效的管理计划直接影响风险管理工作的成败，因此计划方案应翔实、全面、有效。

9.2.1　建设工程风险管理计划的制订依据

(1)建设工程项目规划中所包含或涉及的有关内容。

(2)建设工程项目组织及个人经历和积累的风险管理经验及实践。

(3)决策者、责任方及授权情况。

(4)利益相关者对项目风险的敏感程度及可承受能力。

(5)可获取的数据及管理系统情况。

(6)可供选择的风险应对措施。

9.2.2　建设工程风险管理计划的文件

建设工程风险管理计划的成果是风险管理计划文件，它的内容包括以下几个方面。

1. 方法

确定可能采用的风险管理方法、工具和数据信息来源。针对项目的不同阶段、不同局部、不同的评估情况，可以灵活采用不同的方法策略。

2. 岗位职责

确定风险管理活动中每一类别行动的具体领导者、支持者及行动小组成员，明确各自的岗位职责。

3. 时间

明确在整个建设工程项目的生命周期中实施风险管理的周期或频率，包括对于风险管理过程各个运行阶段、过程进行评价、控制和修正的时间点或周期。

4. 预算

确定用于建设工程风险管理的预算。

5. 评分与说明

明确定义风险分析的评分标准并加以准确的说明，有利于保证执行过程的连续性和决策的及时性。

6. 承受度

明确对于何种风险将由谁以何种方式采取何种应对行动。作为计划有效性的衡量基准，可以避免建设工程项目相关各方对计划理解的歧义。

7. 报告格式

明确风险管理各流程中应报告和沟通的内容、范围、渠道和方式，使项目团队内部、与上级主管和投资方之间，以及与协作方之间的信息沟通顺畅、及时、准确。

9.3 建设工程风险识别

风险识别是风险管理的基础。建设工程风险识别是指项目承担单位在收集资料和调查研究的基础上，运用各种方法对尚未发生的潜在风险及客观存在的各种风险进行系统归类和全面识别。必要时，还需对风险事件的后果作出定性估计。

对风险的识别可以依据各种客观的统计，类似建设工程的资料和风险记录等，通过分析、归类、整理、感性认识和经验等进行判断，从而发现各种风险的损失情况及其规律。建设工程风险识别不是一次能够完成的，它应该在整个项目运作过程中定期而有计划地进行。

9.3.1 建设工程风险识别的原则

1. 由粗及细，由细及粗

由粗及细是指对风险因素进行全面分析，并通过多种途径对建设工程风险进行分解，逐渐细化，以获得对建设工程风险的广泛认识，从而得到工程初始风险清单；由细及粗是指从建设工程初始风险清单的众多风险中，根据同类建设工程的经验，以及对拟建建设工程具体情况的分析和风险调查，确定那些对建设工程目标实现有较大影响的工程风险作为主要风险，即将其作为风险评价及风险对策决策的主要对象。

2. 严格界定风险内涵并考虑风险因素之间的相关性

对各种风险的内涵要严格加以界定，不要出现重复和交叉现象。另外，还要尽可能地考虑各种风险因素之间的相关性，如主次关系、因果关系、互斥关系、正相关关系、负相关关系等。

3. 先怀疑，后排除

对于所遇到的问题都要考虑其是否存在不确定性，不要轻易否定或排除某些风险，要通过认真分析进行确认或排除。

4. 排除与确认并重

对于肯定可以排除与确认的风险，应尽早予以排除和确认。对于一时既不能排除又不能确认的风险应进一步分析，予以排除或确认。最后，对于肯定不能排除但又不能予以确认的风险应按确认考虑。

5. 必要时，可进行试验论证

对于某些按常规方式难以判定其是否存在，也难以确定其对建设工程目标影响程度的风险，尤其是技术方面的风险，必要时可进行试验论证，如抗震试验、风洞试验等。这样做的结论虽然可靠，但要以付出费用为代价。

9.3.2　建设工程风险识别的依据

(1)项目范围说明书。

(2)项目产出物的描述(包括数量、质量、时间和技术特征等方面的描述)。

(3)项目计划信息(支持信息、对象方面的信息)。

(4)历史资料(历史项目的原始记录、商业性历史项目的信息资料、历史项目团队成员的经验)。

9.3.3　建设工程风险识别的方法

建设工程风险的识别可以根据其自身特点,采用相应的方法。

建设工程风险识别的方法有专家调查法、财务报表法、流程图法、初始清单法、经验数据法和风险调查法。其中,前三种方法为风险识别的一般方法,后三种方法为针对建设工程风险识别的具体方法。

1. 专家调查法

专家调查法分为两种方式:一种是召集有关专家开会,让专家们各抒己见,充分发表意见,集思广益;另一种是采用问卷式调查,各专家不知道其他专家的意见。采用专家调查法时,所提出的问题应具体,并具有指导性和代表性,具有一定的深度,对专家发表的意见,风险管理人员加以归纳分类、整理分析,有时可能要排除个别专家的个别意见。

2. 财务报表法

财务报表法有助于确定某个特定企业或特定的工程建设可能遭受到的损失,以及在何种情况下遭受这些损失。通过分析资产负债表、现金流量表、营业报表及有关补充资料,可以识别企业当前的所有资产、责任及人身损失风险。将这些报表与财务预测、预算结合起来,可以发现企业或工程建设未来的风险。采用财务报表法进行风险识别,要对财务报表中所列的各项会计科目做深入的分析研究,并提出分析研究报告,以确定可能产生的损失,还应通过一些实地调查及其他信息资料来补充财务记录。工程财务报表与企业财务报表不尽相同,因而对工程建设进行风险识别时,需要结合工程财务报表的特点。

3. 流程图法

流程图法是指将一项特定的生产或经营活动按步骤或阶段顺序以若干个模块形式组成一个流程图,在每个模块中都标出各种潜在的风险因素或风险事件,从而给决策者一个清晰的总体印象。一般来说,对流程图中各步骤或各阶段的划分比较容易,关键在于找出各步骤或各阶段不同的风险因素或风险事件。

由于流程图的篇幅限制,采用这种方法所得到的风险识别结果较粗。

4. 初始清单法

如果对每个建设工程的风险识别都从头做起,至少有三个方面的缺陷:第一,耗费时间和精力多,风险识别工作的效率低;第二,由于风险识别的主观性,可能导致风险识别的随意性,其结果缺乏规范性;第三,风险识别成果资料不便积累,对今后的风险识别工作缺乏指导作用。

因此，为了避免以上三个方面的缺陷，有必要建立初始风险清单。

建立建设工程的初始风险清单有两种途径，一种途径是采用保险公司或风险管理学会（或协会）公布的潜在损失一览表，这也是建立初始风险清单的常规途径；另一种途径是通过适当的风险分解方式来识别风险。

初始风险清单只是为了便于人们较全面地认识风险的存在，而不至于遗漏重要的工程风险，但并不是风险识别的最终结论。在初始风险清单建立后，还需要结合特定工程建设的具体情况进一步识别风险，从而对初始风险清单作一些必要的补充和修正。为此，需要参照同类工程建设风险的经验数据或针对具体工程建设的特点进行风险调查。

5. 经验数据法

经验数据法也称为统计资料法，即根据已建各类工程建设与风险有关的统计资料来识别拟建工程建设的风险。不同的风险管理主体都应有自己关于工程建设风险的经验数据或统计资料。由于不同的风险管理主体的角度不同、数据或资料来源不同，其各自的初始风险清单一般多少有些差异。但是，工程建设风险本身是客观事实，有客观的规律性，当经验数据或统计资料足够多时，这种差异性就会大大减小。何况，风险识别不仅是对工程建设风险的初步认识，还是一种定性分析，因此，这种基于经验数据或统计资料的初始风险清单可以满足对工程建设风险识别的需要。

6. 风险调查法

风险调查法应当从分析具体建设工程的特点入手：一方面，对通过其他方法已识别的风险进行鉴别和确认；另一方面，通过风险调查可能发现此前尚未识别出的重要的工程风险。风险调查可以从组织、技术、自然及环境、经济、合同等方面分析拟建建设工程的特点及相应的潜在风险。风险调查应在建设工程实施全过程中不断地进行。对于建设工程的风险识别来说，一般都应综合采用两种或多种风险识别方法，才能取得较为满意的结果。

不论采用何种风险识别方法组合，都必须包含风险调查法。毛泽东同志首次提出"没有调查，没有发言权"的科学论断，习近平总书记曾深刻指出"调查研究是谋事之基、成事之道"①，作为监理工程师应脚踏实地开展风险调查，全面了解风险情况，以更好地规避风险或减轻风险带来的损失。

9.3.4 建设工程风险识别的流程

建设工程风险识别的流程如图 9-2 所示。

---

① 为全面贯彻落实党的二十大精神，中共中央办公厅于 2023 年 3 月 19 日印发了《关于在全党大兴调查研究的工作方案》，指出调查研究是我们党的传家宝。党的十八大以来，以习近平同志为核心的党中央高度重视调查研究工作，习近平总书记强调指出，调查研究是谋事之基、成事之道，没有调查就没有发言权，没有调查就没有决策权；正确的决策离不开调查研究，正确的贯彻落实同样也离不开调查研究；调查研究是获得真知灼见的源头活水，是做好工作的基本功；要在全党大兴调查研究之风。

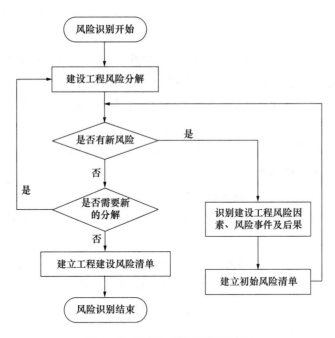

图 9 - 2 建设工程风险识别流程

9.4 建设工程风险评价

风险评价是对风险的规律性进行一定的研究并进行量化分析的过程。建设工程中存在的每个风险都有其自身的规律和特点、影响范围和影响量，通过分析可以将其影响统一为成本目标的形式，按货币单位进行度量，并对每个风险进行评估。

建设工程风险评价即风险分析和评估，是指应用各种风险分析技术，用定性、定量或两者相结合的方式处理不确定性的过程，其目的是评价风险的可能影响。风险评价是风险辨识和风险管理之间联系的纽带，是风险决策的基础。

9.4.1 建设工程风险评价的内容

1. 风险因素发生的概率

风险发生的可能性可用概率表示。风险的发生有一定的规律性，但也有不确定性。既然被视为风险，则它必然在必然事件(概率＝1)和不可能事件(概率＝0)之间。风险发生的概率需要利用已有数据资料及相关专业方法进行估计。

2. 风险损失量的估计

风险损失量的估计是一项非常复杂的工作，有的风险造成的损失较小，有的风险造成的损失很大，可能引起整个工程的中断或报废。风险之间通常是有联系的，如某建设工程活动因受到干扰而拖延，则可能影响其后的多个活动。

建设工程风险损失主要包括投资风险、进度风险、质量风险和安全风险损失四种。

(1)投资风险损失。投资风险导致的损失可以直接用货币形式来表现，主要是指由于法规、价格、汇率和利率等的变化，或资金使用安排不当等风险事件引起的实际投资超出计划投资的数额。

(2)进度风险损失。进度风险导致的损失主要有以下几种。

①货币的时间价值。进度风险的发生可能会对现金流动造成影响，在利率的作用下引起经济损失。

②为赶上计划进度所需的额外费用。包括加班的人工费、机械使用费和管理费等，包含一切因追赶进度所发生的非计划费用。

③延期投入使用的收入损失。这方面损失的计算相当复杂，不仅是延误期间内的收入损失，还可能由于产品投入市场过迟而失去商机，从而大大降低市场份额，因而这方面的损失有时相当巨大。

(3)质量风险损失。质量风险导致的损失包括事故引起的直接经济损失，以及修复和补救等措施发生的费用，第三者责任损失等，具体可分为以下几个方面。

①建筑物、构筑物或其他结构倒塌所造成的直接经济损失。

②复位纠偏、加固补强等补救措施和返工的费用。

③造成工期延误的损失。

④永久性缺陷对于建设工程使用造成的损失。

⑤第三者责任损失。

(4)安全风险损失。安全风险导致的损失包括以下几个方面。

①受伤人员的医疗费用和补偿费。

②财产损失，包括材料、设备等财产的损毁或被盗。

③引起工期延误带来的损失。

④为恢复工程建设正常实施所发生的费用。

⑤第三者责任损失，即在工程建设实施期间，对因意外事故可能导致的第三者的人身伤亡和财产损失所作的经济赔偿，以及必须承担的法律责任。

由以上四个方面风险损失的内容可知：投资风险损失可以直接用货币来衡量；进度风险则属于时间范畴，同时也会导致经济损失；而质量风险和安全风险既会产生经济影响又可能导致工期延误和第三者责任，显得更加复杂。而质量风险和安全风险导致的第三者责任除法律责任外，一般都是以经济赔偿的形式来实现的。因此，以上四个方面的风险损失最终都可以归纳为经济损失。

3. 风险等级评估

风险因素涉及方面较多，但并不是对所有的风险都需要十分重视，否则将大大提高管理费用，干扰正常的决策过程。所以，有必要根据风险因素发生的概率和损失量确定风险程度，进行风险等级评估。

通常，对于一个具体的风险，它如果发生，则损失为 R_H，发生的可能性为 E_W，则风险的期望值 R_W 如式(9-1)所示：

$$R_w = R_H \cdot E_w \tag{9-1}$$

引用物理学中位能的概念，损失期望值高的，则风险位能高。

不同位能的风险可分为不同的类别，如用 A 类、B 类、C 类表示。

(1)A 类：高位能，即损失期望值很大的风险。通常发生的可能性很大，而且一旦发生损失也很大。

(2)B 类：中位能，即损失期望值一般的风险。通常发生的可能性不大，损失也不大，或发生的可能性很大但损失极小，或损失比较大但可能性极小。

(3)C 类：低位能，即损失期望值极小的风险。发生的可能性极小，即使发生损失也很小。

在建设工程项目风险管理中，A 类是重点，B 类要顾及，C 类可以不作考虑。

另外，也可以用Ⅰ级、Ⅱ级、Ⅲ级、Ⅳ级、Ⅴ级表示风险类型，见表9-1。

表 9 - 1　风险等级评估表

可能性 ＼ 后果	轻度损失	中度损失	重大损失
极大	Ⅱ	Ⅳ	Ⅴ
中等	Ⅱ	Ⅲ	Ⅳ
极小	Ⅰ	Ⅱ	Ⅲ

注：表中Ⅰ为可忽略风险；Ⅱ为可容许风险；Ⅲ为中度风险；Ⅳ为重大风险；Ⅴ为不容许风险。

9.4.2　建设工程风险评价的原则

(1)风险回避原则（最基本的评价原则）。

(2)风险权衡原则（确定可接受风险的限度）。

(3)风险处理成本最小原则。

(4)风险成本/效益对比原则。

(5)社会费用最小原则。

9.4.3　建设工程风险评价的主要步骤

建设工程风险评价包括以下三个必不可少的主要步骤。

1. 采集数据，收集信息

风险评价首先必须采集与所要分析的风险相关的各种数据。数据来源可以是投资者或承包商过去类似项目经验的历史记录，与工程有关的资料、文件等。所采集的数据必须是客观的、可统计的。某些情况下，直接的历史数据资料可能不够充分，还需进行主观评价，特别是那些对投资者来讲在技术、商务和环境方面都比较新的项目，需要通过专家调查法获得具有经验性和专业知识的主观评价。

2. 整理加工信息，构建不确定性模型

以已经得到的有关风险的信息为基础，根据收集的信息和主观分析加工，对风险发生的可能性和可能的结果给以明确的定量化。通常用概率来表示风险发生的可能性，可能的结果体现在项目现金流表上，用货币表示。一般将发生的概率和损失的后果列成一个表格，表格中风险因素、发生概率、损失后果与风险程度一一对应，见表9-2。

表9-2 风险程度分析

风险因素	发生概率 P/%	损失后果 C/万元	风险程度 R/万元
物价上涨	10	50	5
地质特殊处理	30	100	30
恶劣天气	10	30	3
工期拖延罚款	20	50	10
设计错误	30	50	15
业主拖欠工程款	10	100	10
项目管理人员不胜任	20	300	60
合计	—	—	133

3. 对风险影响进行评价

在不同风险事件的不确定性已经模型化后，紧接着就要评价这些风险的全面影响。通过评价把不确定性与可能的结果结合起来。

4. 提出风险评价报告

风险评估分析结果必须用文字、图表进行表达说明，作为风险管理的文档，即以文字表格的形式编制风险评价报告。评估分析结果不仅作为风险评估的成果，而且应作为风险管理的基本依据。对于风险评价报告中表格的内容，可以针对分析的对象进行编制。对于在项目目标设计和可行性研究中分析的风险及对项目总体产生的风险(如通货膨胀影响、产品销路不畅、法律变化、合同风险等)，可以按风险的结构进行分析研究。

9.4.4 建设工程风险分析方法

建设工程风险分析方法较多，常见的主要有调查和专家打分法、层次分析法、模糊数学法、蒙特卡罗方法、敏感性分析法、影响图法等。

1. 调查和专家打分法

调查和专家打分法是一种最常用、最简单、又易于应用的分析方法。这种方法分两步进行：第一步，识别出某一特定工程项目可能遇到的所有重要风险，列出风险调查表；第二步，利用专家经验，对可能的风险因素重要性进行评价，综合形成整个项目风险。

该方法适用于决策前期。这个时期往往缺乏项目具体的数据资料，主要依据专家经验和决策者的意向，得出的结论也不要求是资金方面的具体值，而是一种大致的程度值，它是进一步分析的基础。

2. 层次分析法

层次分析法(Analytic Hierarchy Process ，AHP)是美国运筹学家、匹兹堡大学萨蒂教授在

20 世纪 70 年代初期提出的，是对定性问题进行定量分析的一种简便、灵活而又实用的多准则决策方法。层次分析法是用于风险分析的一种定量风险分析方法。该方法主要有 4 个步骤：第一步，明确建设工程风险分析的目标，建立层次递阶结构模型；第二步，构造层次间各元素两两比较判断矩阵；第三步，计算判断矩阵权重，进行层次单排序及一致性检验；第四步，计算上一层次元素的组合权重，即层次总排序。

3. 模糊数学法

模糊数学法是利用模糊集理论来分析评价建设工程项目风险的一种方法。在经济评价过程中，有很多影响因素的性质和活动无法用数字来定量地描述，它们的结果也是含糊不定的，无法用单一的准则来评判。为解决这一问题，美国学者查德于 1965 年首次提出模糊集合的概念，对模糊行为和活动建立模型。

建设工程项目中潜含的各种风险因素很大一部分难以用数字来准确地加以定量描述，但都可以利用历史经验或专家知识，用语言生动地描述出它们的性质及其可能的影响结果。并且现有的绝大多数风险分析模型都是基于需要数字的定量技术，而与风险分析相关的大部分信息很难用数字表示，却易于用文字或句子来描述，这种性质最适用于采用模糊数学模型来解决问题。模糊数学处理非数字化、模糊的变量有独到之处，并能提供合理的数学规则去解决变量问题，相应得出的数学结果又能通过一定的方法转为语言描述。这一特性极适用于解决建设工程项目中普遍存在的潜在风险。

4. 蒙特卡罗方法

蒙特卡罗方法又称随机抽样技巧或统计表试验方法，是一种依据统计理论，利用计算机来研究风险发生概率或风险损失的数值计算方法。在目前的工程项目风险分析中，蒙特卡罗方法是一种应用广泛、相对精确的方法。应用蒙特卡罗方法可以直接处理每个风险因素的不确定性，并把这种不确定性在成本方面的影响以概率分布的形式表示出来。它是一种多元素变化分析方法，在该方法中所有的元素都同时受到风险不确定性的影响。另外，可以编制计算机软件来对模拟过程进行处理，很大程度上节约了时间，该技术的难点在于对风险因素相关性的辨识与评价。总之，该方法既有对项目结构分析，又有对风险因素的定量评价，因此，比较适合在大、中型项目中应用。

5. 敏感性分析法

影响建设工程项目目标的诸多风险因素的未来状况处于不确定的变化之中。出于评价的需要，可以测定并分析其中一个或几个关键风险因素的变化对目标的影响程度，以判定这些风险因素的变化对目标的重要性，即进行敏感性分析。

敏感性分析的目的是研究风险因素的变动将引起的建设工程项目目标的变动范围，找出影响项目的最关键风险因素，并进一步分析与之有关的产生不确定性的根源。若有关风险因素稍有变化就使建设工程项目目标发生较大变化，则称这类风险因素对项目有高度的敏感性。高敏感性的风险因素可能会给项目带来较大的风险。因此，了解清楚特定情况下某项目的最不确定的风险因素，并知道这些风险因素对该项目的影响程度，就能在此基础上合理作出项目的风险评价。

一般在项目决策阶段的可行性研究中使用敏感性分析法分析工程项目风险，以向决策者简要地提供可能影响项目成本变化的因素及其影响的重要程度，使决策者在做最终决策时考虑这些因素的影响，并优先考虑某种最敏感因素对成本的影响。

6. 影响图法

风险影响图是一种在决策树基础之上发展起来的图形描述工具，是一种表示项目风险作用关系、组合关系的有向图，由风险节点和风险作用关系弧（箭头）组成，每一个风险结点对应项目中的一个风险变量（即联合概率分布）。该方法也可以理解为一种多元联合分布函数的图解表示，其将风险变量之间的因果关系进行了可视化的展现，每一种风险变量的影响和发生概率的高低都能进行直观地展现。该方法的优点是图形直观、概念明确；计算规模随着风险因素个数呈线性增长。缺点是需要获取大量的概率和效用值，对于复杂问题建模较为困难。

9.5　建设工程风险决策

决策是为了实现特定的目标，根据客观的可能性，在占有一定信息和经验的基础上，采用一定的科学方法和手段，从两个以上的可行方案中择优选取一个合理方案的分析、判断过程。合理的决策是以正确的风险评价结果为基础的。无论是采用定性还是定量方法进行风险评价，都需要尽量以客观事实为基础。

决策是一种主观判定过程，除要考虑到建设项目客观上的风险水平外，还需要考虑到决策者的风险态度问题。

9.5.1　建设工程风险决策的分类

根据决策目标的数量可分为单目标决策和多目标决策；根据决策者的地位和责任可分为高层决策、中层决策和基层决策；根据决策问题的可控程度可分为确定型决策、非确定型决策（完全不确定型和风险型）。

9.5.2　建设工程风险决策的关键要素

建设工程风险决策的关键要素包括掌握的信息量；决策者的风险态度；决策者的阅历和经验；工程本身的特性；风险成本；风险收益。

9.5.3　建设工程风险决策准则

建设工程风险决策准则即决策者进行决策的依据或原则。传统的决策理论是采用期望损益准则来进行决策，决策的过程不考虑不同决策者的风险态度，最优方案具有唯一性，即最优方案对任何决策者都是最优的。而合理的决策应该结合个人的风险态度来进行，效用理论被称为一种较有效的途径。按照效用理论，不同的决策者应有不同的最优决策方案，最优的决策方案是期望效用值最大的方案，而不是期望损益值最大的方案。

9.5.4 建设工程风险决策相关理论

1. 风险态度

风险态度是决策者对风险的偏好程度。不同的人对同一件事情的认识和感知是不同的，因此应对风险的态度也不同。在建设工程风险管理中，可以从不同类型决策者的风险态度和建设工程项目参与单位的风险态度两个角度对风险态度进行分析。

根据 1972 年诺贝尔经济学奖获得者阿罗的理论，可以将决策者的风险态度分为风险厌恶、风险中性和风险偏好三种。

(1)风险厌恶。风险厌恶是指一个人接受一个有不确定的收益的交易时，相对于接受另外一个更保险但是也可能具有更低期望收益的交易的不情愿程度。

(2)风险中性。风险中性是指相对于风险偏好和风险厌恶的概念，风险中性的投资者对自己承担的风险并不要求风险补偿。每个人都是风险中性的世界称为风险中性世界。

(3)风险偏好。风险偏好是指人们在实现其目标的过程中愿意接受的风险的数量。不同类型的决策者对待工程项目的风险态度不同，做决策时所采用的策略和方案也会有所不同。

2. 效用理论

经济学中效用的概念是指消费者通过消费一定数量的商品而获得的满足或满意程度，是一个相对概念。在建设工程风险决策中，借用效用的概念来衡量建设工程风险的后果，即效益或损失。

(1)效用值。一般使用效用值来衡量决策者不同选择的效用。效用值是具有一定主观性的，而且是一种相对概念。此外，效用值没有量纲，一般用一个 $0\sim1$ 的数字来表示。为了方便计算，一般规定最愿意接受的决策其效用值为 1，最不愿意接受的决策其效用值为 0，则其他的愿意程度的效用值就介于 $0\sim1$。

(2)效用值的性质。根据效用值的概念可知，决策者对某种结果越满意，其效用值就越高。如果决策者对两种及两种以上结果的满意程度相同，则它们的效用值相同。如果决策者在结果 A 和 B 之间喜欢 A，在 B 和 C 之间喜欢 B，则结果 A 的效用值高于结果 C。

(3)期望效用假定。由于风险决策的高度不确定性和信息的不完备，决策后的损益值通常很难确定，因此可以用决策的期望效用假定作为依据，对可选方案进行决策。假设某方案有两种可能的结果，结果 A 的概率为 p，则结果 B 的概率为 $1-p$。如果人们用 $U(A)$ 表示 A 的效用值，$U(B)$ 表示 B 的效用值，则可得出该方案的期望效用值如式(9-2)所示：

$$E(U)=U(A) \cdot p + U(B) \cdot (1-p) \tag{9-2}$$

(4)效用值决策方法。运用效用值决策的主要步骤如下。

①求出决策者的效用函数，或者建立决策者的效用曲线，一般可以通过提问或问卷调查的方式得出。

②根据效用函数或效用曲线确定决策者关于决策方案不同结果的效用值，从而计算出方案的期望效用值。

③判断各个方案期望效用值的大小，期望效用值最大的方案即最优方案。

9.6 建设工程风险对策

风险对策就是对已经识别的风险进行定性分析、定量分析和进行风险排序，制定相应的应对措施和整体策略。风险对策也称为风险防范手段，主要有风险回避、损失控制、风险转移、风险自留及其组合等策略。

9.6.1 风险回避

风险回避是以一定的方式中断风险源，使其不发生或不再发展，从而避免可能产生的潜在损失。在建设工程风险管理中，风险回避是指承包单位设法远离、躲避可能发生的风险的行为和环境，从而避免风险的发生。例如，某建设工程的可行性研究报告表明，虽然从净现值、内部收益率指标看是可行的，但敏感性分析的结论是对产品价格、经营成本、投资额等均敏感，这表示该建设工程的不确定性很大，因而决定放弃建造该建设工程。

风险回避的具体做法有以下三种。

1. 拒绝承担风险

承包单位拒绝承担风险大致有以下几种情况。

(1)对某些存在致命风险的建设工程拒绝投标。

(2)利用合同保护自己，不承担应该由建设单位承担的风险。

(3)不与实力差、信誉不佳的分包商和材料、设备供应单位合作。

(4)不委托道德水平低下或综合素质不高的中介组织或个人。

2. 承担小风险回避大风险

在建设项目决策时要注意放弃明显可能导致亏损的项目。对于风险超出自己的承受能力、成功把握不大的项目，不参与投标，不参与合资，甚至有时在工程进行到一半时，预测后期风险很大，必然有更大的亏损，不得不采取中断项目的措施。

3. 为了避免风险而损失一定的较小利益

利益可以计算，但风险损失是较难估计的，在特定情况下才采用此种做法。如在建材市场有些材料价格波动较大，承包单位与供应单位提前订立购销合同并付一定数量的定金，从而避免因涨价带来的风险。采购生产要素时应选择信誉好、实力强的供应单位，虽然价格略高于市场平均价，但供应单位违约的风险减小了。

回避风险虽然是一种风险响应策略，但应该承认这是一种消极的防范手段。因为规避风险固然避免损失，但同时也失去了获利的机会。如果企业想谋生存、图发展，又想回避其预测的某种风险，最好的办法是采用除回避以外的其他策略。

采用风险回避这一对策时，有时需要作出一些牺牲，但与承担风险相比，可能造成的损失要小得多。例如，某承建单位参与某建设工程的投标，开标后发现自己的报价远低于其他承包单位的报价，经过仔细分析，发现自己的报价存在严重的误算和漏算，因而拒绝与建设单位签订合同。这样做虽然投标保证金被没收，但比承包后严重亏损的损失要小得多。

在采用风险回避对策时应注意以下问题。

(1)回避一种风险可能会产生另一种新风险。例如，在地铁工程建设中，采用明挖法施工可能会有支撑失败、顶板坍塌等风险，如果为了回避这一风险采用逆作法施工方案，又会产生地下连续墙失败等新风险。

(2)回避风险的同时也失去了可能从风险中获得的收益。例如，在涉外工程中，由于缺乏有关外汇市场的知识和信息，为避免承担由此带来的风险，决定选择本国货币作为结算货币，从而失去了从汇率变化中获益的可能性。

(3)有时回避风险可能不实际。例如，任何建设工程都必然会发生经济风险、自然风险和技术风险，而这些风险根本无法回避。

总之，虽然风险回避是一种必要的、有时甚至是最佳的风险对策，但这仍是一种消极的风险对策。如果处处回避、事事回避，其结果就是停止发展。因此，应当勇敢地面对风险，适当地运用风险回避以外的其他风险对策。

9.6.2　损失控制

损失控制是一种积极主动的风险对策，可分为预防损失、减少损失两种措施。预防损失措施即为了降低或消除损失发生的概率；减少损失措施即为了降低损失的严重性或遏制损失的进一步发展，使损失最小化。

一般损失控制方案是将预防损失措施和减少损失措施进行有机结合。

为确保损失控制措施取得预期控制效果，制订损失控制措施必须依据定量的风险评价结果，需要特别注意间接损失和隐蔽损失。此外，制订损失控制措施还必须考虑费用和时间代价。因此，有必要进行多方案的技术经济分析和比较，从而确定损失控制措施。

损失控制措施应当是一个周密的、完整的计划系统。就施工阶段而言，一般应由预防计划、灾难计划和应急计划三部分组成。

1. 预防计划

预防计划的作用是降低损失发生的概率，在很多情况下也能降低损失的严重性。具体措施包括组织措施、管理措施、合同措施和技术措施。

(1)组织措施。首要任务是明确各部门和人员在损失控制方面的职责分工，使各方人员都能有效配合。此外，还需要建立相应的工作制度和会议制度。

(2)管理措施。将不同的风险分离间隔开来，将风险局限在尽可能小的范围内，以避免在某一风险发生时，产生连锁反应，互相牵连。例如，施工现场平面布置时，易发生火灾的木材加工场应尽可能远离办公用房。

(3)合同措施。保证整个建设工程总体合同结构合理，避免不同合同之间出现矛盾。还应注意特定风险需作出相应的规定。

(4)技术措施。在建设工程过程中常用的预防损失措施。例如地基加固、材料检测等。与其他方面措施相比，技术措施需付出费用和时间两方面的代价，应慎重选择。

2. 灾难计划

灾难计划是指事先编制好的、目的明确的工作程序和具体措施，主要针对严重风险事件而制定，在紧急事件发生后，为现场人员提供明确的行动指南。灾难计划的内容应满足以下要求。

(1)援救及处理伤亡人员。

(2)安全撤离现场人员。

(3)保证受影响区域的安全，并使其尽快恢复正常。

(4)控制事故的进一步发展，尽可能减少资产损失和环境损害。

3. 应急计划

应急计划是风险损失基本确定后的处理计划。其作用是使因严重风险事件而中断的工程实施尽快全面恢复，并减少进一步的损失，从而使其影响程度减至最少。

应急计划包括以下内容。

(1)调整整个建设工程的施工进度计划，要求各承包商相应调整各自的施工计划。

(2)调整材料、设备的采购计划，及时与材料、设备供应单位联系，必要时应签订补充协议。

(3)准备保险索赔依据，确定保险索赔的额度，起草保险索赔报告。

(4)全面审查可使用的资金情况，必要时需调整资金计划等。

9.6.3 风险转移

风险转移是指承包商不能回避风险的情况下，将自身面临的风险转移给其他主体来承担风险的转移。风险转移并非转嫁损失，因为有些承包商无法控制的风险因素，而其他主体却可以控制。

风险转移可分为非保险转移和保险转移两种形式。风险转移需要遵循的原则：任何一种风险都应由最适宜承担该风险或最有能力进行损失控制的一方承担。符合这一原则的风险转移是合理的，可以取得双赢或多赢的结果。

1. 非保险转移

非保险转移又称为合同转移，因为这种风险转移一般是通过签订合同的方式将工程风险转移给非保险人的对方当事人。建设工程风险最常见的非保险转移有以下三种情况。

(1)业主将合同责任和风险转移给对方当事人。例如，采用固定总价合同将涨价风险转移给承包商。

(2)承包商进行合同转让或工程分包。工程风险中的很大一部分可以分散给若干分包商和生产要素供应商。例如，承包商中标后，将该工程中专业技术要求较强的工程内容分包给专业分包商。又如，对待业主拖欠工程款的风险，可以在分包合同中规定在业主支付给总包方若干日内向分包方支付工程款。承包商在项目中投入的资源越少越好，以便一旦遇到风险，可以进退自如。可以通过租赁或指令分包商自带设备等措施，减少自身资金、设备损失。

(3)第三方担保。第三名担保也称为工程担保，是指担保人(一般为银行、担保公司、保险公司及其他金融机构、商业团体或个人)应工程合同一方(申请人)的要求向另一方(债权人)作出的书面承诺。工程担保是风险转移的一项重要措施，它能有效地保障工程建设的顺利进行。许多国家政府都在法规中要求进行工程担保，在标准合同中也含有关于工程担保的条款。担保方所承担的风险仅限于合同责任，即由于委托方不履行或不适当履行合同及违约所产生的责任。

非保险转移的优点主要体现为两点：一是可以转移某些不可保的潜在损失，如物价上涨、设计变更等引起的投资增加；二是被转移者一般能较好地进行损失控制。但非保险转移的媒介是合同，有可能由于双方当事人对合同条款的理解发生分歧而导致转移失败。而且有时可能因为被转移者无力承担实际发生的重大损失，导致转移失败，仍然由转移者来承担损失。

2. 保险转移

保险转移通常称为保险，是指通过购买保险，建设工程业主或承包商将应由自己承担的工程风险（包括第三方责任）转移给保险公司。在进行工程保险的情况下，建设工程在发生重大损失后可以从保险公司及时得到赔偿，使建设工程实施能不中断地、稳定地进行最终保证达到工程目标。通过保险还可以使决策者和风险管理人员对建设工程风险的担忧减少，可以集中精力研究和处理建设工程实施中的其他问题，而且保险公司可向业主和承包商提供较为全面的风险管理服务，从而提高整个建设工程风险管理的水平。

保险这一风险对策的缺点表现如下。

(1)机会成本增加。

(2)工程保险合同的内容一般较为复杂，保险谈判常常耗费较多的时间和精力。

(3)投保人在进行工程保险后可能产生心理麻痹而疏于损失控制计划，以致增加实际损失和未投保损失。

此外，进行工程保险还需考虑以下几个问题：一是保险的安排方式，即选择由承包商安排保险计划还是由业主安排保险计划；二是选择保险类别和保险人，一般应通过多家比较后确定。三是可能要进行保险合同谈判，最好委托保险经纪人或保险咨询公司来完成，但免赔额的数额或比例要由投保人确定。

需要说明的是，工程保险并不能转移建设工程的所有风险，一方面有些风险不易投保；另一方面存在不可保风险。因此，对于建设工程风险应将工程保险与风险回避、损失控制和风险自留结合起来。对于不可保的风险，必须采取损失控制措施；即使对于可保风险，也应采取一定的损失控制措施，这样有利于改变风险性质，达到降低风险量的目的，从而改善工程保险条件，节省保险费用。

9.6.4 风险自留

风险自留就是将承包商将风险留给自己承担，不予转移，是从企业内部财务的角度应对风险。这种手段有时是无意识的，即当初并不曾预测的、不曾有意识地采取种种有效措施，以致最后只好由自己承受。但有时也可以是主动的，即承包商有意识、有计划地将若干风险主动留给自己。与其他风险对策的根本区别在于，风险自留不改变建设工程风险的客观性质，即既不改变工程风险发生的概率，也不改变工程风险潜在损失的严重性。风险自留可分为非计划性和计划性风险自留两种类型。

1. 非计划性风险自留

非计划性风险自留即非计划的、被动的风险自留。由于风险管理人员没有意识到建设工程某些风险的存在，导致风险发生后只能由自己承担，产生这种情况的原因一般为缺乏风险意识、风险识别错误、风险评价失误、风险决策延误和风险决策实施延误等。

对于复杂的建设工程来说，风险管理人员几乎不可能识别出全部的工程风险。因此，非计划性风险自留是不可避免的，但风险管理人员可以做到尽量减少风险识别和风险评价的失误，应及时作出风险对策决策并实施决策，避免被动承担重大或较大的工程风险。

2. 计划性风险自留

计划性风险自留是主动的、有计划的，是风险管理人员在经过风险识别和风险评估后作出的风险对策，是整个建设工程风险对策计划的一个组成部分。计划性风险自留应与其他风险对策结合使用，不能单独使用。

计划性风险自留的计划性主要体现在风险自留水平和损失支付方式两个方面。风险自留水平即选择哪些风险作为风险自留的对象；损失支付方式是指风险事件发生后，对所造成的损失通过什么方式来支付。常见的损失支付方式有从现金净收入中支出、建立非基金储备、自我保险和母公司保险等。

计划性风险自留至少要符合以下条件之一才予以考虑，否则应放弃风险自留的决策。

(1)别无选择。有些风险既不能回避也不能转移，只能自留，是一种无奈的选择。自留费用低于保险公司所收取的费用

(2)期望损失不严重。根据经验和有关资料，风险管理人员确信企业的期望损失低于保险公司的估计。

(3)损失能准确预测。企业有较多的风险单位，且企业有能力准确地预测其损失。

(4)企业的最大潜在损失或最大期望损失较小。

(5)企业有短期内承受最大潜在损失或最大期望损失的经济能力。由于风险的不确定性，如果短期内发生最大的潜在损失已有的专项基金不足以弥补损失，就需要企业从现金收入中支付。如果企业没有这种能力，可能会受到致命打击。

(6)风险管理目标可以承受年度损失的重大差异。

(7)费用和损失支付分布于很长的时间里，有可能有很大的机会成本。

(8)投资机会很好。如果市场投资前景好，由于保险费的机会成本较大，不如采取风险自留，将保险费作为投资，以取得较多的回报。

(9)内部服务或非保险人服务优良。如果保险公司所能提供的多数服务可由风险管理人员在内部完成，由于他们直接参与工程的建设和管理活动，风险可能更小，在这种情况下，可以合理选择风险自留。

9.7 建设工程风险控制

在整个建设工程风险控制过程中，应收集和分析与项目风险相关的各种信息，获取风险信

号，预测未来的风险并提出预警，并纳入项目进展报告。同时，还应对可能出现的风险因素进行监控，根据需要制订应急计划。建设工程风险控制主要包括以下几个方面的内容。

9.7.1 风险预警

工程建设过程中会遇到各种风险，要做好风险管理，就要建立完善的项目风险预警系统，通过跟踪项目风险因素的变动趋势，测评风险所处状态，尽早地发出预警信号，及时向业主、项目监管方和施工方发出警报，为决策者掌握和控制风险争取更多的时间，尽早采取有效措施防范和化解项目风险。

风险预警要求在建设工程中不断地收集和分析各种信息，捕捉风险前奏的信号，可通过天气预测警报、股票信息、各种市场行情、价格动态、实时政治形势和外交动态、各投资者企业状况报告，以及在工程中通过工期和进度的跟踪、成本的跟踪分析、合同监督、各种质量监控报告、现场情况报告等手段，了解工程风险。

9.7.2 风险监控

在建设工程项目推进过程中，各种风险在性质、数量上都是在不断变化的，有可能会增大或衰退。因此，在整个项目生命周期中，需要时刻监控风险的发展与变化情况，并确定随着某些风险的消失而带来的新的风险。

1. 风险监控的目的

(1)监视风险的状况，如风险是已经发生、仍然存在还是已经消失。

(2)检查风险的对策是否有效，监控机制是否在运行。

(3)不断识别新的风险并制定对策。

2. 风险监控的任务

(1)在项目进行过程中跟踪已识别风险、监控残余风险并识别新风险。

(2)保证风险应对计划的执行，评估风险应对计划执行效果。评估的方法可以是项目周期性回顾、绩效评估等。

(3)对于非计划的风险自留采取适当的权变措施。

3. 风险监控的方法

风险监控的方法主要有风险审计、偏差分析、技术指标比较等。

(1)风险审计。专门的审计人员检查监控机制是否得到执行，并定期做风险审核。例如，在重要的项目阶段点重新识别风险并进行分析，对没有预计到的风险制订新的应对计划。

(2)偏差分析。与原有计划比较，分析成本和时间上的偏差。例如，未能按期完工、超出预算等都是潜在的问题。

(3)技术指标比较。比较原定技术指标和实际技术指标的差异。例如，测试未能达到性能要求，缺陷数大大超过预期等。

9.7.3 风险应急计划

在建设工程项目实施的过程中必然会遇到大量未曾预料到的风险因素，或风险因素的后果比已预料的更严重，使事先编制的计划无法顺利实施，所以，必须重新研究应对措施，即编制附加的风险应急计划。

风险应急计划应当清楚地说明当发生风险事件时要采取的措施，以便快速有效地对风险事件作出响应。

1. 风险应急计划的编制依据

(1)《特种设备安全监察条例》(国务院令第549号)。

(2)《职业健康安全管理体系 要求及使用指南》(GB/T 45001—2020)。

(3)《环境管理体系 要求及使用指南》(GB/T 24001—2016)。

(4)《施工企业安全生产评价标准》(JGJ/T 77—2010)。

2. 风险应急计划的编制程序

风险应急计划的编制程序一般有八个步骤。

(1)成立预案编制小组。

(2)制订编制计划。

(3)现场调查，收集资料。

(4)环境因素或危险源的辨识和风险评价。

(5)控制目标、能力与资源的评估。

(6)编制应急预案文件。

(7)应急预案评估。

(8)应急预案发布。

3. 风险应急计划的编写内容

风险应急计划的编写主要包括以下内容。

(1)应急预案的目标。

(2)参考文献。

(3)适用范围。

(4)组织情况说明。

(5)风险定义及其控制目标。

(6)组织职能(职责)。

(7)应急工作流程及其控制。

(8)培训。

(9)演练计划。

(10)演练总结报告。

思考题

1. 常见的风险分类方式有哪几种？具体如何分类？

2. 什么是建设工程风险管理？简述风险管理的基本过程。

3. 建设工程风险的识别的方法有哪些？

4. 风险评价的主要作用是什么？风险评价时需要收集哪些信息？

5. 建设工程风险评价的原则是什么？评价步骤是什么？

6. 建设工程风险分析的方法有哪些？

7. 什么是风险态度？风险态度包括哪几种？建设工程风险决策的准则是什么？

8. 什么是风险对策？建设工程风险对策的策略有哪些？其各自要点是什么？

9. 风险回避的具体做法有哪几种？

10. 建设工程风险控制包括哪些内容？

参 考 文 献

[1] 梁鸿，郭世文. 建设工程监理[M]. 北京：中国水利水电出版社，2012.

[2] 李京玲. 建设工程监理[M]. 3 版. 武汉：华中科技大学出版社，2015.

[3] 樊敏，宋世军. 工程监理[M]. 成都：西南交通大学出版社，2019.

[4] 田雷，崔静，谈健息. 工程建设监理[M]. 北京：北京理工大学出版社，2016.

[5] 刘涛，方鹏. 建设工程监理概论[M]. 北京：北京理工大学出版社，2017.

[6] 中华人民共和国住房和城乡建设部，中华人民共和国国家市场监督管理总局. GB/T 50319—2013 建设工程监理规范[S]. 北京：中国建设工业出版社，2013.

[7] 中华人民共和国住房和城乡建设部，中华人民共和国国家市场监督管理总局. GB 50300—2013 建筑工程施工质量验收统一标准[S]. 北京：中国建筑工业出版社，2013.

[8] 中华人民共和国住房和城乡建设部，中华人民共和国国家市场监督管理总局. GB 50204—2015 混凝土结构工程施工质量验收规范[S]. 北京：中国建筑工业出版社，2014.

[9] Richard H. Clough/Glenn A. Sears. Construction Project Management[M]. John Wiley & Sons Inc，1991.

[10] Charles B Thomson. CM：Developing Marketing and Delivering Construction.

[11] Management Services[M]. McGraw-Hill Book Company，1981.

[12] Chen Yongqiang, Wang Wengian, Zhang Shuibo, You Jingya. Understanding the multiple functions of construction contracts：The anatomy of FIDIC model contracts [J]. Construction Management and Economics，2018.

[13] CLYDE & Co. FIDIC Red Book 2017：A MENA perspective[M]. 2017.

[14] FIDIC. Conditions of Contract for Construction (first edition)[M]. 1999.

[15] FIDIC. Conditions of Contract for Construction (second edition)[M]. 2017.

[16] FIDIC. Conditions of Contract for EPC/Turnkey Projects (first edition)[M]. 1999.

[17] FIDIC. Conditions of Contract for EPC/Turnkey Projects(second edition)[M]. 2017.

[18] FIDIC. Conditions of Contract for Plant and Design-Build (first edition) [M]. 1999.

[19] FIDIC. Conditions of Contract for Plant and Design-Build (second edition) [M]. 2017.

[20] Jeremy Glover. The Second Edition of the FIDIC Rainbow Suite has arrived, The Construction Energy Law Specialists，2018.

[21] Nael G. Bunni. The FIDIC Forms of Contract (third edition) [M]. Blackwell Publishing Ltd，Oxford，2005.

[22] Victoria Peckett, Adrian Bell, Jeremie Witt, Aidan Steensma, CMS guide to the FIDIC 2017 suite[M]. 2018.

[23] 中国建设监理协会. 建设工程监理概论[M]. 北京：中国建筑工业出版社，2023.

［24］中国建设监理协会. 建设工程质量控制［M］. 北京：中国建筑工业出版社，2021.

［25］中国建设监理协会. 建设工程进度控制［M］. 北京：中国建筑工业出版社，2021.

［26］中国建设监理协会. 建设工程投资控制［M］. 北京：中国建筑工业出版社，2021.

［27］中国建设监理协会. 建设工程监理相关法规文件汇编［M］. 北京：中国建筑工业出版社，2023.

［28］中国建设监理协会. 建设工程监理规范 GB/T 50319—2013 应用指南［M］. 北京：中国建筑工业出版社，2013.

［29］黄林青. 建设工程监理概论［M］. 北京：中国水利水电出版社，2012.

［30］栗继祖，薛晓芳. 建设工程监理［M］. 北京：机械工业出版社，2017.

［31］李惠强，唐菁菁. 建设工程监理［M］.3 版. 北京：中国建筑工业出版社，2017.

［32］巩天真，张泽平. 建设工程监理概论［M］.4 版. 北京：北京大学出版社，2018.

［33］李明安. 建设工程监理操作指南［M］.2 版. 北京：中国建筑工业出版社，2017.

［34］周国恩. 工程监理概论［M］.2 版. 北京：化学工业出版社，2018.

［35］马静，李宝昌，朱绍奇. 建设工程监理［M］. 西安：西安交通大学出版社，2015.

［36］刘伊生. 建设工程项目管理理论与实务［M］.2 版. 北京：中国建筑工业出版社，2018.

［37］王军，董世成. 建设工程监理概论［M］.3 版. 北京：机械工业出版社，2015.

［38］米军，闫兵. 工程监理概论［M］. 天津：天津科学技术出版社，2013.

［39］郭阳明. 工程建设监理概论［M］. 北京：北京理工大学出版社，2009.

［40］毛红心. 工程监理行业现状及改革发展对策研究［J］. 建设监理，2022(09)：55-57.

［41］岳凯歌，吕宣玲，张江洋. 以管理标准化提高工程监理企业话语权［J］. 中国标准化，2023(07)：121-128.

［42］住房和城乡建设部出台意见促进工程监理行业转型升级创新发展［J］. 中国建设信息化，2017(14)：3.

［43］汪红蕾，孙璐. 三十载风雨兼程工程监理再启航——与中国建设监理协会会长王早生谈行业改革与发展［J］. 建筑，2018(13)：12-18.